住房和城乡建设部“十四五”规划教材
土木工程专业本研贯通系列教材

工程结构抗震分析

李爱群　丁幼亮　主编

中国建筑工业出版社

图书在版编目（CIP）数据

工程结构抗震分析／李爱群，丁幼亮主编．—北京：中国建筑工业出版社，2023.6

住房和城乡建设部“十四五”规划教材　土木工程专业本研贯通系列教材

ISBN 978-7-112-28604-1

Ⅰ.①工…　Ⅱ.①李…②丁…　Ⅲ.①抗震结构-结构设计-高等学校-教材　Ⅳ.①TU352.104

中国国家版本馆 CIP 数据核字（2023）第 063405 号

本书系统地介绍了工程结构抗震分析的基本理论与方法。全书共 9 章，主要内容有：绪论、结构动力学基础、强震地面运动、地震作用下的结构动力方程、反应谱分析法、弹性时程分析法、反复荷载作用下的结构材料及构件的性能、弹塑性时程分析法和静力弹塑性分析法等。

本书可供土木工程、工程力学等专业的本科生和研究生以及土木工程领域从事研究、设计等工作的工程技术人员使用。

为了更好地支持教学，我社向采用本书作为教材的教师提供课件，有需要者可与出版社联系，邮箱 jckj@cabp.com.cn，电话（010）58337285。

责任编辑：仕　帅　吉万旺
责任校对：党　蕾
校对整理：董　楠

住房和城乡建设部“十四五”规划教材
土木工程专业本研贯通系列教材
工程结构抗震分析
李爱群　丁幼亮　主编
*
中国建筑工业出版社出版、发行（北京海淀三里河路 9 号）
各地新华书店、建筑书店经销
北京鸿文瀚海文化传媒有限公司制版
北京君升印刷有限公司印刷
*
开本：787 毫米×1092 毫米　1/16　印张：10¾　字数：240 千字
2023 年 7 月第一版　　2023 年 7 月第一次印刷
定价：**38.00** 元（赠教师课件）
ISBN 978-7-112-28604-1
（41009）

出版说明

党和国家高度重视教材建设。2016年，中办国办印发了《关于加强和改进新形势下大中小学教材建设的意见》，提出要健全国家教材制度。2019年12月，教育部牵头制定了《普通高等学校教材管理办法》和《职业院校教材管理办法》，旨在全面加强党的领导，切实提高教材建设的科学化水平，打造精品教材。住房和城乡建设部历来重视土建类学科专业教材建设，从"九五"开始组织部级规划教材立项工作，经过近30年的不断建设，规划教材提升了住房和城乡建设行业教材质量和认可度，出版了一系列精品教材，有效促进了行业部门引导专业教育，推动了行业高质量发展。

为进一步加强高等教育、职业教育住房和城乡建设领域学科专业教材建设工作，提高住房和城乡建设行业人才培养质量，2020年12月，住房和城乡建设部办公厅印发《关于申报高等教育职业教育住房和城乡建设领域学科专业"十四五"规划教材的通知》（建办人函〔2020〕656号），开展了住房和城乡建设部"十四五"规划教材选题的申报工作。经过专家评审和部人事司审核，512项选题列入住房和城乡建设领域学科专业"十四五"规划教材（简称规划教材）。2021年9月，住房和城乡建设部印发了《高等教育职业教育住房和城乡建设领域学科专业"十四五"规划教材选题的通知》（建人函〔2021〕36号）。为做好"十四五"规划教材的编写、审核、出版等工作，《通知》要求：（1）规划教材的编著者应依据《住房和城乡建设领域学科专业"十四五"规划教材申请书》（简称《申请书》）中的立项目标、申报依据、工作安排及进度，按时编写出高质量的教材；（2）规划教材编著者所在单位应履行《申请书》中的学校保证计划实施的主要条件，支持编著者按计划完成书稿编写工作；（3）高等学校土建类专业课程教材与教学资源专家委员会、全国住房和城乡建设职业教育教学指导委员会、住房和城乡建设部中等职业教育专业指导委员会应做好规划教材的指导、协调和审稿等工作，保证编写质量；（4）规划教材出版单位应积极配合，做好编辑、出版、发行等工作；（5）规划教材封面和书脊应标注"住房和城乡建设部'十四五'规划教材"字样和统一标识；（6）规划教材应在"十四五"期间完成出版，逾期不能完成的，不再作为《住房和城乡建设领域学科专业“十四五”规划教材》。

住房和城乡建设领域学科专业“十四五”规划教材的特点：一是重点以修订教育部、住房和城乡建设部“十二五”“十三五”规划教材为主；二是严格按照专业标准规范要求编写，体现新发展理念；三是系列教材具有明显特点，满足不同层次和类型的学校专业教学要求；四是配备了数字资源，适应现代化教学的要求。规划教材的出版凝聚了作者、主审及编辑的心血，得到了有关院校、出版单位的大力支持，教材建设管理过程有严格保障。希望广大院校及各专业师生在选用、使用过程中，对规划教材的编写、出版质量进行反馈，以促进规划教材建设质量不断提高。

住房和城乡建设部“十四五”规划教材办公室

2021 年 11 月

前　言

本书突出启发式研究生教学的特点，旨在用有限的篇幅重点介绍“工程结构抗震分析”课程所涉及的主要理论、方法和发展轨迹，不求在课本上将所有的知识介绍完全，但求激发学生的兴趣和热情，鼓励学生在课外进行延伸学习、主动学习和思考。

本书共分9章，系统地介绍了工程结构抗震分析的基本理论与方法。第1章介绍了工程结构抗震分析方法的发展过程。第2章介绍了结构动力学原理，包括多自由度体系的自由振动、强迫振动以及随机振动分析方法。第3章介绍了强震地面运动，包括强震地面运动的特性及其随机过程模型。第4章介绍了地震作用下的结构动力方程，包括一维地震动输入、多维地震动输入以及多点地震动输入时的结构动力方程。第5章介绍了反应谱分析法，包括地震反应谱、振型分解反应谱法和弹塑性反应谱。第6章介绍了弹性时程分析法，包括逐步积分法、振型叠加时程分析法和地震波的选取。第7章介绍了反复荷载作用下结构材料及构件的性能，包括结构抗震试验方法、结构材料性能、钢筋混凝土构件和钢构件的滞回性能。第8章介绍了弹塑性时程分析法，包括恢复力模型、弹塑性刚度矩阵以及弹塑性时程分析的一般过程。第9章介绍了静力弹塑性时程分析法，包括基于性态（性能）的抗震设计思想、静力弹塑性分析(Pushover)法和基于Pushover分析的结构抗震分析。全书由李爱群、丁幼亮主编，缪志伟、吴宜峰分别参加了第7章、第5章部分内容的编写工作。

本书是作者主编的《工程结构抗震分析》(土木工程专业研究生教学用书，2010年1月出版，高等教育出版社）的修订版。

本书在编写过程中，参考了大量工程结构抗震分析的教材和论著，在此谨向原编著者致以诚挚的谢意。本书可供土木工程、工程力学等专业的研究生和本科生以及土木工程领域从事研究、设计等工作的工程技术人员使用。

限于水平，错误与不妥之处，恳请广大同行及读者批评指正。

目　录

第1章　绪论

§1.1　地震与地震震害

地震是危及人民生命财产的突发式自然灾害，而我国是世界上多地震国家之一，地震活动频繁并时有较大震级地震发生。20世纪以来，震级等于或大于7.8级的强地震发生了多次，且均有强度大、频度高、震源浅的特点。例如，1976年7月28日的河北唐山大地震，震级7.8级，死亡24万余人，强震区内的房屋、工业厂房与设备、城市建设、交通运输、水电设施等都受到极其严重的破坏。2008年5月12日的四川汶川8.0级大地震，更是中华人民共和国成立以来破坏性最强、波及范围最广的一次地震。这些震害给国家和人民的生命财产造成了巨大损失。在世界其他地方，地震造成的灾害同样是十分严重的。1923年日本关东地震，仅东京、横滨两市，死亡人数即达十万余人。1960年智利地震、1967年加拉加斯地震、1994年美国北岭地震、1995年日本阪神地震以及2005年10月8日巴基斯坦7.6级地震、2023年2月6日土耳其7.8级地震等，也都造成惨痛的教训。究其原因，主要是强烈地震所具有的随机性和破坏性的特点，以及破坏或倒塌建筑物尚不具备足够的抗震能力。

据调查，唐山大地震，唐山市区内90%以上房屋彻底倒毁；1985年墨西哥地震，远离震中三百多公里的墨西哥市，就有三百多幢楼房倒塌或严重破坏；1988年亚美尼亚地震，位于震中的Spitak市全城毁灭，距震中40km的Leninakan市也有约75%的建筑物毁坏。表1.1.1不完全统计了1923年以来历次对建筑物影响较大的地震，每一次地震都造成大量建筑的破坏，其破坏状况除了再现其他多次地震中所共有的规律之外，也都具有一些各自的特点。因此，有必要在充分吸取历史地震经验和教训的基础上，结合现代技术，在基本理论、计算方法和构造措施等多方面，研究改进工程结构的抗震设计技术，不断地提升工程抗震领域的整体技术水平。

1923年以来国内外大地震概况　　**表1.1.1**

时间	地点	震级	地震动特性	建筑震害特点
1923.9.1	日本关东	7	—	大火次生灾害严重，钢筋混凝土结构破坏率比其他类型结构小，一座8层钢筋混凝土框架倒塌
1940.11.10	罗马尼亚乌兰恰地区	7.4	—	布加勒斯特一座13层钢筋混凝土框架完全倒塌

续表

时间	地点	震级	地震动特性	建筑震害特点
1948.6.28	日本福井	7.2	0.3g 延续 30s 以上	一座 8 层钢筋混凝土框架毁坏
1957.7.28	墨西哥 墨西哥城	7.6	(0.05～0.1)g，卓越周期 2.5s 左右	5 层以上建筑物震害较大，11～16 层损坏率最高。55 座 8 层以上建筑物中，11 座钢筋混凝土结构破坏。两座 23 和 42 层建筑无损，反映出地震动卓越周期对建筑物震害的影响
1963.7.26	南斯拉夫 斯普科里	6	冲击性地震，持续时间短，最大加速度估计为 0.3g	4 层以下砖结构破坏严重，13～14 层钢筋混凝土结构仅有部分受害。凡是各层都有维护墙的框架结构破坏轻，凡是上层有填充墙而底层无填充墙的框架破坏严重
1964.3.27	美国 阿拉斯加	8.4	持时 2.5～4min，估计地面卓越周期 0.5s，地面加速度 0.4g	大多数建筑经抗震设防，但地面加速度比规范规定大好几倍，长周期影响突出，高层破坏多，28 座预应力钢筋混凝土建筑中，6 座严重破坏，其中四季大楼完全倒塌。砂土液化引起大面积滑坡，非结构构件破坏所造成的经济损失大
1964.7.5	日本 新潟	7.4	加速度 0.16g，持续时间 2.5min	主要由砂土液化引起震害，44%建筑受到程度不同的破坏，一幢 4 层公寓倾倒 80°，一幢 4 层商店倾倒 19°，且下沉 1.5m，采用打入密实砂桩基础的建筑几无震害，设置地下室的建筑震害很轻
1967.7.29	委内瑞拉 加拉加斯	6.5	在 LosPalos 区，地面加速度(0.06～0.08)g，地面卓越周期 0.2～1s；在 Caraballeda 区，地面加速度(0.1～0.3)g	烈度不高，但高层建筑损坏很多。冲击层厚度超过 160m 的地区，高层建筑破坏率急剧上升，在岩石或浅冲击层上，高层建筑大部分未损坏
1968.5.16	日本 十胜冲	7.9	最大加速度(0.18～0.28)g，持续时间 80s	钢筋混凝土柱破坏较多，其中短柱剪切破坏现象突出，引起对短柱的注意，开始进行研究
1971.7.9	美国 圣费南多	6.6	最大加速度(0.1～0.2)g	取得了 200 多个强震记录，测得 20 层高层建筑顶部最大加速度是地面加速度的 1.5～2 倍。3 座高层建筑(14、38、42)有轻微破坏，Olive View 医院的六层病房楼严重破坏，显示出刚度突变对抗震不利
1972.12.22	尼加拉瓜 马那瓜	6.5	最大加速度：东西向 0.39g；南北向 0.34g；竖向 0.33g。0.2g 加速度振动持续了 5s，随后有长周期振动出现	70%以上建筑物倒塌或严重损坏，3 座钢筋混凝土高层建筑损坏，具有典型意义。钢筋混凝土芯筒-框架体系高层建筑的抗震性能良好，非结构构件破坏很大
1975.4.21	日本 大分	6.4	最大加速度：东西向 0.65g；南北向 0.049g；竖向 0.028g	无高层建筑。在同一建筑中长短柱混合，会加剧建筑物损坏。地基变形、沉陷造成建筑损坏
1976.7.28	中国 唐山	7.8	烈度为：震中唐山 11 度，丰南 10 度，宁河、汉沽 8.5 度，塘沽、天津 8 度	震中区砖石混合结构全部倒塌。塘沽一座 13 层框架倒塌，天津一座 11 层框架填充墙破坏严重，个别角柱损坏，北京高层建筑碰撞较多。有剪力墙的高层建筑和经过抗震设计的建筑破坏少

续表

时间	地点	震级	地震动特性	建筑震害特点
1977.3.5	罗马尼亚 布加勒斯特	7.2	持续时间80s，18s以前以竖向振动为主	33座高层框架结构倒塌，其中31座为旧建筑，多数刚度不均匀，2座新建筑都是底层商店、上层住宅建筑。剪力墙结构仅有一座11层建筑由于施工质量不好而倒塌，剪力墙结构破坏率小
1978.2.20	日本 宫成冲	6.7	—	大部分建筑未按抗震设计，与十胜冲地震破坏相似。8层以下建筑破坏多，仙台市3座8～9层型钢混凝土结构楼房的短柱、窗间墙、窗下墙破坏严重，未经计算的钢筋混凝土墙体发生剪切破坏
1978.6.12	日本 宫成冲	7.5	东北大学9层建筑记录地面加速度0.25g	3～6层框架结构底层柱剪坏，6～9层框架结构中未经计算的现浇钢筋混凝土外墙剪切裂缝多，长柱基本无破坏
1978.6.20	希腊 萨洛尼卡	6.5	最大加速度：东西向0.148g；南北向0.16g；竖向0.13g。卓越周期0.3～0.5s	严重震害区域在软土冲击层上。底层刚度小的建筑震害严重，具有剪力墙的建筑震害轻。许多建筑在两端破坏，没有缝的建筑物震害轻微。20%建筑物有非结构性破坏
1985.9.19	墨西哥 墨西哥城	8.1	地震持续时间60s，其中超过0.1g的振动有20s，最大为0.18g。26s以后又有一次能量释放。卓越周期2s	软土冲击层卓越周期长，引起了共振，造成10～20层建筑物破坏严重，30～40层建筑物基本无破坏。板柱结构倒塌很多，设计地震力太小。房屋竖向刚度突变处破坏严重，平面不规则建筑破坏严重
1988.12.7	亚美尼亚 斯皮达克	6.8	震中为Spitak，震源深5～20km。Leninakan的土壤软，仅25%建筑物得以保存	震中区大部分4～5层砌体及空心板建筑没有水平及竖向联系倒塌。其他城市预制钢筋混凝土框-剪结构倒塌较多，未设计延性结构，预制空心板上无现浇层，钢筋搭接不够
1989.10.17	美国 洛马普里埃塔	7.1	持续时间15s，震中地面加速度0.64g（水平）和0.66g（竖向），Oklan地区地面加速度（0.08～0.29）g	建筑破坏较大的是距震中90km处的旧金山地区，主要是软土地基造成多层砌体建筑破坏。海湾大桥及Oklan地区双层高速公路破坏严重
1994.1.17	美国 北岭	6.8	震中以南7km处记录地震加速度峰值为1.82g（水平）和1.18g（竖向），洛杉矶市距离震中36km，记录地震水平加速度峰值为0.5g。震动约60s，其中10～30s为强烈震动	是城市人口密集地区的较大地震，建筑损坏及经济损失大。未经延性设计的钢筋混凝土框架柱被剪坏，按现代设计要求设计的一幢停车库破坏。钢结构没有倒塌，表明未发现问题，但经过仔细检查，发现许多钢梁和钢柱焊接节点开裂，严重威胁建筑安全，这个现象引起广泛关注，引起梁柱节点研究改进的热潮
1995.1.17	日本 阪神	7.2	最大加速度：水平向0.818g和0.617g；竖向0.332g。卓越周期0.8～1.0s。持时15～20s	神户震害严重，震害集中在旧式木结构，不规则或质量差的建筑，特别是底层空旷的住宅破坏严重，有些建筑的中间楼层整层塌落，形成中间薄弱层破坏。按新抗震标准设计的建筑或经过审查的高层建筑基本没有损坏
1999.9.21	中国 台湾省集集	7.6	中部断层长83km，地面错动最大为垂直11m，水平10m。最大加速度0.989g，震动持时25s	南投建筑破坏严重，全县186所中、小学，全毁30所。台北也有许多建筑物破坏，特别是民居建筑破坏较多

续表

时间	地点	震级	地震动特性	建筑震害特点
1999.8.17	土耳其	7.4	在900km长的North Anatolian断层上发生断裂,震中地表高差2.3m	4~7层框架结构破坏和倒塌多,地基液化影响大。钢筋混凝土结构箍筋不足,且锚固不够。有剪力墙的建筑未见破坏
2008.5.12	中国汶川	8.0	逆冲式断裂(断裂带长约300km,断裂带破裂持续时间约120min),最大加速度近1g,余震强(6级以上余震8次)	震中区破坏比率:城区建筑倒塌少量,严重破坏15%,中等破坏40%,轻微破坏40%;村镇民居1~3层大量倒塌
2010.1.12	海地	7.0	恩里基洛-芭蕉花园断层带变形引起,最大地震加速度无直接记录,预估在(0.2~0.5)g之间	该地区房屋未经系统的抗震设计,且许多房屋的钢筋屈服强度不达标。大部分房屋严重破坏。大多房屋在底层、薄弱层出现梁、柱塑性铰
2010.4.14	中国青海省玉树市	6.9	甘孜-玉树断层产生左旋走向滑动,形成走滑地震。震源深度14km,主震持续时间约23s	受灾最严重的为结古镇。大量石砌结构的房屋中60%完全倒塌,30%严重受损;砖混结构13.01%完全倒塌,8.18%严重受损;框架结构中29.41%完全倒塌,23.53%严重受损
2011.3.11	日本东北地区近海	9.0	最大地震加速度2.99g,最大速度177.41cm/s。主震持续时间约6min	官方公布遭受破坏的房屋1,292,417栋,电力、管道等配套设施大规模损坏。地震引起的海啸波及沿海大面积地区,导致福岛核电站发生泄漏
2014.8.3	云南鲁甸	6.1	地震震源深度仅12km,震中最大地震加速度约1g。地震加速度0.04g以上的地区约8000km^2	该地区农村房屋以砖混结构为主,普遍未经抗震设防,部分房屋以夯土墙承重,且老旧不堪,抗震性能差,8.09万间房屋倒塌,12.91万间严重损坏,46.61万间一般损坏
2015.4.25	中国与尼泊尔边界	7.8	地震主震持续时间约1min,距震中120km处最大地震加速度约0.1g	中国日喀则市内重灾区民众房屋倒塌80%,吉隆县曲德寺第三层主建筑倒塌,多座寺庙出现明显裂缝
2018.9.28	印度尼西亚	7.5	该地震源于一平移断层。震源深度约10km,最大地震加速度1.1g	地震引发大规模海啸,总共有10.3万多所房屋被破坏或摧毁,帕鲁有4413座建筑倒塌,海湾入口处的东加拉镇有773座建筑倒塌。帕鲁一座清真寺、一家购物中心、一家酒店和部分医院倒塌。机场大楼和跑道遭受严重破坏
2022.6.22	阿富汗	6.2	地震源于一浅层走滑断层。震源深度10km,最大地震加速度1.15g	尽管此次地震的震级较小,但由于震源较浅,且位于容易发生山体滑坡的人口稠密地区,再加上当地房屋主要由木头和泥土制成,质量低,抗震能力弱,地震的破坏性非常强。加延县大约有1800座房屋倒塌,占全县总数70%
2023.2.6	土耳其	7.8	先后发生两次震源深度20km的7.8级地震	不少楼房瞬间倒塌,震中所在地燃起熊熊大火,叙利亚、伊拉克、以色列等国均出现不同程度震感。房屋倒塌1132座。世界卫生组织表示,死亡人数超过2万人

§1.2 结构抗震分析的必要性

结构抗震分析是指以结构动力学为基础，计算和分析结构在地震动输入下的地震反应。结构的地震反应取决于地震动、地基、基础和上部结构的特性，特别是结构动力特性。随着人们对地震动和结构动力特性认识程度的加深，结构抗震分析的水平也在不断深入和提高。然而，至今结构抗震分析，特别是非线性结构抗震分析，仍是在许多假定条件下进行的。这些假定与实际情况之间可能存在着较大的出入。首先是地震动的估计，由于地震的不确定性和复杂性，可能出现成倍的误差。例如，预报某地可能发生的7级地震并不一定发生，未预报的地区又可能发生较大震级的地震，如唐山大地震。其次对结构的动力特性和动力响应的估计也可能有不小的误差，有50%左右或更多，特别是非线性特性。这些误差都会反映在结构地震反应分析结果中。

但是，这样的误差并不能否认结构抗震分析的必要性。因为结构地震反应分析中所考虑的许多因素，例如地震动的频谱和持时、结构的延性等，其重要性和真实性都是经过多次实践反复证实了的。特别要注意的是，不能用一次地震的结果来否定或肯定某一个认识，或评定某一种理论的优劣，而需要根据多次地震的大量事实，做出统计意义上的分析和评价。因此，结构抗震分析的目标是揭示结构在地震作用下的真实响应和性能，并使得按照现有地震反应分析方法设计出的结构，在概率意义上更为合理，更符合实际情况，具有更一致的安全概率。大量事实说明，经过抗震设计的工程要远比未经过抗震设计的工程优越；按照新的现代抗震理论设计的工程要比按照旧有理论设计的优越。所以，对结构进行适当的线性、非线性抗震分析，并在此基础上进行结构与构件的抗震设计是完全必要的。

§1.3 结构抗震分析的发展过程

1.3.1 概述

结构抗震分析理论的发展大致分为静力分析法、反应谱分析法和动力分析法三个阶段，动力分析法又可分为弹性和弹塑性(或非线性)阶段。

1900年日本学者大森房吉提出了震度法概念，将地震作用简化为静力，取重量的0.1倍为水平地震作用，这是抗震设计初始阶段采用的方法，称为静力法。

20世纪30年代美国受到日本地震工程研究的启发，开展了强地震动加速度过程的观测和记录，1940年5月18日取得了具有典型强地震动特性的El Centro记录(最大水平加速度为0.34g，附近的地震烈度为8度)。到20世纪40年代，美国已经取得了不少有工程意义的地震记录，丰富了人们对地震动工程特性的认识，从而促进了抗震设计理论的发展。20世纪40年代初，美国学者Biot明确提出采用地震记录计算反应谱的概念；20世纪

50年代初，Housner将此设想加以实现，并应用于抗震设计，使抗震理论进入了反应谱阶段。这是抗震计算方法的第二阶段，由于反应谱理论正确而简单地反映了地震动的特性，并根据强震观测资料提出了实用的数据，在国际上得到了广泛的承认。到20世纪50年代，这一抗震理论已基本取代了震度法，并且成为世界各国所通用的方法。虽然在较长的应用过程中有许多改进和新发展，但反应谱方法的基本理论一直沿用至今。

20世纪50年代末期，Housner实现了地震反应的动力计算方法，并将其成功应用于墨西哥城的拉丁美洲大厦设计，在1958年的墨西哥大地震中，墨西哥城遭受严重震害，而拉丁美洲大厦的良好表现，促使人们开始重视地震反应的直接动力计算方法，又称为时程分析法。从20世纪60年代到70年代，地震反应动力分析方法得到了广泛研究和发展，从弹性时程分析法发展到弹塑性时程分析法，在工程设计应用和科学研究中，取得了显著的成绩。这是地震作用计算方法发展的第3阶段，时程分析方法应用于设计，主要是作为反应谱方法进行设计的补充手段。从20世纪60年代开始，日本首先要求在高度大于60m的高层建筑结构中，应用弹塑性时程分析方法对设计结果进行检验。我国在1989抗震规范中提出了两阶段设计的要求，第一阶段是设计阶段，以反应谱方法作为设计地震作用的计算方法，第二阶段是设计校核阶段，要求用弹塑性时程分析方法进行变形验算，要求层间位移小于倒塌极限，要求进行第二阶段验算的只限于少数建筑结构。

由于抗震计算理论的发展，在抗震设计的概念上也逐步发生变化，静力方法和最初的反应谱方法主要的目的是计算结构的内力，并设计构件，达到承载力要求，可称之为基于承载力的抗震设计方法。随着震害调查、分析的不断深入，人们加深了对地震造成建筑物破坏原因的认识，结构的塑性变形可以消耗地震能力，具有延性的结构变形可以有效地抵抗地震，而结构的变形能力不足又是结构破坏和倒塌的重要原因，在此基础上提出了基于承载力和延性的抗震设计概念；即以反应谱理论为基础，以三水准设防为目标，以构件极限承载力设计保证结构承载力，以构造措施保证结构延性的完整的抗震设计方法。基于承载力和延性的抗震设计方法的逐步完善和成熟依靠了弹性和弹塑性时程分析法这一手段，通过弹塑性时程分析，对结构在地震作用下的"延性要求"进行了研究，建立了结构屈服机制和强柱弱梁等重要设计概念。近10多年来，基于性态的抗震设计方法成为人们研究的热点，并取得了进展。它要求在不同水准的地震作用下，直接以结构的性态和表现作为设计目标，在同一个地区和城市，不同的建筑可以根据业主的要求达到不同的性态目标，例如正常使用、生命安全、设备安全、防止倒塌等。现行的"小震不坏、中震可修、大震不倒"的三水准目标已经在一定程度上具备了基于性态抗震设计的思想，然而不同的是，基于性态的抗震设计方法需要定量，因而也需要更为可靠的定量计算方法。在设计阶段仍然需要应用反应谱方法，而地震反应的时程分析法和静力弹塑性分析法（又称为推覆分析法）是目前技术比较成熟、可以获得结构性态和表现定量的两种主要计算方法。

结构抗震分析方法的发展以及与抗震设计方法的关系归纳如图1.3.1所示。

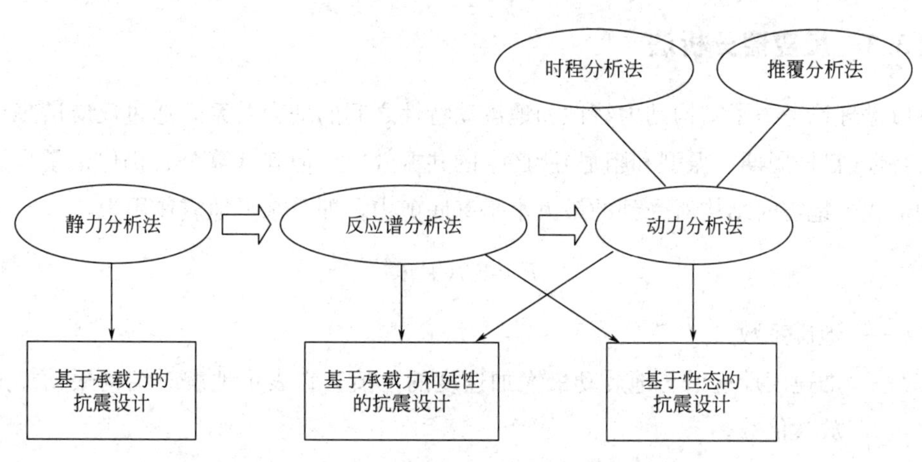

图 1.3.1 抗震分析方法与抗震设计方法的联系

1.3.2 静力分析法

水平静力抗震理论创始于意大利，发展于日本。1900 年左右，日本学者大森房吉、佐野利器、物部长穗、末广恭二等对其发展做出了重要贡献。大森房吉提出了震度法的概念，该方法假定结构物与地震动具有相同的振动，把结构物在地面运动加速度 a 作用下产生的惯性力视为静力作用于结构物上做抗震计算。惯性力的计算公式为：

$$F=a\frac{G}{g}=kG \tag{1.3.1}$$

式中 a——地震动最大水平加速度；

G——建筑物的重量，$G=mg$；

g——重力加速度；

m——建筑物的质量；

k——地面运动加速度峰值与重力加速度的比值，称为地震系数，其数值与结构动力特性无关。

此后，日本学者佐野利器倡导震度法，并提出 $k=0.1$，据此建立了最早的工程结构抗震方法。1926 年日本对地震荷载做了明文规定，按不同地区把地震系数分为 0.15～4.0。美国于 1927 年也将设计地震荷载的概念引入到规范。

显然，对工程设计人员来说，很容易接受静力法的概念，但由于静力法忽略了结构的动力特性这一重要因素，把地震动加速度看作是结构地震破坏的单一因素，因而有很大的局限性，常导致对结构抗震能力的错误判断。只有当结构物的基本周期比地面运动卓越周期小很多时，结构物在地震时才可能几乎不产生变形而可以被当作刚体，此时静力法才能成立，超出此范围则不适用。

1.3.3　反应谱分析法

反应谱理论考虑了结构动力特性和地震动特性之间的动力关系，通过反应谱来计算结构动力特性(自振周期、振型和阻尼)所产生的共振效应，但其计算公式仍保留了早期静力理论的形式。地震时结构所受到的最大水平基底剪力，即总水平地震作用为：

$$F = k\beta(T)G \tag{1.3.2}$$

式中　k——地震系数；

$\beta(T)$——加速度反应谱与地震动最大加速度的比值，它表示地震时结构振动加速度的放大倍数。

反应谱理论尽管考虑了结构的动力特性，然而，在结构设计中，它仍然把地震惯性力作为静力来对待，所以它只能称为准动力理论。

反应谱方法是目前世界各国计算地震作用普遍应用的方法，其优点是考虑了地震的强烈程度——烈度，考虑了地面运动的特性，特别是场地性质的影响，考虑了结构自身的动力特性——周期与阻尼比。通过反应谱值将结构的动力反应转化为作用在结构上的静力，抗震计算时不需要特殊的计算方法，简便易用，并且加速度反应谱值是加速度反应的最大值，用它来进行设计一般来说也是安全的。

但是，由于反应谱实质上的局限性，反应谱分析法仍不免存在如下不足之处：①反应谱只考虑地面运动中的加速度分量，未考虑地面运动中速度和位移的影响，特别是对长周期结构的影响。实际上地面运动中的速度分量对结构反应影响很大，在相同的加速度峰值下，速度越大，结构反应也越强烈，结构也容易受到损坏。②设计反应谱只给出了加速度反应中的最大值，是惯性力的最大值，但不一定是结构的最危险状态，因为结构的最大剪力、最大倾覆力矩和最大位移都不是发生在同一时刻。③反应谱是通过单自由度体系计算得出的，应用在多自由度体系时，只能将结构分解为许多独立的振型，每个振型作为一个单自由度结构，得到对应的反应谱值和对应的惯性力，然后通过振型组合得到多自由度结构的内力和位移。振型组合方法(例如SRSS方法和CQC方法)都是从概率统计方法得到的，增加了地震作用下计算内力与位移的粗糙性。④目前应用的设计反应谱是单自由度弹性结构的反应谱，只能进行弹性计算，未考虑地震动持时的影响，未考虑结构可能出现塑性和塑性变形的累积过程。

为了扩大反应谱方法的应用范围，国内外不少学者对反应谱方法进行了很多的深化研究，主要集中在以下4个方面：①长周期设计反应谱值的正确估计。②反应谱振型组合方法的研究，先后提出的振型组合方法有：SRSS法、CQC法、IGQC法、SUM法、DSC法、HOC分组法等。③非弹性反应谱的研究，随着延性抗震研究的不断深入，人们对非弹性反应谱的兴趣逐渐增强。④能考虑地震动空间变化的反应谱方法。尽管不少学者对反应谱方法做了很多改进，但对于许多大型复杂工程结构而言，反应谱方法目前仍无法全面考虑各种复杂影响因素。

1.3.4　时程分析法

从表征地震动的振幅、频谱和持时三要素来看，抗震设计理论的静力阶段考虑了结构高频振动的振幅最大值，反应谱阶段虽然同时考虑了结构各频段振动振幅的最大值和频谱两个要素，而"持时"却始终未能在设计理论中得到明确的反映。1971 年美国圣费南多地震的震害，使人们清楚地认识到"反应谱理论只说出了问题的一大半，而地震动持时对结构破坏程度的重要影响没有得到考虑"，从而推动了采用地震动加速度过程 $a(t)$ 来计算结构反应过程的时程分析法的研究。

时程分析法将地震波按时段进行数值化后，输入结构体系的振动微分方程，采用直接积分法计算出结构在整个强震时域中的振动状态全过程，给出各个时刻各个杆件的内力和变形。时程分析法具有如下特点：①输入地震动参数要求采用符合场地情况、具有概率意义的加速度过程，对于复杂结构要求考虑地震动三个分量的时间过程及其空间相关性；②要求采用的结构和构件的动力模型应接近实际情况，应考虑结构和构件的非线性恢复力特性；③该方法能计算出结构反应的全过程，包括变形和能量损耗的积累；④设计原则要考虑到多种使用状态和安全的概率保证。

时程分析法是先进的，但是在应用上还有很多困难和局限，尤其是工程设计时的应用，输入地震波的不确定性、结构性能的近似假定和模拟等，使分析结果的可信度受到限制；该方法需要专门的程序和运用知识，输入、输出数据量大，计算技术复杂，一般需要专门的技术人员进行分析。因此，我国规范只要求少数重要、超高或有薄弱部位的结构，采用时程分析法进行多遇地震下的补充计算或罕遇地震作用下薄弱层的弹塑性变形验算。

1.3.5　静力弹塑性分析法

静力弹塑性分析是在结构上施加一组静力(竖向荷载和水平荷载)，考虑构件从开裂到屈服，刚度逐步改变的弹塑性计算方法。计算时竖向荷载不变(自重及活荷载等)，水平荷载由小到大，逐步加载，每一步会有部分构件屈服，屈服的构件需要改变刚度，重新建立刚度矩阵，在增量荷载作用下再进行分析，得到的结果叠加在前一步计算的结果上，如此逐步计算，直到结构达到其极限承载力或极限位移，结构倒塌。静力弹塑性分析可以得到结构从弹性状态到倒塌的全过程，因此也称为推覆分析。

静力弹塑性分析方法能够提供结构的"能力和性能"数据，符合现在正在研究发展的"基于性态设计"的需要，近年来静力弹塑性分析方法得到普遍重视和广泛研究，已在计算的精细程度和解决难点的计算技巧方法得到较大发展。静力弹塑性分析的主要功能是：

(1)得到结构承受水平荷载作用时内力和变形的全过程，得到结构的最大承载能力和极限变形能力，包括层间位移角和顶点位移等重要指标，可以估计相对于设计荷载而言的结构承载力的安全储备大小。

(2)得到第一批塑性铰位置和各个阶段的塑性铰出现次序和分布状态，可以判断结构是否符合强柱弱梁、强剪弱弯等设计要求。

(3)得到不同受力阶段下楼层侧移和层间位移角沿高度的分布，结合塑性铰的分布情况可以检查是否存在薄弱层。

(4)得到不同受力阶段结构各部分塑性内力重分布情况，结合塑性铰分布，检查设计的多道设防意图是否能实现。

(5)得到结构每一层的层剪力-层间位移角曲线，可以作为弹塑性层模型时程分析需要的各层等效层刚度。

(6)得到结构总承载力-顶点位移全曲线，它综合表示结构在各个受力阶段的能力和性能。经过转换，把静力弹塑性分析得到的结构性能曲线称为“能力曲线”，可与“需求曲线”进行比较，地震反应谱曲线可以作为“需求曲线”。如果“需求曲线”与“能力曲线”有交点，则表示结构可以抵抗该地震，交点称为“结构性能表现点”，交点对应的位移就是结构在地震作用下的顶点位移，对该位移处结构的各项性能进行分析，可以得到结构在地震作用下的表现。

相对于弹塑性时程分析法，静力弹塑性分析法要简单一些，其分析的概念、需要的参数和计算结果都更加明确，得到的结构性能比较丰富和详细，构件设计和配筋是否合理都能很直观地判断，容易为工程设计人员了解和接受。但是也存在一些问题，主要表现在：①结构计算时施加的水平荷载形式的不确定性；②构件的弹塑性性能需要在材料非线性性能(应力-应变关系)的基础上进一步深入研究和量化；③该方法只能给出结构在某种荷载作用下的性能，对结构在某一特点地震作用下的表现并不能直接得到，因此，该方法对地震作用下结构状态的判断和评价不如地震反应时程分析的判断更为直接。

本书将围绕结构抗震分析的基本理论和方法展开论述，重点介绍结构抗震分析中的基础知识和较为成熟的基本理论，主要包括反应谱分析法、时程分析法和静力弹塑性分析法，这些内容构成了结构抗震计算与设计的基础。

第2章　结构动力学基础

§2.1　多自由度体系的振动方程

建立多自由度体系振动方程的主要方法是基于达朗贝尔原理的动力平衡法，其表现形式有两种：通过列出包括惯性力在内的平衡方程，以刚度系数(矩阵)形式表示，称为刚度法；通过建立位移协调方程，以柔度系数(矩阵)形式表示，称为柔度法。

1. 刚度法

为使方程具有一般性，讨论图2.1.1(a)所示具有 n 个集中质量(质点)的体系，有 n 个动力自由度。现按刚度法建立无阻尼体系的振动微分方程。

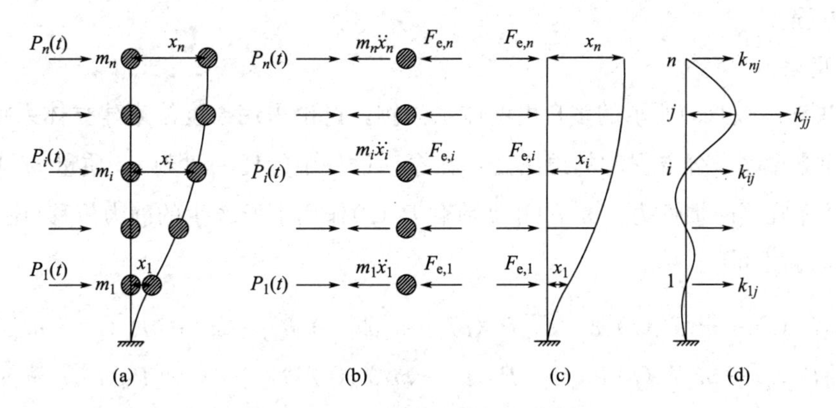

图2.1.1　用刚度法建立振动方程

取各质点作隔离体，如图2.1.1(b)所示。各质点 m_i 所受的力有下面三种：

(1)惯性力 $-m_i\ddot{x}_i$，与加速度 $\ddot{x}_i$ 的方向相反。

(2)弹性力 $F_{e,i}$，与位移 x_i 的方向相反。

(3)动荷载 $P_i(t)$。

根据达朗贝尔原理，可列出平衡方程如下：

$$m_i\ddot{x}_i+F_{e,i}=P_i(t)\quad(i=1,2,\cdots,n)\tag{2.1.1a}$$

弹性力 $F_{e,i}$ 是质点 m_i 与结构之间的相互作用力。图2.1.1(b)中的 $F_{e,i}$ 是质点 m_i 所受的力，图2.1.1(c)中的 $F_{e,i}$ 是结构所受的力，两者的方向彼此相反。在图2.1.1(c)中，结构所受的力 $F_{e,i}$ 与结构的位移 x_1，x_2，…，x_n 之间应满足刚度方程：

$$F_{e,i}=k_{i1}x_1+k_{i2}x_2+\cdots+k_{in}x_n \quad (i=1,2,\cdots,n) \tag{2.1.1b}$$

式中　k_{ij}——结构的刚度系数，见图 2.1.1(d)，即使质点 j 产生单位位移(其他各点的位移保持为 0)时在点 i 所需施加的力。

将式(2.1.1b)代入式(2.1.1a)，即得无阻尼振动微分方程组，用矩阵形式表示如下：

$$\begin{bmatrix} m_1 & & & \\ & m_2 & & \\ & & \ddots & \\ & & & m_n \end{bmatrix}\begin{Bmatrix} \ddot{x}_1 \\ \ddot{x}_2 \\ \vdots \\ \ddot{x}_n \end{Bmatrix}+\begin{bmatrix} k_{11} & k_{12} & \cdots & k_{1n} \\ k_{21} & k_{22} & \cdots & k_{2n} \\ \vdots & \vdots & \ddots & \vdots \\ k_{n1} & k_{n2} & \cdots & k_{nn} \end{bmatrix}\begin{Bmatrix} x_1 \\ x_2 \\ \vdots \\ x_n \end{Bmatrix}=\begin{Bmatrix} P_1(t) \\ P_2(t) \\ \vdots \\ P_n(t) \end{Bmatrix} \tag{2.1.2a}$$

或简写为：

$$\boldsymbol{M}\ddot{\boldsymbol{x}}+\boldsymbol{K}\boldsymbol{x}=\boldsymbol{P}(t) \tag{2.1.2b}$$

式中　$\boldsymbol{M}$、$\boldsymbol{K}$——分别是质量矩阵和刚度矩阵，在集中质量(质点)的体系中，$\boldsymbol{M}$ 是对角阵；

$\boldsymbol{x}$、$\ddot{\boldsymbol{x}}$、$\boldsymbol{P}(t)$——分别是位移列向量、加速度列向量和动荷载列向量。

以上是用刚度法建立的方程，即以刚度系数(矩阵)形式表示的多自由度体系无阻尼的振动微分方程。

2. 柔度法

现仍以图 2.1.1(a)所示的多自由度体系为例，讨论采用柔度法来建立体系振动方程。按柔度法建立振动微分方程时的思路是：在振动过程中的任一时刻 t，质量 m_i 的位移 x_i 应当等于体系在当时惯性力 $-m_i\ddot{x}_i$ 和动荷载 $P_i(t)$作用下所产生的静力位移(图 2.1.2a)。据此可列出方程如下：

$$\begin{cases} x_1(t)=[P_1(t)-m_1\ddot{x}_1(t)]\delta_{11}+[P_2(t)-m_2\ddot{x}_2(t)]\delta_{12}+\cdots+[P_n(t)-m_n\ddot{x}_n(t)]\delta_{1n} \\ x_2(t)=[P_1(t)-m_1\ddot{x}_1(t)]\delta_{21}+[P_2(t)-m_2\ddot{x}_2(t)]\delta_{22}+\cdots+[P_n(t)-m_n\ddot{x}_n(t)]\delta_{2n} \\ \vdots \\ x_n(t)=[P_1(t)-m_1\ddot{x}_1(t)]\delta_{n1}+[P_2(t)-m_2\ddot{x}_2(t)]\delta_{n2}+\cdots+[P_n(t)-m_n\ddot{x}_n(t)]\delta_{nn} \end{cases} \tag{2.1.3a}$$

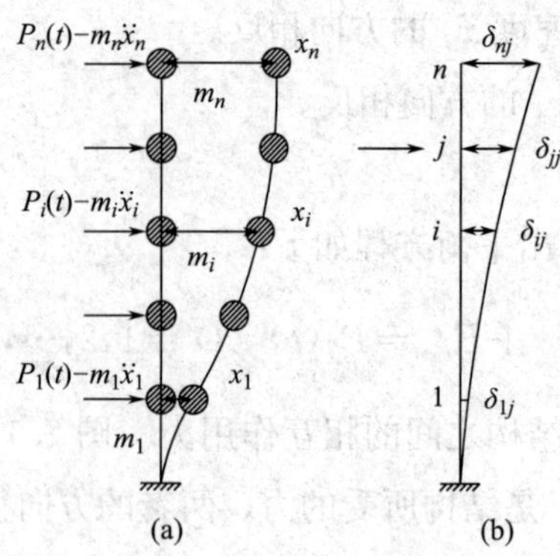

图 2.1.2　用柔度法建立振动方程

式中　δ_{ij}——体系的柔度系数，见图 2.1.2(b)，即 j 点作用单位力时使 i 点产生的位移。

式(2.1.3a)可用矩阵形式表示如下：

$$\begin{Bmatrix} x_1 \\ x_2 \\ \vdots \\ x_n \end{Bmatrix} = \begin{bmatrix} P_1(t)-m_1\ddot{x}_1 & & & \\ & P_2(t)-m_2\ddot{x}_2 & & \\ & & \ddots & \\ & & & P_n(t)-m_n\ddot{x}_n \end{bmatrix} \begin{bmatrix} \delta_{11} & \delta_{12} & \cdots & \delta_{1n} \\ \delta_{21} & \delta_{22} & \cdots & \delta_{2n} \\ \vdots & \vdots & \ddots & \vdots \\ \delta_{n1} & \delta_{n2} & \cdots & \delta_{nn} \end{bmatrix} \tag{2.1.3b}$$

或简写为：

$$\boldsymbol{x} = -\boldsymbol{\delta M}\ddot{\boldsymbol{x}} + \boldsymbol{\delta P}(t) \tag{2.1.3c}$$

式中　$\boldsymbol{\delta}$——柔度矩阵，其余符号同式(2.1.2b)。

因为体系的刚度矩阵与柔度矩阵存在如下关系：

$$\boldsymbol{\delta} = \boldsymbol{K}^{-1}, \boldsymbol{K} = \boldsymbol{\delta}^{-1} \tag{2.1.4}$$

将式(2.1.3b)前乘以 $\boldsymbol{K}$，即为式(2.1.2b)。可见用刚度系数表示的振动方程和用柔度系数表示的振动方程，两者是等价的。

§2.2　多自由度体系的自由振动

2.2.1　自由振动方程及其解

多自由度无阻尼体系的自由振动方程为：

$$\boldsymbol{M}\ddot{\boldsymbol{x}} + \boldsymbol{K}\boldsymbol{x} = 0 \tag{2.2.1a}$$

设解为如下形式(即各质点按同一圆频率作简谐振动)：

$$\boldsymbol{x} = \boldsymbol{\Phi}\sin(\omega t + \alpha) \tag{2.2.1b}$$

$$\boldsymbol{\Phi} = \begin{Bmatrix} \Phi_1 \\ \Phi_2 \\ \vdots \\ \Phi_n \end{Bmatrix} \tag{2.2.1c}$$

式中　$\boldsymbol{\Phi}$——位移幅值向量。

将式(2.2.1b)代入式(2.2.1a)，即得：

$$(\boldsymbol{K} - \omega^2\boldsymbol{M})\boldsymbol{\Phi} = 0 \tag{2.2.2}$$

上式是位移幅值 $\boldsymbol{\Phi}$ 的齐次方程。为了得到 $\boldsymbol{\Phi}$ 的非零解，应使系数行列式为零，即：

$$|\boldsymbol{K} - \omega^2\boldsymbol{M}| = 0 \tag{2.2.3}$$

式(2.2.3)称为体系的圆频率方程或特征方程。将行列式展开并求解，可得到体系的 n 个自振圆频率 ω_1，ω_2，…，ω_n(n 是体系的自由度数)。把全部自振圆频率按照由小到大的顺序排列而成的向量称为圆频率向量 $\boldsymbol{\omega}$，其中最小的圆频率称为基本圆频率或第一圆频率。

令 $\boldsymbol{\Phi}_i$ 表示与圆频率 ω_i 相应的主振型向量：

$$\boldsymbol{\Phi}_i^{\mathrm{T}}=(\Phi_{1i} \quad \Phi_{2i} \quad \cdots \quad \Phi_{ni})$$

将 ω_i 和 $\boldsymbol{\Phi}_i$ 代入式(2.2.2)，得：

$$(\boldsymbol{K}-\omega_i^2\boldsymbol{M})\boldsymbol{\Phi}_i=0 \tag{2.2.4}$$

令 $i=1$，2，…，n，可得出 n 个向量方程，由此可求出 n 个主振型向量 $\boldsymbol{\Phi}_1$，$\boldsymbol{\Phi}_2$，…，$\boldsymbol{\Phi}_n$。

由于特征方程式(2.2.4)的齐次性质，振型向量 $\boldsymbol{\Phi}_i$ 的幅值是任意的，只有振型的比例形状是唯一的。因此，振型定义为结构位移形状保持不变的振动形式。为了对不同自振圆频率的振型进行形状上的比较，需要将其化为无量纲形式，这种转化过程称为振型的归一化。振型归一化的方法可以采用下述三种方法之一：

(1)特定坐标的归一化方法：指定振型向量中某一坐标值为 1，其他元素值按比例确定。

(2)最大位移值的归一化方法：将振型向量中各元素分别除以其中的最大值。

(3)正交归一化方法：规定主振型 $\boldsymbol{\Phi}_i$ 满足 $\boldsymbol{\Phi}_i^{\mathrm{T}}\boldsymbol{M}\boldsymbol{\Phi}_i=1$。

2.2.2 主振型的正交性

现在讨论主振型之间的一些重要特性(正交性质)。这些特性在结构动力分析中是非常有用的。设 ω_n 和 ω_m 为两个不同的自振圆频率，相应的两个主振型向量分别为 $\boldsymbol{\Phi}_n$ 和 $\boldsymbol{\Phi}_m$，并满足特征方程式(2.2.2)：

$$\boldsymbol{K}\boldsymbol{\Phi}_n=\omega_n^2\boldsymbol{M}\boldsymbol{\Phi}_n \tag{2.2.5}$$

$$\boldsymbol{K}\boldsymbol{\Phi}_m=\omega_m^2\boldsymbol{M}\boldsymbol{\Phi}_m \tag{2.2.6}$$

将式(2.2.5)两边乘以 $\boldsymbol{\Phi}_m^{\mathrm{T}}$，式(2.2.6)两边乘以 $\boldsymbol{\Phi}_n^{\mathrm{T}}$，即有：

$$\boldsymbol{\Phi}_m^{\mathrm{T}}\boldsymbol{K}\boldsymbol{\Phi}_n=\omega_n^2\boldsymbol{\Phi}_m^{\mathrm{T}}\boldsymbol{M}\boldsymbol{\Phi}_n \tag{2.2.7}$$

$$\boldsymbol{\Phi}_n^{\mathrm{T}}\boldsymbol{K}\boldsymbol{\Phi}_m=\omega_m^2\boldsymbol{\Phi}_n^{\mathrm{T}}\boldsymbol{M}\boldsymbol{\Phi}_m \tag{2.2.8}$$

注意到上式两端皆为一标量，转置后其值不变，而 $\boldsymbol{K}$ 和 $\boldsymbol{M}$ 均为对称矩阵，故转置后等于自身。对式(2.2.8)两端做转置运算后有：

$$\boldsymbol{\Phi}_m^{\mathrm{T}}\boldsymbol{K}\boldsymbol{\Phi}_n=\omega_m^2\boldsymbol{\Phi}_m^{\mathrm{T}}\boldsymbol{M}\boldsymbol{\Phi}_n \tag{2.2.9}$$

式(2.2.9)减式(2.2.7)得：

$$(\omega_m^2-\omega_n^2)\boldsymbol{\Phi}_m^{\mathrm{T}}\boldsymbol{M}\boldsymbol{\Phi}_n=0 \tag{2.2.10}$$

若 $m\neq n$，则有：

$$\boldsymbol{\Phi}_m^{\mathrm{T}}\boldsymbol{M}\boldsymbol{\Phi}_n=0\quad(m\neq n) \tag{2.2.11}$$

上式代入式(2.2.7)，则有：

$$\boldsymbol{\Phi}_m^{\mathrm{T}}\boldsymbol{K}\boldsymbol{\Phi}_n=0\quad(m\neq n) \tag{2.2.12}$$

式(2.2.11)和式(2.2.12)即为振型的加权正交表达式。它表明，相对于质量矩阵 $\boldsymbol{M}$ 和刚度矩阵 $\boldsymbol{K}$ 来说，不同圆频率相应的主振型是彼此正交的。

振型的正交性说明它们具备作为一类线性空间基的基本条件。事实上，由振型向量所形成的线性空间正是一般动力反应空间，在这空间中的任一点表示一个特定的动力反应，并且这一点的坐标值可由关于基(振型)的广义坐标给出。应该注意：振型向量是加权正交的，各振型向量构成加权正交函数系，而振型向量本身并不正交。

2.2.3　主振型矩阵

在具有 n 个自由度的体系中，可将 n 个彼此正交的主振型向量组成一个方阵：

$$\boldsymbol{\Phi}=(\boldsymbol{\Phi}_1\quad\boldsymbol{\Phi}_2\quad\cdots\quad\boldsymbol{\Phi}_n)=\begin{bmatrix}\Phi_{11} & \Phi_{12} & \cdots & \Phi_{1n}\\ \Phi_{21} & \Phi_{22} & \cdots & \Phi_{2n}\\ \vdots & \vdots & \ddots & \vdots\\ \Phi_{n1} & \Phi_{n2} & \cdots & \Phi_{nn}\end{bmatrix} \tag{2.2.13}$$

这个方阵称为主振型矩阵。

根据主振型向量的两个正交关系，可以导出关于主振型矩阵 $\boldsymbol{\Phi}$ 的两个性质，即 $\boldsymbol{\Phi}^{\mathrm{T}}\boldsymbol{M}\boldsymbol{\Phi}$ 和 $\boldsymbol{\Phi}^{\mathrm{T}}\boldsymbol{K}\boldsymbol{\Phi}$ 都应是对角矩阵，即：

$$\boldsymbol{\Phi}^{\mathrm{T}}\boldsymbol{M}\boldsymbol{\Phi}=\begin{bmatrix}M_1 & 0 & \cdots & 0 & \cdots & 0\\ 0 & M_2 & \cdots & 0 & \cdots & 0\\ \vdots & \vdots & \ddots & \vdots & \vdots & \vdots\\ 0 & 0 & \cdots & M_i & \cdots & 0\\ \vdots & \vdots & \vdots & \vdots & \ddots & \vdots\\ 0 & 0 & \cdots & 0 & \cdots & M_n\end{bmatrix}=\boldsymbol{M}^{*} \tag{2.2.14}$$

$$\boldsymbol{\Phi}^{\mathrm{T}}\boldsymbol{K}\boldsymbol{\Phi}=\begin{bmatrix}K_1 & 0 & \cdots & 0 & \cdots & 0\\ 0 & K_2 & \cdots & 0 & \cdots & 0\\ \vdots & \vdots & \ddots & \vdots & \vdots & \vdots\\ 0 & 0 & \cdots & K_i & \cdots & 0\\ \vdots & \vdots & \vdots & \vdots & \ddots & \vdots\\ 0 & 0 & \cdots & 0 & \cdots & K_n\end{bmatrix}=\boldsymbol{K}^{*} \tag{2.2.15}$$

$$M_i = \boldsymbol{\Phi}_i^{\mathrm{T}} \boldsymbol{M} \boldsymbol{\Phi}_i; \quad K_i = \boldsymbol{\Phi}_i^{\mathrm{T}} \boldsymbol{K} \boldsymbol{\Phi}_i \tag{2.2.16}$$

式中 $\boldsymbol{M}^*$、$\boldsymbol{K}^*$——分别称为广义质量矩阵和广义刚度矩阵；

M_i、K_i——分别为第 i 个主振型相应的广义质量和广义刚度。

由式(2.2.16)可以进一步得到：

$$\boldsymbol{\Phi}_i^{\mathrm{T}} \boldsymbol{K} \boldsymbol{\Phi}_i = \omega_i^2 \boldsymbol{\Phi}_i^{\mathrm{T}} \boldsymbol{M} \boldsymbol{\Phi}_i$$

即：

$$\omega_i = \sqrt{\frac{K_i}{M_i}} \tag{2.2.17}$$

这就是根据广义刚度 K_i 和广义质量 M_i 来求圆频率 ω_i 的公式。这个公式是单自由度体系求圆频率公式的推广。

2.2.4 自由振动的近似计算

结构动力分析时经常需要计算结构的固有频率和振型。然而，实际工程结构一般都具有较多的自由度，直接根据式(2.2.3)计算高阶代数方程的特征值问题甚为繁复，同时在结构动力分析时通常只需要结构的低阶振动特性。因此，寻求简便而又具有良好精度的近似计算方法具有十分重要的实际意义。本节介绍两种实用解法：子空间迭代法和里兹向量直接叠加法。

2.2.4.1 子空间迭代法

子空间迭代法是反复使用瑞利-里兹法和矩阵迭代法来求解结构低阶自振频率和振型的方法。瑞利-里兹法可以将体系的自由度折减，转化为 s($s<n$，n 为体系的自由度)个自由度的特征值问题，但此法需要假定振型，计算结果的精确程度有赖于所假定振型的精确程度；矩阵迭代法求解自振频率和振型，是用迭代的方法从体系的最低阶频率开始，逐阶进行计算。如果把瑞利-里兹法和矩阵迭代法两者结合起来，采用前法折减自由度，又在计算过程中采用迭代的方法使振型逐步趋近其精确值，则可以预期得到很好的结果。这就是子空间迭代法的基本思路。

1. 矩阵形式

对 n 个自由度的体系，瑞利-里兹法采用矩阵的形式可表述如下：

设位移向量可表示为：

$$\boldsymbol{x} = \boldsymbol{\Phi} \sin(\omega t + a) \tag{2.2.18}$$

式中 $\boldsymbol{\Phi}$——位移幅值向量，即主振型；

ω——自振圆频率。

体系的最大动能为：

$$T_{\max}=\frac{1}{2}\omega^2\boldsymbol{\Phi}^{\mathrm{T}}\boldsymbol{M}\boldsymbol{\Phi} \tag{2.2.19}$$

体系的最大应变能为：

$$U_{\max}=\frac{1}{2}\boldsymbol{\Phi}^{\mathrm{T}}\boldsymbol{K}\boldsymbol{\Phi} \tag{2.2.20}$$

由 $T_{\max}=U_{\max}$，得瑞利比：

$$\omega^2=R(\boldsymbol{\Phi})=\frac{\boldsymbol{\Phi}^{\mathrm{T}}\boldsymbol{K}\boldsymbol{\Phi}}{\boldsymbol{\Phi}^{\mathrm{T}}\boldsymbol{M}\boldsymbol{\Phi}} \tag{2.2.21}$$

式中 $\boldsymbol{M}$——体系的质量矩阵；

$\boldsymbol{K}$——体系的刚度矩阵。

按照瑞利-里兹方法，在 n 维空间的 n 个特征向量中，选取前面 s 个($s<n$)特征向量，这 s 个特征向量定义的空间称为原 n 维空间的一个子空间。首先，假设 s 个标准化向量 $\boldsymbol{Y}_j$ ($j=1$，2，…，s)，并设位移幅值向量为这 s 个 $\boldsymbol{Y}_j$ 的线性组合，即：

$$\boldsymbol{\Phi}_{n\times1}=\sum_{j=1}^{s}a_j\boldsymbol{Y}_j=[\boldsymbol{Y}_1\quad\boldsymbol{Y}_2\quad\cdots\quad\boldsymbol{Y}_s]_{n\times s}\boldsymbol{a}_{s\times1}=\boldsymbol{Y}_{n\times s}\boldsymbol{a}_{s\times1} \tag{2.2.22}$$

代入瑞利比式(2.2.21)：

$$\omega^2=R(\boldsymbol{\Phi})=\frac{\boldsymbol{a}^{\mathrm{T}}\boldsymbol{Y}^{\mathrm{T}}\boldsymbol{K}\boldsymbol{Y}\boldsymbol{a}}{\boldsymbol{a}^{\mathrm{T}}\boldsymbol{Y}^{\mathrm{T}}\boldsymbol{M}\boldsymbol{Y}\boldsymbol{a}}=\frac{A(\boldsymbol{a})}{B(\boldsymbol{a})} \tag{2.2.23}$$

式中 A、B——瑞利比中的分子和分母，它们都是参数 a_j 的二次式。

其次，应用瑞利比为驻值的条件，即：

$$\frac{\partial R}{\partial a_j}=\frac{1}{B^2}\left[B(\boldsymbol{a})\frac{\partial A}{\partial a_j}-A(\boldsymbol{a})\frac{\partial B}{\partial a_j}\right]=0\quad(j=1,2,\cdots,s) \tag{2.2.24}$$

由式(2.2.23)，$\dfrac{A(\boldsymbol{a})}{B(\boldsymbol{a})}=\omega^2$，故得：

$$\frac{\partial A}{\partial a_j}-\omega^2\frac{\partial B}{\partial a_j}=0\quad(j=1,2,\cdots,s) \tag{2.2.25}$$

由于：

$$\frac{\partial A}{\partial a_j}=\frac{\partial}{\partial a_j}(\boldsymbol{a}^{\mathrm{T}}\boldsymbol{Y}^{\mathrm{T}}\boldsymbol{K}\boldsymbol{Y}\boldsymbol{a})=\left(\frac{\partial}{\partial a_j}\boldsymbol{a}^{\mathrm{T}}\right)\boldsymbol{Y}^{\mathrm{T}}\boldsymbol{K}\boldsymbol{Y}\boldsymbol{a}+\boldsymbol{a}^{\mathrm{T}}\boldsymbol{Y}^{\mathrm{T}}\boldsymbol{K}\boldsymbol{Y}\frac{\partial}{\partial a_j}\boldsymbol{a}^{*}=2\boldsymbol{Y}_j^{\mathrm{T}}\boldsymbol{K}\boldsymbol{Y}\boldsymbol{a} \tag{2.2.26}$$

式中带 * 号的项，其乘积为一标量，标量的转置仍为原标量，故可与其前一项合并。

类似地：

$$\frac{\partial B}{\partial a_j}=2\boldsymbol{Y}_j^{\mathrm{T}}\boldsymbol{M}\boldsymbol{Y}\boldsymbol{a} \tag{2.2.27}$$

于是式(2.2.25)可写为：

$$\boldsymbol{Y}_j^{\mathrm{T}}\boldsymbol{KYa}-\omega^2\boldsymbol{Y}_j^{\mathrm{T}}\boldsymbol{MYa}=0 \quad (j=1,2,\cdots,s) \tag{2.2.28}$$

或扩充后写成：

$$\boldsymbol{Y}^{\mathrm{T}}\boldsymbol{KYa}-\omega^2\boldsymbol{Y}^{\mathrm{T}}\boldsymbol{MYa}=0 \tag{2.2.29}$$

令广义刚度矩阵和广义质量矩阵分别为：

$$\boldsymbol{K}_{s\times s}^{*}=\boldsymbol{Y}^{\mathrm{T}}\boldsymbol{KY};\quad \boldsymbol{M}_{s\times s}^{*}=\boldsymbol{Y}^{\mathrm{T}}\boldsymbol{MY} \tag{2.2.30}$$

则上式变为：

$$(\boldsymbol{K}_{s\times s}^{*}-\omega^2\boldsymbol{M}_{s\times s}^{*})\boldsymbol{a}_{s\times 1}=0 \tag{2.2.31}$$

这样问题又归结为矩阵特征值问题，但这里是 $s\times s$ 阶矩阵，而不是原来的 $n\times n$ 阶矩阵特征值问题。由此可见，里兹法起了减少自由度的作用。解得的 s 个特征值就是原体系的前 s 个圆频率平方(ω^2)的近似值，相应地还得到 s 个向量 $\boldsymbol{a}_1$，$\boldsymbol{a}_2$，…，$\boldsymbol{a}_s$，因此 s 个振型为：

$$\boldsymbol{\Phi}_j=\boldsymbol{Ya}_j \quad (j=1,2,\cdots,s) \tag{2.2.32}$$

注意，式中 $\boldsymbol{a}_j$ 对于广义质量矩阵是正交的，即当 $k\neq j$ 时，有：

$$\boldsymbol{a}_k^{\mathrm{T}}\boldsymbol{M}^{*}\boldsymbol{a}_j=0 \tag{2.2.33}$$

故各阶的振型对质量矩阵正交化了，即有：

$$\boldsymbol{\Phi}_k^{\mathrm{T}}\boldsymbol{M\Phi}_j=\boldsymbol{a}_k^{\mathrm{T}}\boldsymbol{Y}^{\mathrm{T}}\boldsymbol{MYa}_j=\boldsymbol{a}_k^{\mathrm{T}}\boldsymbol{M}^{*}\boldsymbol{a}_j=0 \tag{2.2.34}$$

2. 基本过程

n 个自由度体系的自由振动方程：

$$\boldsymbol{K\Phi}_i=\omega_i^2\boldsymbol{M\Phi}_i \quad (i=1,2,\cdots,n) \tag{2.2.35a}$$

或：

$$\boldsymbol{\delta M\Phi}_i=\lambda_i\boldsymbol{\Phi}_i \tag{2.2.35b}$$

式中，$\lambda_i=1/\omega_i^2$。如果把 $\boldsymbol{\delta M}$ 看作一个算子，那么向量 $\boldsymbol{\Phi}$ 经此算子作用后就等于该向量放大了 λ_i 倍。这就是线性代数中的特征值问题：式(2.2.35b)是 $n\times n$ 阶的特征值，$\boldsymbol{\Phi}_i$ 为特征向量，λ_i 为特征值，特征值和相应的特征向量合称特征对。

我们先选取 $s(s<n)$ 个 n 维向量，为了使数字计算能保持适当的大小，令各个向量的最大模为 1，这 s 个 n 维向量记为 $\boldsymbol{Y}_{10}$，$\boldsymbol{Y}_{20}$，…，$\boldsymbol{Y}_{s0}$，它们组成一个 $n\times s$ 阶的矩阵：

$$\boldsymbol{Y}_0=[\boldsymbol{Y}_{10}\quad \boldsymbol{Y}_{20}\quad \cdots\quad \boldsymbol{Y}_{s0}] \tag{2.2.36}$$

把它作为体系前 s 阶主振型矩阵 $\boldsymbol{\Phi}$ 的零次近似，即设：

$$\boldsymbol{\Phi}_0 = \boldsymbol{Y}_0 \tag{2.2.37}$$

对上式前乘以 $\boldsymbol{\delta M}$，这相当于对 $\boldsymbol{Y}_0$ 作用算子，记为：

$$\widetilde{\boldsymbol{Y}}_1 = \boldsymbol{\delta M Y}_0 \tag{2.2.38a}$$

或

$$\boldsymbol{K}\widetilde{\boldsymbol{Y}}_1 = \boldsymbol{MY}_0 \tag{2.2.38b}$$

这里是空间迭代，与普通迭代法不同之处在于同时迭代 s 个 n 维向量。对$\widetilde{\boldsymbol{Y}}_1$ 中各振型位移的最大模为 1 进行标准化，结果表示为$\boldsymbol{Y}_1$。

如前所述，对于$\boldsymbol{Y}_{10}$ 不管如何选取，经过反复迭代，它一定收敛于第一阶主振型。对于$\boldsymbol{Y}_{20}$ 如选取时使它不包含第一阶主振型分量，则反复迭代后，它一定收敛于第二阶主振型。同理，如选取$\boldsymbol{Y}_{j0}$ 时使它不包含前面$(j-1)$阶的主振型分量，经反复迭代后，它一定收敛于第 j 阶主振型。对于我们选取的$\boldsymbol{Y}_0$ 而言，不可能一开始就做到这一点。但是，可以在迭代过程中逐步达到这个目标。为此，迭代求得$\widetilde{\boldsymbol{Y}}_1$ 后，并不直接用它去迭代，而是在再迭代之前，先对它进行处理。首先，对式(2.2.38a)得出$\widetilde{\boldsymbol{Y}}_1$ 进行正交化，这样可以使它的各列经迭代后分别趋于各个不同阶的主振型，而不是都趋于第一阶主振型。另外，为了使得在数字计算中能保持适当的大小，取标准化振型时，令各振型位移的最大模等于 1。这种处理可以采用前述的里兹法。

我们把体系前 s 阶主振型矩阵的一次近似表示为：

$$\widetilde{\boldsymbol{\Phi}}_{1,n\times s} = \boldsymbol{Y}_{1,n\times s}\boldsymbol{a}_{1,s\times s} \tag{2.2.39}$$

式中　$\boldsymbol{a}_1$——待定系数矩阵。

作相应的广义刚度矩阵和广义质量矩阵：

$$\boldsymbol{K}^*_{1,s\times s} = \boldsymbol{Y}_1^{\mathrm{T}}\boldsymbol{KY}_1\text{；}\quad \boldsymbol{M}^*_{1,s\times s} = \boldsymbol{Y}_1^{\mathrm{T}}\boldsymbol{MY}_1 \tag{2.2.40}$$

然后把问题归结为 $s\times s$ 阶的特征值问题：

$$\boldsymbol{K}^*_{1,s\times s}\boldsymbol{a}_{s\times 1} = \frac{1}{\lambda}\boldsymbol{M}^*_{1,s\times s}\boldsymbol{a}_{s\times 1} \tag{2.2.41a}$$

或写成：

$$(\boldsymbol{K}_1^* - \omega^2\boldsymbol{M}_1^*)\boldsymbol{a} = 0 \tag{2.2.41b}$$

式中　$\boldsymbol{a}$——待定系数列阵；

　　λ——待定特征值；

　　ω——待定圆频率。

因为通常 s 远小于 n，对于 $s\times s$ 阶特征值问题是比较容易求解的，可解得特征值 λ_{j1} $(j=1, 2, \cdots, s)$及相应的特征向量系数列阵 $\boldsymbol{a}_{j1}$。由此可组成体系的第一次近似特征值

矩阵 $\boldsymbol{\lambda}_1=\mathrm{diag}(\lambda_{j1})$，以及待定系数矩阵 $\boldsymbol{a}_{1,s\times s}$。再由式(2.2.39)得：

$$\widetilde{\boldsymbol{\Phi}}_1=\boldsymbol{Y}_1\boldsymbol{a}_1\text{（标准化后为}\boldsymbol{\Phi}_1\text{）} \tag{2.2.42}$$

需要指出，这里的 $\boldsymbol{a}_{j1}$ 已对广义质量矩阵 $\boldsymbol{M}_1^*$ 正交化，即 $k\neq j$ 时，有：

$$\boldsymbol{\Phi}_{j1}^{\mathrm{T}}\boldsymbol{M}\boldsymbol{\Phi}_{k1}=\boldsymbol{a}_{j1}^{\mathrm{T}}\boldsymbol{Y}_{j1}^{\mathrm{T}}\boldsymbol{M}\boldsymbol{Y}_1 a_{k1}=\boldsymbol{a}_{j1}^{\mathrm{T}}\boldsymbol{M}_1^* a_{k1}=0 \tag{2.2.43}$$

这样处理后的 $\boldsymbol{\Phi}_1$ 已较 $\boldsymbol{\Phi}_0$ 有所改善。继续重复上述迭代计算，可以算出第 i 次近似的 $\boldsymbol{Y}_i$ 和 $\boldsymbol{\lambda}_i$。当 i 趋近无穷大时，计算将收敛于体系的前 s 阶的主振型矩阵和特征值矩阵。

子空间迭代法有很多优点。当体系中有几阶特征值非常接近的时候，一般迭代法会出现迭代收敛很慢的情况，子空间迭代法可以克服这一困难。大型复杂结构的振型分析中，体系的自由度可多达几百甚至上千，但需要的主振型和特征值只是最低的10～20阶。这时，子空间迭代法非常适用，并且精度高、结果可靠。所以，该法是公认的大型结构特征对计算的最有效方法之一。

2.2.4.2 里兹向量直接叠加法

采用子空间迭代法求解结构的自振频率和振型，必须指定振型数目的截断位置。然而，实际计算过程中往往很难确定选用多少阶振型可以达到要求的计算精度。如果截取振型数太少可能忽略高阶振型的贡献，带来高阶振型的截断误差。对于那些高阶振型敏感的结构而言，这样处理对结构动力分析结果的精度影响是非常大的。此外，对于选用的振型缺乏挑选标准，不管其对结构动力响应贡献的大小均被包含在内，对响应贡献很小的振型也可能被考虑在内，从而影响了计算效率。

近年来，里兹向量直接叠加法由于具有更高的计算效率，逐步得到推广应用。该方法的特点是，根据荷载空间分布模式按一定规律生成一组里兹向量，在将系统运动方程转换到这组里兹向量空间后，只要求解一次减缩了的标准特征值问题，再经过坐标系的转换就可以得到原系统运动方程的部分特征解。该方法无须子空间迭代法的多次迭代，收敛速度较快并且计算精度也较子空间迭代法更高，其生成的里兹向量不仅与结构自振特性有关而且与作用结构上的动力荷载的空间分布特性相关，获得的少量振型均是被荷载激发出的且对结构响应有贡献的。因此，里兹向量直接叠加法具有更高的计算效率。

在一般动荷载作用下，n 个多自由度体系有阻尼时的振动方程为：

$$\boldsymbol{M}\ddot{\boldsymbol{x}}(t)+\boldsymbol{C}\dot{\boldsymbol{x}}(t)+\boldsymbol{K}\boldsymbol{x}(t)=\boldsymbol{P}(t) \tag{2.2.44}$$

式中　$\boldsymbol{M}$、$\boldsymbol{C}$、$\boldsymbol{K}$——分别为结构的质量矩阵、阻尼矩阵和刚度矩阵；

$\boldsymbol{x}$、$\boldsymbol{P}(t)$——分别为位移列向量、动荷载列向量。

式(2.2.44)表示的结构运动方程中的荷载项常常可以分解为一组仅与空间坐标有关的函数 $\boldsymbol{R}(s)$ 和一组仅与时间有关的函数 $\boldsymbol{g}(t)$ 的乘积：

$$\boldsymbol{P}(t)=\sum\boldsymbol{R}_i(s)\boldsymbol{g}_i(t)=\boldsymbol{R}(s)\boldsymbol{g}(t) \tag{2.2.45}$$

如本章2.3.2节所述，多自由度体系的运动方程式(2.2.44)可以转换为各正则坐标描述下的单自由度问题：

$$\ddot{q}_i(t)+2\zeta_i\omega_i\dot{q}_i(t)+\omega_i^2 q_i(t)=\frac{\boldsymbol{\Phi}_i^{\mathrm{T}}\boldsymbol{P}(t)}{M_i}=\frac{\boldsymbol{\Phi}_i^{\mathrm{T}}\sum\boldsymbol{R}_i(s)\boldsymbol{g}_i(t)}{M_i}(i=1,2,\cdots,n) \tag{2.2.46}$$

第i阶振型的广义荷载$F_i(t)$为：

$$F_i(t)=\boldsymbol{\Phi}_i^{\mathrm{T}}\sum\boldsymbol{R}_i(s)\boldsymbol{g}_i(t)=\sum\left[\boldsymbol{\Phi}_i^{\mathrm{T}}\boldsymbol{R}_i(s)\right]\boldsymbol{g}_i(t) \tag{2.2.47}$$

从式(2.2.47)可以看出，如果结构的第i阶振型$\boldsymbol{\Phi}_i$与每个荷载空间分布形式$\boldsymbol{R}_i(s)$正交，则有$F_i(t)=0$，相应的振型响应$q_i(t)=0$。这说明荷载只能激励起与它的空间分布模式$\boldsymbol{R}_i(s)$不正交的振型。或者说，结构的动力响应是那些与$\boldsymbol{R}_i(s)$不正交的振型响应的叠加。因此，与不能考虑荷载空间分布形式的子空间迭代法相比，里兹向量直接叠加法具有更高的计算效率。对于地震作用而言，采用结构的质量矩阵便可以很好地表示其空间分布形式，因此，该方法被广泛地应用于结构地震反应分析。

里兹向量直接叠加法的计算过程简述如下：

(1)给定结构特性矩阵$\boldsymbol{M}$、$\boldsymbol{K}$、$\boldsymbol{P}$，其中假定结构外部激励$\boldsymbol{P}(t)$是按一定的空间分布并按时间变化的，即$\boldsymbol{P}(t)=\boldsymbol{R}(s)\boldsymbol{g}(t)$。

(2)生成$\boldsymbol{x}_1$，并求解：

$$\boldsymbol{K}\hat{\boldsymbol{x}}_1=\boldsymbol{R}(s) \tag{2.2.48}$$

正则化：

$$\boldsymbol{x}_1=\hat{\boldsymbol{x}}_1/\beta_1;\quad \beta_1=(\hat{\boldsymbol{x}}_1^{\mathrm{T}}\boldsymbol{M}\hat{\boldsymbol{x}}_1)^{1/2} \tag{2.2.49}$$

(3)生成$\boldsymbol{x}_i$($i=2$，3，…，r)，并求解：

$$\boldsymbol{K}\tilde{\boldsymbol{x}}_i=\boldsymbol{M}\boldsymbol{x}_{i-1} \tag{2.2.50}$$

正交化：

$$\hat{\boldsymbol{x}}_i=\tilde{\boldsymbol{x}}_i-\sum_{j=1}^{i-1}\alpha_{ij}\boldsymbol{x}_j;\quad \alpha_{ij}=\tilde{\boldsymbol{x}}_i^{\mathrm{T}}\boldsymbol{M}\boldsymbol{x}_j \tag{2.2.51}$$

正则化：

$$\boldsymbol{x}_i=\hat{\boldsymbol{x}}_i/\beta_i;\quad \beta_i=(\hat{\boldsymbol{x}}_i^{\mathrm{T}}\boldsymbol{M}\hat{\boldsymbol{x}}_i)^{1/2} \tag{2.2.52}$$

(4)将特征值方程$\boldsymbol{K}\boldsymbol{\Phi}_r=\boldsymbol{M}\boldsymbol{\Phi}_r\boldsymbol{\Omega}_r$转换到里兹向量空间，设：

$$\boldsymbol{\Phi}_r=\boldsymbol{X}\boldsymbol{\Phi}^* \tag{2.2.53}$$

式中，$\boldsymbol{\Phi}_r=[\boldsymbol{\varphi}_1\quad \boldsymbol{\varphi}_2\quad \cdots\quad \boldsymbol{\varphi}_r]$，$\boldsymbol{X}_r=[\boldsymbol{x}_1\quad \boldsymbol{x}_2\quad \cdots\quad \boldsymbol{x}_r]$，将其代入特征值方程，并用

$\boldsymbol{X}^{\mathrm{T}}$ 前乘方程两端，就可得到$\boldsymbol{X}^{\mathrm{T}}\boldsymbol{K}\boldsymbol{X}\boldsymbol{\Phi}^{*}=\boldsymbol{X}^{\mathrm{T}}\boldsymbol{M}\boldsymbol{X}\boldsymbol{\Phi}^{*}\boldsymbol{\Omega}_{r}$，进一步简写为：

$$\boldsymbol{K}^{*}\boldsymbol{\Phi}^{*}=\boldsymbol{M}^{*}\boldsymbol{\Phi}^{*}\boldsymbol{\Omega}_{r} \tag{2.2.54}$$

式中，$\boldsymbol{K}^{*}=\boldsymbol{X}^{\mathrm{T}}\boldsymbol{K}\boldsymbol{X}$，$\boldsymbol{M}^{*}=\boldsymbol{X}^{\mathrm{T}}\boldsymbol{M}\boldsymbol{X}$。

(5)求解标准特征值问题式(2.2.54)，得到特征解$\boldsymbol{\Phi}^{*}$和$\boldsymbol{\Omega}_{r}$。

$$\boldsymbol{\Phi}^{*}=[\boldsymbol{\Phi}_{1}^{*}\quad \boldsymbol{\Phi}_{2}^{*}\quad \cdots\quad \boldsymbol{\Phi}_{r}^{*}];\quad \boldsymbol{\Omega}_{r}=\mathrm{diag}(\omega_{i}^{2}) \tag{2.2.55}$$

(6)根据式(2.2.53)计算原问题的部分特征量。

§2.3 多自由度体系强迫振动的时域分析法

2.3.1 直接解法

先从较简单情况开始讨论。设体系上作用同圆频率和同相位的简谐荷载$\boldsymbol{P}\sin\theta t$，$\boldsymbol{P}$为荷载幅值向量。此时，多自由度体系有阻尼强迫振动的方程为：

$$\boldsymbol{M}\ddot{\boldsymbol{x}}+\boldsymbol{C}\dot{\boldsymbol{x}}+\boldsymbol{K}\boldsymbol{x}=\boldsymbol{P}\sin\theta t \tag{2.3.1a}$$

当求稳态动力反应时，设稳态反应的解具有以下形式：

$$\boldsymbol{x}=\boldsymbol{B}_{1}\sin\theta t+\boldsymbol{B}_{2}\cos\theta t \tag{2.3.1b}$$

将式(2.3.1b)代入式(2.3.1a)，得到：

$$\begin{cases}(\boldsymbol{K}-\theta^{2}\boldsymbol{M})\boldsymbol{B}_{1}-\theta\boldsymbol{C}\boldsymbol{B}_{2}=\boldsymbol{P}\\ \theta\boldsymbol{C}\boldsymbol{B}_{1}+(\boldsymbol{K}-\theta^{2}\boldsymbol{M})\boldsymbol{B}_{2}=0\end{cases} \tag{2.3.1c}$$

上式为包含$\boldsymbol{B}_{1}$和$\boldsymbol{B}_{2}$中$2n$个元素的$2n$个方程。求出系数$\boldsymbol{B}_{1}$和$\boldsymbol{B}_{2}$后，可求出$\boldsymbol{x}$。$\boldsymbol{x}$中第i个元素为：

$$x_{i}(t)=B_{i1}\sin\theta t+B_{i2}\cos\theta t \tag{2.3.1d}$$

上式可写为：

$$x_{i}(t)=B_{i}\sin(\theta t-\alpha_{i}) \tag{2.3.2}$$

式中 B_{i}——第i个位移反应的振幅，$B_{i}=\sqrt{B_{i1}^{2}+B_{i2}^{2}}$；

α_{i}——第i个位移反应的相位角，$\alpha_{i}=\arctan\left(-\dfrac{B_{i2}}{B_{i1}}\right)$。

若体系上作用的是周期性荷载而非简谐荷载，可将动荷载展开为傅里叶级数，分别计算每个谐波分量作用下的位移反应，然后叠加，得到所求的动力反应。当体系上作用的动荷载不能用时间的解析函数表示时，则不能求得振动方程的解析解。此时可用数值解法，将在第5章中介绍。

2.3.2 振型叠加法

在一般动荷载作用下，n 个多自由度体系有阻尼时的振动方程为：

$$\boldsymbol{M}\ddot{\boldsymbol{x}}+\boldsymbol{C}\dot{\boldsymbol{x}}+\boldsymbol{K}\boldsymbol{x}=\boldsymbol{P}(t) \tag{2.3.3}$$

式中 $\boldsymbol{M}$、$\boldsymbol{C}$、$\boldsymbol{K}$——分别为结构的质量矩阵、阻尼矩阵和刚度矩阵。

在通常情况下，$\boldsymbol{M}$、$\boldsymbol{C}$ 和 $\boldsymbol{K}$ 并不都是对角矩阵，因此，方程组是耦合的。当 n 较大时，求解联立方程的工作非常繁重。为了使方程组由耦合变为不耦合，可以采用正则坐标变换，即设：

$$\boldsymbol{x}=\boldsymbol{\Phi}\boldsymbol{q} \tag{2.3.4}$$

式中，旧坐标 $\boldsymbol{x}$ 是几何坐标，新坐标 $\boldsymbol{q}$ 是正则坐标，两种坐标之间的转换矩阵就是主振型矩阵 $\boldsymbol{\Phi}$。

式(2.3.4)也可写成：

$$\boldsymbol{x}=\boldsymbol{\Phi}_1q_1+\boldsymbol{\Phi}_2q_2+\cdots+\boldsymbol{\Phi}_nq_n \tag{2.3.5}$$

上式表明，在多自由度体系中，任意一个位移向量 $\boldsymbol{x}$ 都可写成主振型的线性组合。因此，正则坐标 $\boldsymbol{q}$ 就是把实际位移 $\boldsymbol{x}$ 按主振型分解时的系数。

将式(2.3.4)代入式(2.3.3)，再前乘以 $\boldsymbol{\Phi}^{\mathrm{T}}$，即得：

$$\boldsymbol{\Phi}^{\mathrm{T}}\boldsymbol{M}\boldsymbol{\Phi}\ddot{\boldsymbol{x}}+\boldsymbol{\Phi}^{\mathrm{T}}\boldsymbol{C}\boldsymbol{\Phi}\dot{\boldsymbol{x}}+\boldsymbol{\Phi}^{\mathrm{T}}\boldsymbol{K}\boldsymbol{\Phi}\boldsymbol{x}=\boldsymbol{\Phi}^{\mathrm{T}}\boldsymbol{P}(t) \tag{2.3.6}$$

利用式(2.2.14)和式(2.2.15)定义的广义质量矩阵 $\boldsymbol{M}^*$ 和广义刚度矩阵 $\boldsymbol{K}^*$，并定义广义阻尼矩阵 $\boldsymbol{C}^*$ 为 $\boldsymbol{C}^*=\boldsymbol{\Phi}^{\mathrm{T}}\boldsymbol{C}\boldsymbol{\Phi}$，则式(2.3.6)可写成：

$$\boldsymbol{M}^*\ddot{\boldsymbol{q}}+\boldsymbol{C}^*\dot{\boldsymbol{q}}+\boldsymbol{K}^*\boldsymbol{q}=\boldsymbol{\Phi}^{\mathrm{T}}\boldsymbol{P}(t) \tag{2.3.7}$$

将 $\boldsymbol{\Phi}^{\mathrm{T}}\boldsymbol{P}(t)$ 看作广义荷载向量，记为：

$$\boldsymbol{F}(t)=\boldsymbol{\Phi}^{\mathrm{T}}\boldsymbol{P}(t) \tag{2.3.8a}$$

其中元素：

$$F_i(t)=\boldsymbol{\Phi}_i^{\mathrm{T}}\boldsymbol{P}(t) \tag{2.3.8b}$$

称为第 i 个主振型相应的广义荷载。于是，式(2.3.7)可写成：

$$\boldsymbol{M}^*\ddot{\boldsymbol{q}}+\boldsymbol{C}^*\dot{\boldsymbol{q}}+\boldsymbol{K}^*\boldsymbol{q}=\boldsymbol{F}(t) \tag{2.3.9}$$

假定广义阻尼矩阵 $\boldsymbol{C}^*$ 亦为对角矩阵，则方程组(2.3.9)已经成为解耦形式，即其中包含 n 个独立方程：

$$M_i\ddot{q}_i(t)+C_i\dot{q}_i(t)+K_iq_i(t)=F_i(t)\quad(i=1,2,\cdots,n) \tag{2.3.10}$$

上式两边除以 M_i，再考虑到式(2.2.17)，故得：

$$\ddot{q}_i(t)+2\zeta_i\omega_i\dot{q}_i(t)+\omega_i^2 q_i(t)=\frac{1}{M_i}F_i(t)\quad(i=1,2,\cdots,n)\tag{2.3.11}$$

式中　ω_i、ζ_i——分别为结构体系的第 i 阶自振圆频率和振型阻尼比。

上式就是关于正则坐标 $q_i(t)$的运动方程，其解答可参照杜哈梅积分或第 5 章的数值解法得到。

从上述推导可知，原来的运动方程式(2.3.3)是彼此耦合的 n 个联立方程，现在的运动方程式(2.3.11)是彼此独立的 n 个一元方程。正则坐标 $q_i(t)$求出后，再代回式(2.3.4)或式(2.3.5)，即得出几何坐标 $\boldsymbol{x}(t)$。从式(2.3.4)来看，这是进行坐标反变换。从式(2.3.5)来看，这是将各个主振型分量加以叠加，从而得出质点的总位移，所以这个方法叫作主振型叠加法。

需要指出，对于有阻尼多自由度体系，运动方程式(2.3.3)可以实现解耦的条件是主振型矩阵 $\boldsymbol{\Phi}$ 关于阻尼矩阵 $\boldsymbol{C}$ 正交，即满足：

$$\boldsymbol{\Phi}_m^{\mathrm{T}}\boldsymbol{C}\boldsymbol{\Phi}_n=0\quad(m\neq n)\tag{2.3.12}$$

此条件称为阻尼正交条件。关于阻尼矩阵的详细讨论见 2.3.3 节。

2.3.3　关于阻尼的补充讨论

2.3.3.1　等效黏滞阻尼的概念

阻尼是结构体系的重要动力特性之一。在前述的结构动力方程中，阻尼矩阵是按黏滞阻尼理论给出的，即阻尼力与结构运动速度成正比。实际结构产生阻尼的原因是多方面的，例如滑动面之间的干摩擦、润滑面之间的摩擦、空气的阻力和材料的不完全弹性引起的内摩擦等。按照黏滞阻尼理论分析结构振动的结果并不能与实验结果很好地吻合。比较明显的是两者给出的能量耗散规律不同。因此，就要求对黏滞阻尼加以符合实际情况的修正，即引入等效黏滞阻尼理论。

在简谐荷载 $p(t)=F\sin\theta t$ 作用下，结构的平稳阶段的位移为 $y(t)=A\sin(\theta t-\alpha)$，相应的速度为：

$$\dot{y}=A\theta\cos(\theta t-\alpha)=\pm A\theta\sqrt{1-\sin^2(\theta t-\alpha)}=\pm A\theta\sqrt{1-(y/A)^2}\tag{2.3.13}$$

黏滞阻尼的阻尼力 $F_{\mathrm{c}}=-c\dot{y}=\mp cA\theta\sqrt{1-(y/A)^2}$。此式可写成：

$$\left(\frac{F_{\mathrm{c}}}{cA\theta}\right)^2+\left(\frac{y}{A}\right)^2=1\tag{2.3.14}$$

上式表示了阻尼力 F_{c} 和位移 y 之间的关系，是一个椭圆，如图 2.3.1(a)所示。此曲线表明黏滞阻尼体系在平稳阶段振动中的滞回特性，称为滞回曲线。

现在研究平稳阶段振动中的能量耗散。考虑振动一个周期 T 时，阻尼力 F_{c} 在位移 y 上所做的功。阻尼力 F_{c} 和位移 y 都是随时间变化的，F_{c} 在一周期内做的总功可以看成是

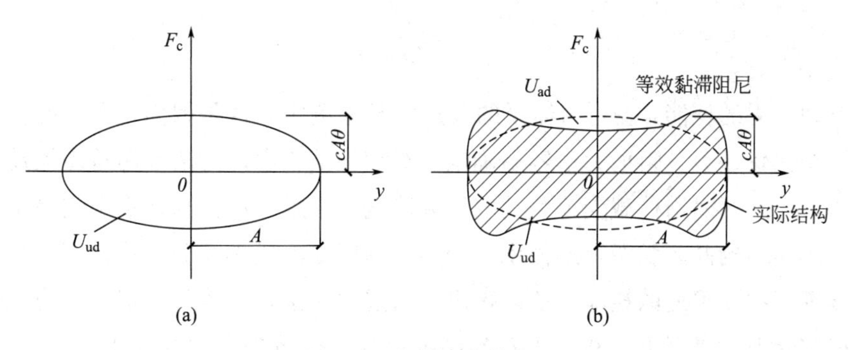

图 2.3.1 等效黏滞阻尼

在各个时间微量 dt 上所做功的总和。时间 t 增加 dt 时相应的位移增量为 dy，故总功为：

$$W=\int_0^T F_c \frac{\mathrm{d}y}{\mathrm{d}t}\mathrm{d}t=\int_0^T c\dot{y}\cdot\dot{y}\mathrm{d}t=cA^2\theta^2\int_0^T \cos^2(\theta t-\alpha)\mathrm{d}t \tag{2.3.15}$$

这个量值就等于图 2.3.1(b)中椭圆所包围的面积。用 U_{ud} 表示黏滞阻尼振动一个周期时能量的耗散，通常称为耗能。即：

$$U_{ud}=\pi cA^2\theta \tag{2.3.16}$$

此式说明，黏滞阻尼理论的耗能是和圆频率 θ 成正比的，振动越快，每周期所耗的能量越大。然而实验结果表明，许多结构振动一个周期的耗能是与圆频率无关的，即耗能和振动的快慢无关。实验结果还表明，结构在振动时，阻尼因素所起影响的大小主要取决于耗能的数值，而在一个周期内形成能量损耗的具体过程则无显著的影响。根据这一点，可以建立等效黏滞阻尼的概念。

通常实际结构并非黏滞阻尼体系，但为了能利用黏滞阻尼体系简化的计算结果，可以假设体系为一个等效黏滞阻尼体系。此假设的等效黏滞阻尼体系一个振动周期内所损耗的能量正好与实际结构在一个振动周期内所损耗的能量相等，并且两者具有相等的位移振幅值。图 2.3.1(b)表示这种等效的耗能关系，图中实线表示实际结构的滞回曲线，包围的面积为 U_{ad}；虚线所表示的椭圆为等效的滞回曲线，包围的面积为 U_{ud}；两者面积相等，并有相等的位移振幅 A。

等效黏滞阻尼体系中的阻尼常数和阻尼比分别称为等效阻尼常数 c_{eq} 和 ζ_{eq}。由上述的耗能等效关系：

$$U_{ad}=U_{ud}=\pi c_{eq}A^2\theta \tag{2.3.17}$$

即：

$$c_{eq}=\frac{U_{ad}}{\pi A^2\theta} \tag{2.3.18}$$

和：

$$\zeta_{eq}=\frac{c_{eq}}{2m\omega} \tag{2.3.19}$$

实际结构振动一周的耗能 U_{ad} 可由体系的共振实验来测定。这是因为在共振时，阻尼因素对振幅的影响比较显著，阻尼力也容易确定。在结构试验中，无论是用自由振动衰减曲线确定阻尼比，还是用简谐荷载受迫振动的幅频曲线确定阻尼比，都是基于实际结构的量测结果。由于实际结构并非黏滞阻尼体系，用实验的振幅值代入有关公式计算，就意味着取实际的耗能等于黏滞阻尼的耗能，所以得出的阻尼比应该就是等效阻尼比。由此可见，等效黏滞阻尼实际上就是根据实验结果对黏滞阻尼的一个较为合理的修正。等效阻尼比 ζ_{eq} 一经求出，便可以把得到的黏滞阻尼体系的公式推广应用，只需把原公式中的阻尼比 ζ 改为等效阻尼比 ζ_{eq} 即可。

2.3.3.2　结构阻尼矩阵

对 n 个自由度的体系，当考虑阻尼的影响后，并按黏滞阻尼理论，即假定阻尼力的大小与质点振动的速度成正比，方向与速度的方向相反，则其运动微分方程可表示如下：

$$\boldsymbol{M}\ddot{\boldsymbol{x}}+\boldsymbol{C}\dot{\boldsymbol{x}}+\boldsymbol{K}\boldsymbol{x}=\boldsymbol{P}(t) \tag{2.3.20}$$

式中的第 2 项，即为考虑阻尼的影响后增加的阻尼力项，矩阵 $\boldsymbol{C}$ 称为阻尼矩阵。

在多自由度体系中，每个质点都在振动，作用于质点 i 上的阻尼力，除了受 i 点振动速度影响外，还受到其他质点振动速度的影响，所以在一般情况下阻尼矩阵为：

$$\boldsymbol{C}=\begin{bmatrix} c_{11} & c_{12} & \cdots & c_{1n} \\ c_{21} & c_{22} & \cdots & c_{2n} \\ \cdots & \cdots & \cdots & \cdots \\ c_{n1} & c_{n2} & \cdots & c_{nn} \end{bmatrix} \tag{2.3.21}$$

式中　c_{ij}——j 质点单位速度在 i 点所产生的阻尼力，称为阻尼系数。

阻尼系数 c_{ij} 的定义虽然与 k_{ij} 相似，但因阻尼力的机理比较复杂，j 质点单位速度在 i 点所产生的阻尼力 c_{ij}，并不像 j 质点单位位移在 i 点所产生的约束力那样容易定量地予以确定。因此，直接确定阻尼系数并构建阻尼矩阵是困难的。另外，当用振型叠加法计算动力反应时，将体系的几何坐标 $\boldsymbol{x}$ 经过正则坐标变换为新的正则坐标 $\boldsymbol{q}$ 时，不仅质量矩阵和刚度矩阵成为对角阵，阻尼矩阵也应成为对角阵，以使振动方程解耦，成为 n 个独立的方程。为此，需要对阻尼矩阵引入进一步的假定。

常用的假设是，阻尼矩阵 $\boldsymbol{C}$ 是质量矩阵 $\boldsymbol{M}$ 和刚度矩阵 $\boldsymbol{K}$ 的线性组合，称为比例阻尼或瑞利阻尼，其表达式为：

$$\boldsymbol{C}=\alpha\boldsymbol{M}+\beta\boldsymbol{K} \tag{2.3.22}$$

式中　α、β——瑞利阻尼系数。

将式(2.3.22)进行正则坐标变换，可以解耦成 n 个独立方程如下：

$$M_i\ddot{q}_i(t)+C_i\dot{q}_i(t)+K_iq_i(t)=F_i(t)\quad(i=1,2,\cdots,n)\tag{2.3.23}$$

式中：

$$C_i=\alpha M_i+\beta K_i\tag{2.3.24}$$

将上式两边除以 M_i，并引入：

$$\zeta_i=\frac{C_i}{2\omega_iM_i}\tag{2.3.25}$$

得：

$$\ddot{q}_i(t)+2\omega_i\zeta_i\dot{q}_i(t)+\omega_i^2q_i(t)=\frac{1}{M_i}F_i(t)\quad(i=1,2,\cdots,n)\tag{2.3.26}$$

式中　ζ_i——第 i 振型的阻尼比。

上式就是考虑阻尼的影响后，采用瑞利阻尼理论并利用正则坐标使得原振动方程解耦。

为了较好地反映实际结构的阻尼特性，最好根据实测资料来确定瑞利阻尼系数 α 和 β。由式(2.3.24)、式(2.3.25)以及 $K_i=\omega_i^2M_i$ 的关系可推出：

$$\zeta_i=\frac{1}{2}\left(\frac{\alpha}{\omega_i}+\beta\omega_i\right)\tag{2.3.27}$$

通常根据已知的 ω_i 及实验测定的阻尼比 ζ_i 计算 α 和 β。例如，由已知的 ω_i、ω_j 和实测得到的 ζ_i、ζ_j，分别代入式(2.3.27)，联立求解可得：

$$\begin{cases}\alpha=\dfrac{2\omega_i\omega_j(\zeta_i\omega_j-\zeta_j\omega_i)}{\omega_j^2-\omega_i^2}\\[2ex]\beta=\dfrac{2(\zeta_j\omega_j-\zeta_i\omega_i)}{\omega_j^2-\omega_i^2}\end{cases}\tag{2.3.28}$$

已知 α 和 β 后，如需要知道更高振型的阻尼比，可采用式(2.3.27)来计算。

需要指出，在瑞利阻尼中，阻尼矩阵正比于质量矩阵时，振型阻尼比与振动圆频率成反比，结构高阶振型的阻尼比非常小；当阻尼矩阵正比于刚度矩阵时，振型阻尼比正比于圆频率，结构高阶振型的阻尼比非常大。因此，选取不同的振型阶次计算的瑞利阻尼的圆频率-阻尼比(ω-ζ)关系曲线是不同的。通常，结构的阻尼比 $\zeta<0.2$，并且实测结果表明，结构的振型阻尼比并没有随着振型阶次的提高而有明显的变化。然而，当振型阶次 i 和 j 分别取为 1 和 2 时，高阶振型的计算阻尼比远远超过 0.2，相当于人为抑制了高阶振型的动力反应，这一点在超高、大跨等柔性结构的抗震分析中尤其需要注意。

2.3.3.3　比例阻尼体系和非比例阻尼体系

重列式(2.3.7)：

$$\boldsymbol{M}^{*}\ddot{\boldsymbol{q}}+\boldsymbol{C}^{*}\dot{\boldsymbol{q}}+\boldsymbol{K}^{*}\boldsymbol{q}=\boldsymbol{\Phi}^{\mathrm{T}}\boldsymbol{P}(t) \tag{2.3.29}$$

式中 $\boldsymbol{M}^{*}$、$\boldsymbol{C}^{*}$、$\boldsymbol{K}^{*}$——分别为广义质量矩阵、广义刚度矩阵和广义阻尼矩阵。

一般来说，广义质量矩阵和广义刚度矩阵都是对角矩阵，即主振型关于质量矩阵和刚度矩阵为正交，而广义阻尼矩阵却只有在满足一定条件下才能称为对角矩阵。根据主振型关于阻尼矩阵是否正交，结构体系可以划分为：

1. 比例阻尼体系

一般只在同一材料组成的结构线弹性振动中可假设取为比例阻尼矩阵，由于其阻尼矩阵满足 Caughey 提出的解耦条件，故而其广义阻尼矩阵是对角阵。对于一般建筑结构而言，当不考虑与地基的相互作用，即采用结构在基础顶面处完全固定的假设时，其弹性振动分析采用比例阻尼是可行的。

2. 非比例阻尼体系

实际结构均属于非比例阻尼体系。与比例阻尼体系可以进行振型解耦不同，非比例阻尼体系各点位移间有相位差，不同时达到最大值；各点位移比值随时间变化，不存在所谓的"振型"，采用对应无阻尼系统的振型不能实现方程的解耦。不同材料的组合体系、安装各种阻尼装置的消能减震体系以及桩-土-结构体系均属于非比例阻尼体系。

对非比例阻尼体系的精确分析方法是直接时程积分法，即对非比例阻尼体系按非解耦运动方程直接计算。然而，传统的振型叠加法已经广泛应用于结构抗震分析，因此，许多研究者从实用、简化的角度研究了非比例阻尼体系的振型叠加法。这里简要介绍非比例阻尼体系的强迫解耦法。对于具有非比例阻尼特性的一般线弹性体系来说，广义阻尼矩阵 $\boldsymbol{C}^{*}=\boldsymbol{\Phi}^{\mathrm{T}}\boldsymbol{C}\boldsymbol{\Phi}$ 不是对角矩阵，其一般形式为：

$$C^{*}=\begin{bmatrix} C_{11} & C_{21} & \cdots & C_{1n} \\ C_{21} & C_{22} & \cdots & C_{2n} \\ \vdots & \vdots & \ddots & \vdots \\ C_{n1} & C_{n2} & \cdots & C_{nn} \end{bmatrix}$$

强迫解耦法就是忽略矩阵 $\boldsymbol{C}^{*}$ 中所有不为零的非对角线元素，用以下矩阵 $\boldsymbol{C}_{\mathrm{d}}^{*}$ 来代替 $\boldsymbol{C}^{*}$，即：

$$\boldsymbol{C}_{\mathrm{d}}^{*}=\begin{bmatrix} C_{11} & & & \\ & C_{22} & & \\ & & \ddots & \\ & & & C_{nn} \end{bmatrix}$$

引入这样的假定后，计算中就可以按照传统的振型叠加法进行方程的解耦。下面简要说明强迫解耦法的物理意义。将假定的对角代换矩阵 $\boldsymbol{C}_{\mathrm{d}}^{*}$ 转换到原位移坐标下，这样就得到一个新的矩阵 $\boldsymbol{C}^{\mathrm{e}}$，即：

$$\boldsymbol{C}^{\mathrm{e}}=(\boldsymbol{\Phi}^{\mathrm{T}})^{-1}\boldsymbol{C}_{\mathrm{d}}^{*}\boldsymbol{\Phi}^{-1}$$

它与原有的质量矩阵和刚度矩阵组成了一个新的等代体系，与原体系相比，新体系已经按照对于无阻尼体系的解耦条件重新调整了结构中的阻尼或能量耗散元素。因此，如果把非比例阻尼体系的阻尼分成比例阻尼和非比例阻尼两部分，则前者具有耗散能量的作用，后者起到转换能量的作用。

应该看到，强迫解耦法由于人为地忽略了阻尼转换矩阵 $\boldsymbol{C}^*$ 中的非对角线元素，当这些元素对计算影响较大时，将会使计算结果产生很大的误差。1977 年英国学者 Warburton 和 Soni 研究了非经典阻尼矩阵忽略非正交项的误差问题，提出了这种方法的适用条件：

$$\zeta_j \leqslant 0.05\left|\frac{b_{jj}}{2b_{js}}\left(\frac{T_j^2}{T_s^2}-1\right)\right|_{\substack{\min\\ s\neq j}}\quad (j=1,2,\cdots,n) \tag{2.3.30}$$

式中　ζ_j——忽略正交项求得的振型阻尼比；

b_{js}——矩阵 $\boldsymbol{B}=\boldsymbol{M}^{*-1}\boldsymbol{C}^*$ 的元素(j，$s=1$，2，…，n)；

$\boldsymbol{M}^*$——结构的广义质量矩阵；

$\boldsymbol{C}^*$——与结构非经典阻尼矩阵相应的广义阻尼矩阵。

大量计算表明，当满足式(2.3.30)时，忽略非比例阻尼矩阵非正交项的结构反应误差不超过 10%，大多数情况下误差不超过 5%，即使振型阻尼比 ζ_j 大于 20%时仍能保持这样的精度。

§2.4　多自由度体系强迫振动的频域分析法

线性结构体系的动力响应，在时域内表现为振幅反应时程随时间的变化，在频域内则表现为体系能量在各频段内的分布。对于线性结构体系，由于存在叠加原理，结构反应的时域解和频域解是完全等价的。频域分析方法的基本思想是利用傅里叶分析原理，首先计算结构体系的频域传递函数，由此求得结构反应的频域解，然后叠加获得问题的时域解。20 世纪 70 年代以来，频域分析方法得到了迅速的发展，在具有频变参数的线性结构的确定性地震反应分析、线性结构的随机地震反应分析等领域中都得到了广泛的应用。

2.4.1　频域传递函数

传递函数是结构频域分析中的一个重要概念。频域传递函数是指当结构体系受到一简谐输入(力或位移)激励时，体系的稳态输出(反应)与输入的比值。因此，频域传递函数描述了线性结构体系输出量与输入量在频域内的传递关系。下面利用单自由度体系介绍频域传递函数的概念。

线性单自由度体系的运动方程为：

$$m\ddot{x}(t)+c\dot{x}(t)+kx(t)=P(t) \tag{2.4.1}$$

式中　m、c、k——分别为体系的质量、阻尼和刚度；

$x(t)$、$\dot{x}(t)$、$\ddot{x}(t)$——分别为质点的位移、速度和加速度；

$P(t)$——已知荷载。

对式(2.4.1)两边作关于时间 t 的傅里叶变换，可得：

$$(-m\omega^2+\mathrm{i}c\omega+k)X(\omega)=P(\omega) \tag{2.4.2}$$

式中：

$$X(\omega)=\int_{-\infty}^{+\infty}x(t)\exp(-\mathrm{i}\omega t)\mathrm{d}t \tag{2.4.3}$$

$$P(\omega)=\int_{-\infty}^{+\infty}p(t)\exp(-\mathrm{i}\omega t)\mathrm{d}t \tag{2.4.4}$$

分别为体系位移 $x(t)$和荷载 $p(t)$的傅里叶谱。

则频域传递函数为：

$$H(i\omega)=\frac{1}{-m\omega^2+\mathrm{i}c\omega+k} \tag{2.4.5}$$

体系的频域解可以用传递函数表示为：

$$X(\omega)=H(\mathrm{i}\omega)P(\omega) \tag{2.4.6}$$

上式表明，线性结构输出反应的傅里叶变换 $X(\omega)$等于输入激励的傅里叶变换 $P(\omega)$与体系的频域传递函数 $H(\mathrm{i}\omega)$的乘积。并且，由于傅里叶变换具有单值关系，结构反应的频域解 $X(\omega)$和时域解 $x(t)$是一一对应的。

利用体系的传递函数，由式(2.4.6)求得体系的频域解后，可以通过傅里叶逆变换：

$$x(t)=\frac{1}{2\pi}\int_{-\infty}^{+\infty}X(\omega)\exp(\mathrm{i}\omega t)\mathrm{d}\omega \tag{2.4.7}$$

得到单自由度体系的时域解。

需要指出，用频域法求解结构反应时需要进行两次傅里叶变换，并且均为无穷域的积分，特别对于傅里叶逆变换，被积函数是复数，将会涉及围道积分。当外部激励为复杂的时间函数时，通常无法求得解析解。在实际分析中，式(2.4.4)和式(2.4.7)可以采用快速傅里叶变换(FFT)技术，从而大大加快分析速度和减少工作量。

当输入荷载为地震动时，单自由度体系的运动方程为：

$$m\ddot{x}(t)+c\dot{x}(t)+kx(t)=-m\ddot{x}_g(t) \tag{2.4.8}$$

式中 $\ddot{x}_g(t)$——地面加速度时程；

$x(t)$——体系的相对位移反应。

此时，体系相对位移 $x(t)$对地震动输入 $\ddot{x}_g(t)$的频域传递函数为：

$$H(i\omega)=\frac{m}{m\omega^2-\mathrm{i}c\omega-k} \tag{2.4.9}$$

如果令：

$$\omega_0=\sqrt{\frac{k}{m}};\zeta=\frac{c}{2m\omega_0}$$

则式(2.4.9)给出的传递函数为：

$$H(\mathrm{i}\omega)=\frac{1}{\omega^2-\omega_0^2-2\mathrm{i}\zeta\omega_0\omega} \tag{2.4.10}$$

体系的频域解可以用传递函数表示为：

$$X(\omega)=H(\mathrm{i}\omega)\ddot{X}_g(\omega) \tag{2.4.11}$$

式中 $\ddot{X}_g(\omega)$——输入地震动的傅里叶谱。

对频域解进行傅里叶逆变换即可求得时域解。

2.4.2 频域分析法

线性多自由度体系的频域分析方法与上述单自由度体系的步骤是相同的。不同的是多自由度体系往往会涉及多输入、多输出的情况。因此，多自由度体系的频域传递函数具有交叉性，传递函数将变为传递函数矩阵。例如，当自由度数为 n 时，体系完整的频域传递函数具有如下形式：

$$\boldsymbol{H}(\mathrm{i}\omega)=\begin{bmatrix} H_{11}(\mathrm{i}\omega) & H_{12}(\mathrm{i}\omega) & \cdots & H_{1k}(\mathrm{i}\omega) & \cdots & H_{1n}(\mathrm{i}\omega) \\ H_{21}(\mathrm{i}\omega) & H_{22}(\mathrm{i}\omega) & \cdots & H_{2k}(\mathrm{i}\omega) & \cdots & H_{2n}(\mathrm{i}\omega) \\ \vdots & \vdots & \ddots & \vdots & \ddots & \vdots \\ H_{l1}(\mathrm{i}\omega) & H_{l2}(\mathrm{i}\omega) & \cdots & H_{lk}(\mathrm{i}\omega) & \cdots & H_{ln}(\mathrm{i}\omega) \\ \vdots & \vdots & \ddots & \vdots & \ddots & \vdots \\ H_{n1}(\mathrm{i}\omega) & H_{n2}(\mathrm{i}\omega) & \cdots & H_{nk}(\mathrm{i}\omega) & \cdots & H_{nn}(\mathrm{i}\omega) \end{bmatrix} \tag{2.4.12}$$

式中 $H_{lk}(\mathrm{i}\omega)$——在第 k 个自由度处输入单位简谐激励时所引起的第 l 个自由度的输出反应值。

n 个多自由度体系有阻尼时的振动方程为：

$$\boldsymbol{M}\ddot{\boldsymbol{x}}(t)+\boldsymbol{C}\dot{\boldsymbol{x}}(t)+\boldsymbol{K}\boldsymbol{x}(t)=\boldsymbol{P}(t) \tag{2.4.13}$$

对上式两边作傅里叶变换可得：

$$(-\omega^2\boldsymbol{M}+\mathrm{i}\omega\boldsymbol{C}+\boldsymbol{K})\boldsymbol{X}(\omega)=\boldsymbol{P}(\omega) \tag{2.4.14}$$

为求得多自由度体系的传递函数矩阵，可令式(2.4.14)中右边激励振幅 $\boldsymbol{P}(\omega)$ 中的某一项为1，而其余项为0，比如令第 k 项为1，由式(2.4.14)可以求出第 k 个自由度处单位简谐激励时体系第 1 至 n 自由度上的输出反应值，即得到了 $H_{1k}(\mathrm{i}\omega)$，$H_{2k}(\mathrm{i}\omega)$，…，

$H_{nk}(\mathrm{i}\omega)$。重复以上工作即可以得到多自由度体系的传递函数矩阵。

仔细分析以上求解过程可以发现，多自由度体系的频域传递函数矩阵实际可以由下式给出：

$$\boldsymbol{H}(i\omega)=(-\omega^2\boldsymbol{M}+\mathrm{i}\omega\boldsymbol{C}+\boldsymbol{K})^{-1} \tag{2.4.15}$$

获得了结构的频域传递函数矩阵后，多自由度线性体系的频域反应可以用频域传递函数矩阵表示为：

$$\boldsymbol{X}(\omega)=\boldsymbol{H}(\mathrm{i}\omega)\boldsymbol{P}(\omega) \tag{2.4.16}$$

通过傅里叶逆变换即可从 $\boldsymbol{X}(\omega)$求得结构相应的时域反应 $\boldsymbol{x}(t)$。

对于一维地震动作用下的多自由度体系，运动方程为：

$$\boldsymbol{M}\ddot{x}(t)+\boldsymbol{C}\dot{x}(t)+\boldsymbol{K}x(t)=-\boldsymbol{M}\boldsymbol{I}\ddot{x}_g(t) \tag{2.4.17}$$

利用上述分析，很容易得到结构相对位移反应 $\boldsymbol{x}(t)$对于地面运动加速度 $\ddot{x}_g(t)$的频域传递函数矩阵为：

$$\boldsymbol{H}(\mathrm{i}\omega)=(-\omega^2\boldsymbol{M}+\mathrm{i}\omega\boldsymbol{C}+\boldsymbol{K})^{-1}\boldsymbol{M}\boldsymbol{I} \tag{2.4.18}$$

由上式可以进一步得到多自由度体系地震反应的频域解和时域解。

需要指出，采用上述频域传递函数概念进行线性多自由度体系频域反应分析的优点在于它提供了一个一般的理论框架。然而，就实际计算而言，这种分析是非常繁琐的。因此，实际求解多自由度体系的频域反应时往往采用振型分解法，通过振型分解将多自由度体系转化为一系列等效的单自由度体系，然后利用单自由度体系的频域分析法进行计算，最后再应用振型叠加原理获得多自由度体系的总体反应。

§2.5　多自由度体系的随机振动分析

结构动力反应分析分为确定性分析和非确定性分析两类。确定性分析是指模型化结构在确定的动荷载激励下的反应分析，如本章2.3节和2.4节所述。非确定性分析一般则指模型化结构在随机荷载激励下的反应分析。与确定性振动分析相比，随机振动分析的突出特点在于，分析的目的不是确定具体的反应时程或反应幅值，而是确定反应量的概率分布特征。当已知荷载输入的概率分布或概率数字特征后，应设法确立结构反应(输出)的概率分布或概率数字特征。然而，由于数学上的困难，尽管对少数问题可以实现从解析的角度给出反应的概率分布函数解答，但大多数实际问题仍然只能给出反应数字特征的解答。本节将重点介绍当输入为平稳随机过程时，如何求解结构反应的随机过程数字特征。

2.5.1　随机过程及其统计特征

对随机变量 X 作多次连续地观测记录，得到一个 $X(t)$，即使观测的条件完全相同，而这个时间函数在重复测量中却都不一样，就称它为时间的随机函数。凡是观测结果由随机函数来表示的物理过程称为随机过程。因此，随机过程的定义可以通过两种方式来描述：(1)随机过程 $X(t)$的任意抽样 $x_i(t)$表示一个样本函数，它是一个确定性的时间历程曲线，随机过程可以看作这样一簇确定性样本函数的集合；(2)随机过程 $X(t)$在某一固定时刻 t_i 为一个随机变量 $X(t_i)$，称为 $X(t)$的截口随机变量，随机过程可以看作依赖于时间 t 的一簇随机变量的集合。以上两种定义虽然在描述方法上有所不同，然而两者在本质上是一致的。在理论分析时往往采用第二种描述方法，在实际测量中往往采用第一种描述方法，因而这两种方法在理论和实际两方面是互为补充的。

按照定义，随机过程可以看作是由一系列固定时刻上的随机变量，即 $X(t_1)$、$X(t_2)$等所构成的多维随机变量，因此，可以利用随机变量的概率描述方法来描述随机过程的统计特征。一般地，当时间 t 取任意 n 个数值 t_1，t_2，…，t_n 时，则 n 维随机变量($X(t_1)$，$X(t_2)$，…，$X(t_n)$)的分布函数为：

$$F_n(x_1,x_2,\cdots x_n;t_1,t_2,\cdots,t_n)=P[X(t_1)\leqslant x_1,X(t_2)\leqslant x_2,\cdots,X(t_n)\leqslant x_n] \tag{2.5.1}$$

上式为随机过程 $X(t)$的 n 维分布函数。如果存在函数 $f_n(x_1,\ x_2,\ \cdots,\ x_n;\ t_1,\ t_2,\ \cdots,\ t_n)$，使得：

$$F_n(x_1,x_2,\cdots,x_n;t_1,t_2,\cdots,t_n)=\int_{-\infty}^{x_1}\int_{-\infty}^{x_2}\cdots\int_{-\infty}^{x_n}f_n(x_1,x_2,\cdots,x_n;t_1,t_2,\cdots t_n)\mathrm{d}x_n\cdots\mathrm{d}x_2\mathrm{d}x_1 \tag{2.5.2}$$

成立，则称 $f_n(x_1,\ x_2,\ \cdots,\ x_n;\ t_1,\ t_2,\ \cdots,\ t_n)$为随机过程 $X(t)$的 n 维概率密度函数。n 维分布函数或概率密度函数能够近似地描述随机过程 $X(t)$的统计特性。显然，n 取得越大则 n 维分布函数描述随机过程的特性也越趋完善。

在实际应用中，只有少数问题可以从解析解的角度确定随机过程的概率分布函数，大多数问题通常采用数字特征来描述随机过程的统计特性。随机过程的统计特性可以分为时域数字特征和频域数字特征，以下将简要介绍几种重要的数字特征。

1. *均值和方差*

随机过程 $X(t)$的均值(数学期望)$\mu_X(t)$定义为：

$$\mu_X(t)=E[X(t)]=\int_{-\infty}^{\infty}xf_1(x,t)\mathrm{d}x \tag{2.5.3}$$

式中　$f_1(x,\ t)$——$X(t)$的一维概率密度函数。

显然，在随机样本的具体截口处，上式表示截口随机变量的一阶原点矩，而对于整个过程，$\mu_X(t)$表示 $X(t)$的样本函数 $x_i(t)$的平均中心点的时域轨迹。

随机过程 $X(t)$的二阶中心矩为：

$$D[X(t)]=\sigma_X^2(t)=E\{[X(t)-\mu_X(t)]^2\} \tag{2.5.4}$$

式中　$D[X(t)]$——随机过程 $X(t)$ 的方差函数。

方差的平方根称为随机过程 $X(t)$ 的标准差，即：

$$\sigma_X(t)=\sqrt{D[X(t)]} \tag{2.5.5}$$

式(2.5.4)和式(2.5.5)描述了随机过程 $X(t)$ 在时刻 t 对于均值 $\mu_X(t)$ 的偏离程度，即随机过程的离散范围。对于平稳过程，$\mu_X(t)=$ 常量。由于地震动加速度时程一般可以表示为平稳随机过程和一个强度包络函数的乘积。因此，通常将输入地震动加速度时程处理为具有零均值的随机过程，这种处理，使得我们可以把注意力放在地震反应值的离散范围上，即方差的研究上。

2. 相关函数

相关函数描述随机过程两个状态之间的相关程度。从截口随机变量的角度看，相关函数描述的是不同截口处两个随机变量的取值在概率意义上的接近程度。随机过程 $X(t)$ 在任意两个时刻 t_1 和 t_2 时的随机变量 $X(t_1)$ 和 $X(t_2)$ 的二阶原点混合矩为：

$$R_X(t_1,t_2)=E[X(t_1)X(t_2)]=\int_{-\infty}^{\infty}\int_{-\infty}^{\infty}x_1x_2f_2(x_1,x_2;t_1,t_2)\mathrm{d}x_1\mathrm{d}x_2 \tag{2.5.6}$$

式中　$R_X(t_1,\ t_2)$——随机过程 $X(t)$ 的自相关函数，简称相关函数；

$f_2(x_1,\ x_2;\ t_1,\ t_2)$——随机过程 $X(t)$ 的二维概率密度函数。

如果一个随机过程 $X(t)$ 满足：

$$\mu_X(t)=E[X(t)]=\text{常数} \tag{2.5.7}$$

$$R_X(t_1,\ t_2)=E[X(t_1)X(t_2)]=R_X(t_2-t_1)=R_X(\tau) \tag{2.5.8}$$

即均值为一与时间无关的常数，相关函数仅与时间间隔 τ 有关，与具体时刻的位置无关。此时，称 $X(t)$ 为宽平稳随机过程或广义平稳过程，简称平稳过程。

自相关函数是针对同一个随机过程定义的。对于不同的两个随机过程 $X(t)$ 和 $Y(t)$，其互相关函数定义为：

$$R_{XY}(t_1,t_2)=E[X(t_1)Y(t_2)]=\int_{-\infty}^{\infty}\int_{-\infty}^{\infty}xyf_{1,1}(x,t_1;y,t_2)\mathrm{d}x\mathrm{d}y \tag{2.5.9}$$

式中　$R_{XY}(t_1,\ t_2)$——随机过程 $X(t)$ 和 $Y(t)$ 的互相关函数；

$f_{1,1}(x,\ t_1;\ y,\ t_2)$——$X(t)$ 和 $Y(t)$ 的二维联合概率密度函数。

互相关函数描述两个随机过程在时域上的相关性，即描述了不同时间点处两个随机过程的概率相似程度。

3. 协方差函数和相关系数

对同一个随机过程，自协方差函数为：

$$K_X(t_1,t_2)=E\{[X(t_1)-\mu_X(t_1)][X(t_2)-\mu_X(t_2)]\} \tag{2.5.10}$$

式中　$K_X(t_1, t_2)$——随机过程 $X(t)$的二阶中心混合矩，简称协方差函数。

类似地，可以定义两个随机过程的互协方差函数为：

$$K_{XY}(t_1,t_2)=E\{[X(t_1)-\mu_X(t_1)][Y(t_2)-\mu_Y(t_2)]\} \tag{2.5.11}$$

显然，相关函数和协方差函数之间的关系为：

$$K_X(t_1,t_2)=R_X(t_1,t_2)-\mu_X(t_1)\mu_X(t_2) \tag{2.5.12}$$

$$K_{XY}(t_1,t_2)=R_{XY}(t_1,t_2)-\mu_X(t_1)\mu_Y(t_2) \tag{2.5.13}$$

标准化的自协方差函数称为自相关系数(简称相关系数)，并定义为：

$$\rho_X(t_1,t_2)=\frac{K_X(t_1,t_2)}{\sigma_X(t_1)\sigma_X(t_2)} \tag{2.5.14}$$

而互相关系数可定义为：

$$\rho_{XY}(t_1,t_2)=\frac{K_{XY}(t_1,t_2)}{\sigma_X(t_1)\sigma_Y(t_2)} \tag{2.5.15}$$

需要指出，一般随机过程的均值函数常为零或某一常数，于是相关函数或协方差函数就成为随机过程的主要时域数字特征。因此，在研究结构对随机激励的反应时特别强调二阶统计特征。

4. *功率谱密度函数*

随机过程的频域数字特征主要是指功率谱密度函数。在一般意义上，它是随机过程协方差函数傅里叶变换的结果。但对于平稳随机过程，由于其均值为常数，可以方便地转化为零均值随机过程。因此，平稳过程的功率谱密度函数一般定义为相关函数的傅里叶变换。

对平稳过程 $X(t)$的自相关函数进行傅里叶变换可以得到：

$$S_X(\omega)=\int_{-\infty}^{+\infty}R_X(\tau)e^{-i\omega\tau}\,d\tau \tag{2.5.16}$$

式中　$S_X(\omega)$——平稳过程 $X(t)$的功率谱密度函数，简称自谱密度或谱密度，它是从圆频率角度描述 $X(t)$的统计规律的最主要的数字特征，其物理意义表示 $X(t)$的平均功率关于圆频率的分布。

显然，功率谱密度函数的傅里叶逆变换为：

$$R_X(\tau)=\frac{1}{2\pi}\int_{-\infty}^{+\infty}S_X(\omega)e^{i\omega\tau}\,d\omega \tag{2.5.17}$$

功率谱密度具有如下的重要性质：

(1)功率谱密度 $S_X(\omega)$是圆频率 ω 的非负函数。

(2)功率谱密度 $S_X(\omega)$是实的偶函数。

(3)功率谱密度 $S_X(\omega)$ 和自相关函数 $R_X(\tau)$ 是一傅里叶变换对，式(2.5.16)和式(2.5.17)统称为维纳-辛钦(Wiener-Khintchine)公式。

需要指出，以上定义的功率谱对圆频率的正负值都是有定义的，称为双边功率谱。一般地，负频率在物理上没有意义，因此工程上常根据 $S_X(\omega)$ 的偶函数性质把负频率范围内的谱密度叠加到正频率范围内，将其定义为单边功率谱 $G_X(\omega)$。单边谱密度 $G_X(\omega)$ 和双边谱密度 $S_X(\omega)$ 的关系为：

$$G_X(\omega)=\begin{cases}2S_X(\omega), & \omega\geqslant 0\\ 0, & \omega<0\end{cases} \tag{2.5.18}$$

对于两个平稳随机过程 $X(t)$ 和 $Y(t)$，类似可以定义得到 $X(t)$ 和 $Y(t)$ 的互功率谱密度函数，即：

$$S_{XY}(\omega)=\int_{-\infty}^{+\infty}R_{XY}(\tau)e^{-\mathrm{i}\omega\tau}\mathrm{d}\tau \tag{2.5.19}$$

互功率谱密度具有如下的重要性质：

(1)功率谱密度 $S_{XY}(\omega)$ 和 $S_{YX}(\omega)$ 互为共轭函数，即 $S_{XY}(\omega)=S_{YX}^{*}(\omega)$。

(2)功率谱密度 $S_{XY}(\omega)$ 和 $S_{YX}(\omega)$ 的实部为 ω 的偶函数，虚部为 ω 的奇函数。

(3)功率谱密度 $S_{XY}(\omega)$ 和互相关函数 $R_{XY}(\tau)$ 是一傅里叶变换对。

(4)互谱密度与自谱密度之间有不等式 $|S_{XY}(\omega)|^2\leqslant S_X(\omega)S_Y(\omega)$。

(5)随机过程 $Z(t)=X(t)+Y(t)$ 的功率谱密度为：

$$S_Z(\omega)=S_X(\omega)+S_{XY}(\omega)+S_{YX}(\omega)+S_Y(\omega) \tag{2.5.20}$$

2.5.2 单自由度体系的随机振动分析

线性单自由度体系在平稳随机激励下的动力方程为：

$$m\ddot{x}(t)+c\dot{x}(t)+kx(t)=P(t) \tag{2.5.21}$$

式中，激励 $P(t)$ 和体系的运动 $x(t)$ 均为随机过程。因此，虽然式(2.5.21)在形式上仍与确定性的方程式一样，在性质上已经是一个随机微分方程。

式(2.5.21)两边除以 m，并简写为：

$$\ddot{x}(t)+2\zeta\omega_0\dot{x}(t)+\omega_0^2x(t)=\frac{P(t)}{m}=F(t) \tag{2.5.22}$$

式中 ω_0、ζ——分别为结构体系的自振圆频率和振型阻尼比。

通常自由振动的运动由于阻尼的作用而逐渐消失，所以通常只关心激励引起的强迫反应。因此，式(2.5.22)的解答可参照杜哈梅积分给出：

$$x(t)=\int_{-\infty}^{\infty}h(t-\tau)F(\tau)\mathrm{d}\tau=\int_{-\infty}^{\infty}h(\tau)F(t-\tau)\mathrm{d}\tau \tag{2.5.23}$$

$$h(t)=\begin{cases}\dfrac{1}{\omega_0\sqrt{1-\zeta^2}}\exp(-\zeta\omega_0 t)\sin\sqrt{1-\zeta^2}\,\omega_0 t & t\geqslant 0\\ 0 & t<0\end{cases} \tag{2.5.24}$$

式中 $h(t)$——单位脉冲响应函数。

需要指出，频域传递函数 $H(\omega)$是脉冲响应函数 $h(t)$的傅里叶变换，而 $h(t)$则为 $H(\omega)$的傅里叶逆变换，即存在下述关系式：

$$H(\omega)=\int_{-\infty}^{+\infty}h(t)\exp(-\mathrm{i}\omega t)\mathrm{d}t;\quad h(t)=\frac{1}{2\pi}\int_{-\infty}^{+\infty}H(\omega)\exp(\mathrm{i}\omega t)\mathrm{d}t \tag{2.5.25}$$

1. 体系的时域反应

首先讨论输入为平稳过程时单自由度体系时域反应的数字特征。由式(2.5.23)，反应的数学期望为：

$$E[x(t)]=E\left[\int_{-\infty}^{\infty}h(\tau)F(t-\tau)\mathrm{d}\tau\right]=\int_{-\infty}^{\infty}h(\tau)E\left[F(t-\tau)\right]\mathrm{d}\tau=\mu_{\mathrm{F}}(t)\int_{-\infty}^{\infty}h(\tau)\mathrm{d}\tau \tag{2.5.26}$$

注意到平稳随机过程的均值与时间无关，如果输入是中心化的随机过程，即 $\mu_{\mathrm{F}}(t)=0$，则 $E[x(t)]=0$。地震动一般满足均值为零的条件，因此，以下的讨论均假定输入是中心化的随机过程。

由式(2.5.23)，反应的相关函数为：

$$\begin{aligned}R_x(\tau)&=E[x(t)x(t+\tau)]=E\left[\int_{-\infty}^{\infty}h(u)F(t-u)\mathrm{d}u\int_{-\infty}^{\infty}h(v)F(t+\tau-v)\mathrm{d}v\right]\\&=\int_{-\infty}^{\infty}\int_{-\infty}^{\infty}h(u)h(v)R_{\mathrm{F}}(\tau+u-v)\mathrm{d}u\mathrm{d}v\end{aligned} \tag{2.5.27}$$

根据式(2.5.26)和式(2.5.27)，反应过程的均值是常数，自相关函数仅仅是时间差的函数。由此可见，线性体系受到一个平稳随机过程的激励，其反应过程也是平稳随机过程。

下面进一步推导反应的相关函数与输入的谱密度之间的关系。将式(2.5.17)代入上式得：

$$\begin{aligned}R_x(\tau)&=\int_{-\infty}^{\infty}\int_{-\infty}^{\infty}h(u)h(v)\left[\frac{1}{2\pi}\int_{-\infty}^{+\infty}S_{\mathrm{F}}(\omega)\exp[\mathrm{i}\omega(\tau+u-v)]\mathrm{d}\omega\right]\mathrm{d}u\mathrm{d}v\\&=\frac{1}{2\pi}\int_{-\infty}^{\infty}S_{\mathrm{F}}(\omega)\exp(\mathrm{i}\omega\tau)\left[\int_{-\infty}^{\infty}h(u)\exp(\mathrm{i}\omega u)\mathrm{d}u\right]\left[\int_{-\infty}^{\infty}h(v)\exp(-\mathrm{i}\omega v)\mathrm{d}v\right]\mathrm{d}\omega\end{aligned} \tag{2.5.28}$$

注意到式(2.5.25)，上式可写为：

$$R_x(\tau)=\frac{1}{2\pi}\int_{-\infty}^{\infty}H(\omega)H^*(\omega)S_F(\omega)\exp(i\omega\tau)d\omega \tag{2.5.29}$$

式中，$H^*(\omega)$为$H(\omega)$的共轭复数，$H(\omega)$的表达式为式(2.4.10)。

由此可得：

$$|H(\omega)|^2=\frac{1}{(\omega^2-\omega_0^2)^2+4\zeta^2\omega_0^2\omega^2} \tag{2.5.30}$$

由式(2.5.27)和式(2.5.29)，反应的方差为：

$$\sigma_x^2=R_x(0)=\int_{-\infty}^{\infty}\int_{-\infty}^{\infty}h(u)h(v)R_F(u-v)dudv=\frac{1}{2\pi}\int_{-\infty}^{+\infty}|H(\omega)|^2S_F(\omega)d\omega \tag{2.5.31}$$

2. 体系的频域反应

反应的方差与其功率谱密度函数的关系为：

$$\sigma_x^2=\frac{1}{2\pi}\int_{-\infty}^{+\infty}S_x(\omega)d\omega \tag{2.5.32}$$

对比式(2.5.31)和式(2.5.32)可得：

$$S_x(\omega)=|H(\omega)|^2S_F(\omega) \tag{2.5.33}$$

上式表明，线性系统在平稳随机激励下，反应的功率谱密度函数与激励的功率谱密度函数之间存在着简单的关系。通常称$|H(\omega)|^2$为传递函数，以描述各种圆频率的能量通过系统传递的能力。

需要指出，上述关于反应特征的计算均是以稳态条件为基础的，即假定输入过程从$t=-\infty$开始，不计激励起点影响的情况。但实际上输入过程必从$t=0$开始。这种零初始条件将引起非平稳反应。对于有阻尼体系，随着时间的增长，非平稳反应终将趋于平稳反应，并且阻尼比越大，向平稳反应转移得越快。关于这方面的详细讨论可以参阅相关文献。

2.5.3 多自由度体系的随机振动分析

n自由度体系在平稳随机激励下的运动微分方程为：

$$\boldsymbol{M}\ddot{\boldsymbol{x}}(t)+\boldsymbol{C}\dot{\boldsymbol{x}}(t)+\boldsymbol{K}\boldsymbol{x}(t)=\boldsymbol{P}(t) \tag{2.5.34}$$

假定阻尼矩阵$\boldsymbol{C}$满足阻尼正交条件，则上式可以采用正则坐标变换，即设：

$$\boldsymbol{x}(t)=\boldsymbol{\Phi}\boldsymbol{q}(t)=\sum_{j=1}^{n}\boldsymbol{\Phi}_jq_j(t) \tag{2.5.35}$$

式中　$\boldsymbol{\Phi}$——振型矩阵；

$\boldsymbol{q}(t)$——正则坐标。

这就是说，随机过程向量 $\boldsymbol{x}(t)$可以表示成随机过程向量 $\boldsymbol{q}(t)$的线性组合。需要指出，为使正则坐标是正规的，振型矩阵必须满足 $\boldsymbol{\Phi}_i^{\mathrm{T}}\boldsymbol{M}\boldsymbol{\Phi}_i=1$，即对振型采用正交归一化方法。

于是，式(2.5.34)可写成：

$$\ddot{q}_j(t)+2\zeta_j\omega_j\dot{q}_j(t)+\omega_j^2q_j(t)=\boldsymbol{\Phi}_j^{\mathrm{T}}\boldsymbol{P}(t)\quad(j=1,2,\cdots,n)\tag{2.5.36}$$

式中 ω_j、ζ_j——分别为结构体系的第 j 阶自振圆频率和振型阻尼比。

显然，随机响应 $q_j(t)$可用单自由度体系的公式来计算，在不考虑激励起点影响的情况下：

$$q_j(t)=\int_{-\infty}^{\infty}h_j(t-\tau)\boldsymbol{\Phi}_j^{\mathrm{T}}\boldsymbol{P}(\tau)\mathrm{d}\tau=\int_{-\infty}^{\infty}h_j(\tau)\boldsymbol{\Phi}_j^{\mathrm{T}}\boldsymbol{P}(t-\tau)\mathrm{d}\tau\tag{2.5.37}$$

$$h_j(t)=\begin{cases}\dfrac{1}{\omega_j\sqrt{1-\zeta_j^2}}\exp(-\zeta_j\omega_jt)\sin\sqrt{1-\zeta_j^2}\,\omega_jt & t\geqslant 0\\ 0 & t<0\end{cases}\tag{2.5.38}$$

式中 $h_j(t)$——第 j 阶振型的单位脉冲响应函数。

这样就得到以矩阵表示的随机过程 $\boldsymbol{q}(t)$为：

$$\boldsymbol{q}(t)=\int_{-\infty}^{\infty}\boldsymbol{h}(\tau)\boldsymbol{\Phi}^{\mathrm{T}}\boldsymbol{P}(t-\tau)\mathrm{d}\tau\tag{2.5.39}$$

因为式(2.5.36)表示的是一个互相不耦合的方程组，相应的脉冲响应函数也是相互独立的，所以由它们构成的脉冲响应函数矩阵 $\boldsymbol{h}(t)$应该是一个对角阵，即：

$$\boldsymbol{h}(t)=\begin{bmatrix}h_1(t) & 0 & \cdots & 0\\ 0 & h_2(t) & \cdots & 0\\ \vdots & \vdots & \ddots & \vdots\\ 0 & 0 & \cdots & h_n(t)\end{bmatrix}$$

把式(2.5.39)代入式(2.5.35)，就得到通过体系的各阶正则坐标表达式的随机响应过程 $\boldsymbol{x}(t)$的矩阵公式：

$$\boldsymbol{x}(t)=\boldsymbol{\Phi}\int_{-\infty}^{\infty}\boldsymbol{h}(\tau)\boldsymbol{\Phi}^{\mathrm{T}}\boldsymbol{P}(t-\tau)\mathrm{d}\tau\tag{2.5.40}$$

利用式(2.5.40)，可以计算反应过程 $x(t)$的一阶和二阶统计特性为：

$$E[\boldsymbol{x}(t)]=\boldsymbol{\Phi}\int_{-\infty}^{\infty}\boldsymbol{h}(\tau)\boldsymbol{\Phi}^{\mathrm{T}}E[\boldsymbol{P}(t-\tau)]\mathrm{d}\tau=\boldsymbol{\Phi}\int_{-\infty}^{\infty}\boldsymbol{h}(\tau)\mathrm{d}\tau\boldsymbol{\Phi}^{\mathrm{T}}\boldsymbol{\mu}_{\mathrm{P}}\tag{2.5.41}$$

$$\begin{aligned}E[\boldsymbol{x}(t_1)\boldsymbol{x}^{\mathrm{T}}(t_2)]&=\boldsymbol{R}_x(t_1-t_2)\\&=\boldsymbol{\Phi}\int_{-\infty}^{\infty}\int_{-\infty}^{\infty}\boldsymbol{h}(\tau_1)\boldsymbol{\Phi}^{\mathrm{T}}\boldsymbol{R}_P(t_1-t_2-\tau_1+\tau_2)\boldsymbol{\Phi}\boldsymbol{h}(\tau_2)\mathrm{d}\tau_1\mathrm{d}\tau_2\boldsymbol{\Phi}^{\mathrm{T}}\end{aligned}\tag{2.5.42}$$

对式(2.5.42)两边作傅里叶积分变换，就得到反应的功率谱密度函数矩阵和激励的功率谱密度函数矩阵之间的关系式为：

$$\boldsymbol{S}_x(\omega)=\boldsymbol{\Phi}\boldsymbol{H}(\omega)\boldsymbol{\Phi}^{\mathrm{T}}\boldsymbol{S}_{\mathrm{P}}(\omega)\boldsymbol{\Phi}\boldsymbol{H}^*(\omega)\boldsymbol{\Phi}^{\mathrm{T}} \tag{2.5.43}$$

式中，$\boldsymbol{H}(\omega)$是系统经变换后的圆频率响应函数矩阵，它与$\boldsymbol{h}(t)$构成傅里叶变换对，即：

$$\boldsymbol{H}(\omega)=\begin{bmatrix}\boldsymbol{H}_1(\omega) & 0 & \cdots & 0\\ 0 & \boldsymbol{H}_2(\omega) & \cdots & 0\\ \vdots & \vdots & \ddots & \vdots\\ 0 & 0 & \cdots & \boldsymbol{H}_n(\omega)\end{bmatrix}=\int_{-\infty}^{\infty}\boldsymbol{h}(\tau)\exp(-\mathrm{i}\omega\tau)\mathrm{d}\tau$$

利用反应功率谱密度函数矩阵$\boldsymbol{S}_x(\omega)$中的对角元素，即各个位移反应的自谱密度函数，就可求得各个自由度的均方反应函数。

令：

$$\boldsymbol{\Phi}=(\boldsymbol{\Phi}_1\quad\boldsymbol{\Phi}_2\quad\cdots\quad\boldsymbol{\Phi}_n)=\begin{bmatrix}\Phi_{11} & \Phi_{12} & \cdots & \Phi_{1n}\\ \Phi_{21} & \Phi_{22} & \cdots & \Phi_{2n}\\ \vdots & \vdots & \ddots & \vdots\\ \Phi_{n1} & \Phi_{n2} & \cdots & \Phi_{nn}\end{bmatrix}$$

可得：

$$E[\boldsymbol{x}_j^2(t)]=\boldsymbol{R}_{x_j}(0)=\boldsymbol{\Phi}_j\int_{-\infty}^{\infty}\boldsymbol{H}(\omega)\boldsymbol{\Phi}^{\mathrm{T}}\boldsymbol{S}_{\mathrm{P}}(\omega)\boldsymbol{\Phi}\boldsymbol{H}^*(\omega)\mathrm{d}\omega\boldsymbol{\Phi}^{\mathrm{T}} \tag{2.5.44}$$

第3章　强震地面运动

§3.1　地震波与强震观测

3.1.1　地震波

地震动是指由震源释放出来的地震波引起的地面运动。这种地面运动可以用地面质点的加速度、速度或位移的时间函数来表示。地震动以波的形式在地下及地表传播，由于断层机制、震源特点、传播途径等因素的不确定性，地震波具有强烈的随机性。地震波可以看作是一种弹性波，它主要包含可以通过地球本体的两种“体波”和只限于在地面附近传播的两种“面波”。

1. 体波

体波是指通过介质体内传播的波。介质质点振动方向与波的传播方向一致的波称为纵波；质点振动方向与波的传播方向正交的波称为横波(图 3.1.1)。纵波比横波的传播速度要快，因此，通常把纵波叫“P 波”(即初波)，把横波叫“S 波”(即次波)。由于地球是层状构造，体波通过分层介质时，在界面上将产生折射，并且在地表附近地震波的进程近于铅直方向。因此在地表面，对纵波感觉上是上下动，而对横波感觉是水平动。

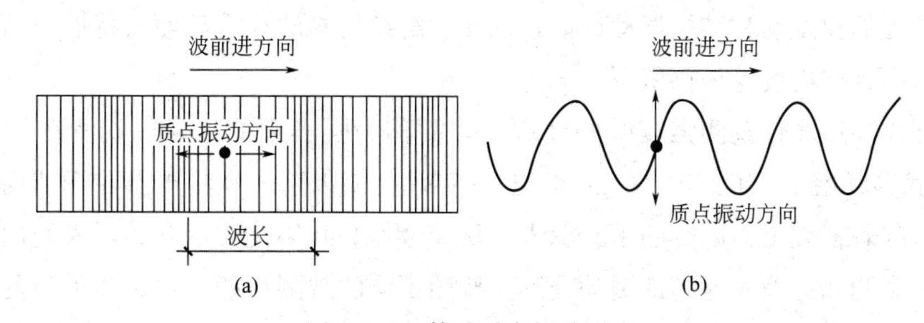

图 3.1.1　体波质点振动形式

(a)压缩波；(b)剪切波

2. 面波

面波是指沿着介质表面(地面)及其附近传播的波。它是体波经地层界面多次反射形成的次生波。在半空间表面上一般存在两种波的运动，即瑞利波(R 波)和洛夫波(L 波)，如图 3.1.2 所示。瑞利波传播时，质点在波的传播方向和自由面(即地表面)法向组成的平面内作椭圆运动，瑞利波的特点是振幅大，在地表以垂直运动为主。由于瑞利波是 P 波和 S 波经界面折射叠加后形成，因而在震中附近并不发生瑞利波。洛夫波只是在与传播方向相垂直的水平方向运动，即地面水平运动或者说在地面上呈蛇形运动形式。质点在水平向的振动与波行进方向耦合后会产生水平扭矩分量，这是洛夫波的重要特点之一。洛夫波的另一个重要特点是其波速取决于波动频率，因而洛夫波具有频散性。

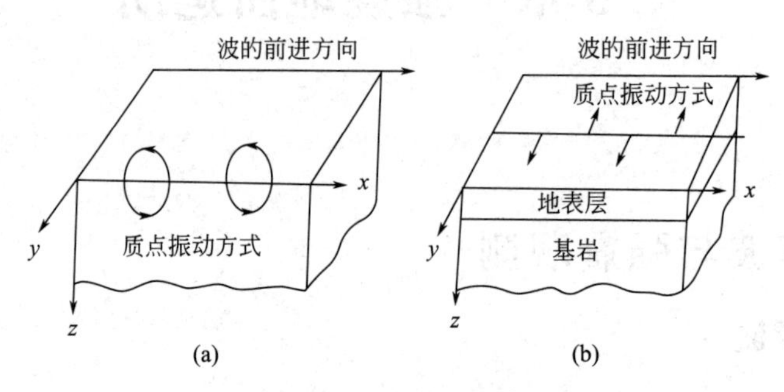

图 3.1.2 面波质点振动形式

(a)瑞利波质点振动；(b)洛夫波质点振动

综上所述，地震波的传播以纵波最快，横波次之，面波最慢。所以在地震记录图上，纵波最先到达，横波到达较迟，面波在体波之后到达。当横波或面波到达时地面振动才趋于强烈。一般认为，地震动在地表引起的破坏力主要是S波和面波的水平和竖向振动。

3.1.2 强震观测

地震动观测仪器主要有地震仪和强震加速度仪两种。一般来说，地震仪是地震工作者使用的，以弱地震动为主要测量对象，目的在于确定地震震源的地点和力学特性、发震时间和地震大小，从而了解震源机制、地震波所经过路线中的地球介质以及地震波的特性和传播规律。强震加速度仪是抗震工作者使用的，以强地震动为观测对象，目的在于确定强地震时测点处的地震动和结构振动反应，以便了解结构物的地震动输入特性、结构物的抗震特性，从而为抗震设计提供依据。

利用强震加速度仪观测强震时的地震动，简称为强震观测。强震观测在美国开始于1932年，我国开始于1966年。在20世纪60年代初期以前，观测重点在于结构，并且以房屋为主。随着地震工程研究的不断深入，从20世纪60年代后期开始，人们加强了对地表地震动的观测和近地表区的地震动观测。按照不同的观测目的，现有强震观测系统可以分为以下6种类型：

1. 地震动衰减台阵

这种台阵的观测目的在于了解地震动随断层或震中距离而衰减的规律。整个台阵一般包括几台到几十台强震加速度仪，成线状地跨过发震可能性较大的断层，有些台阵现在已经取得了较好记录。

2. 区域性地震动台阵

这种台阵的观测目的在于获得一个较大地区内的地震动资料，了解不同场地条件对地震动的影响。这类台阵分布较广，线性长度可达数百公里，例如美国阿拉斯加台阵有51

台强震仪。

3. 断层地震动台阵

布设这种台阵的目的在于了解、研究震中附近地震动特性，常与地震动衰减台阵联合布设。

4. 结构地震反应台阵

这种台阵的目的在于了解结构物在强震作用下的反应，包括结构物的弯剪水平振动、扭转振动、竖向振动以及土-结构相互作用，因此通常在结构物的不同高度和不同水平位置布置多台强震仪。在我国唐山地震的主震和余震中，北京饭店、天津医院等处取得了宝贵的台阵观测记录。

5. 地震动差动台阵

这种台阵的目的在于了解在几十米至几百米范围内，地面各点地震动之间的空间相关性。规模较大的中国台湾省 SMART-1 差动台阵，在圆心及三个同心圆上共布设 37 台强震仪，自 1980 年起已多次取得良好记录。

6. 地下地震动台阵

这种台阵布设于地表及地下几十米至 200m 范围内，目的是了解地震动随地下深度的变化。其结果对于研究土-结构相互作用、验证土体动力反应分析方法、设计地下构筑物具有重要价值。

目前，国际上可用的强震记录已达数千条。下面介绍 6 个典型强震记录的概况。

1. El Centro 记录

1940 年 5 月 18 日，美国加利福尼亚州帝国谷地区发生 7.1 级强震，最大烈度为 9 度。在帝国河谷处出现长 65km 的断层，最大水平位移 4.5m。El Centro 台站距震中 22km，附近烈度 7～8 度。此台站在地震中获得较好的记录(图 3.1.3)，加速度波形中南北分量最大峰值加速度为 0.33g，其记录的主要周期范围为 0.25～0.60s。加速度反应谱主峰点对应的周期为 0.55s。台站地基状况如表 3.1.1 所示，表层黏土 P 波速度为 360m/s，下部层内为 1800m/s。这一记录由于加速度峰值较大，且波频范围较宽，因此多年来被工程界作为大地震的典型例子而加以广泛应用。

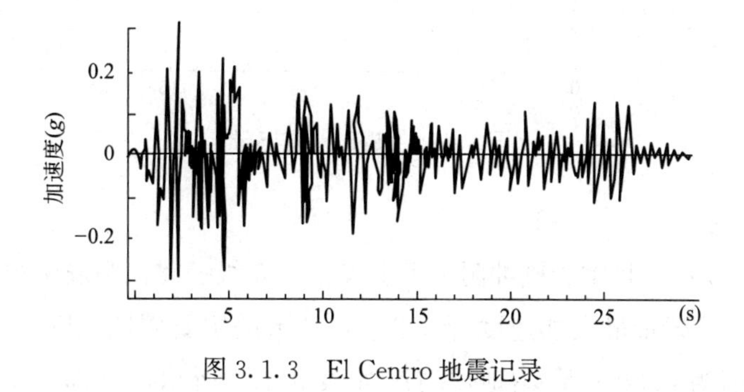

图 3.1.3 El Centro 地震记录

台站地基概况 表 3.1.1

深度(m)	层厚(m)	土质	V_s(m/s)
4.2	4.2	黏土	122
5.6	1.2	砂黏	122
15.7	10.1	砂黏、淤黏	175
21.8	6.1	砂淤	213
34.8	13.0	细砂	251
42.3	7.5	淤黏	251
45.9	3.6	淤细砂	251
65.5	19.6	淤黏	305
68.5	13.0	淤细砂	—
110.5	42.0	黏土和砂	—
128.0	17.5	砂和黏土	—
134.0	6.0	砂中带有黏土	—
142.0	8.0	砂和黏土	—
160.0	18.0	砂黏土	—

2. Taft 记录

1952 年 7 月 21 日，美国加利福尼亚州克恩县发生 7.7 级强震，最大烈度为 9 度。在距震中约 47km 的 Taft 台站获得了记录(图 3.1.4)，附近烈度为 7 度。此台站获得的最大加速度为 0.17g，该记录主要周期范围为 0.25～0.70s，加速度反应谱峰点对应周期为 0.45s。与 El Centro 记录相比，包含有较多稍长周期的波。台站附近地表层有 12m 厚的砂黏土、砂、砾石，下面为坚硬洪积层，地下约 130m 处为页岩。P 波速度在表面层内为 360m/s，基岩内为 1500m/s。

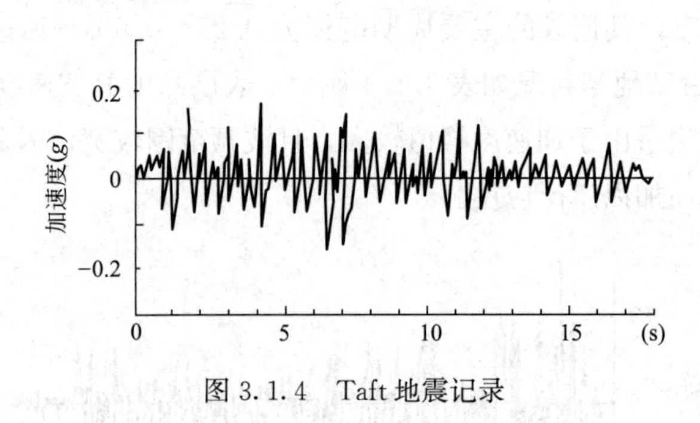

图 3.1.4 Taft 地震记录

3. 十胜冲记录

1968 年 5 月 16 日，日本十胜冲附近海上发生 7.9 级强震，距震中约 200km 的八户港台站获得了记录。该记录最大加速度为 0.22g，波形的主要周期范围为 0.2～0.4s。加速度反应谱峰点周期为 0.30s。台站地质情况如表 3.1.2 所示，上部为中砂和粗砂，地下 10m 左右为岩石。

台站地基概况 表 3.1.2

深度(m)	层厚(m)	土质	V_s(m/s)
2.0	2.0	砂	100
3.9	1.9	砾石	160
9.4	5.5	砂黏	195
—	—	岩石	380

4. 新潟记录

1964 年 6 月 16 日，日本新潟发生 7.7 级地震，震中烈度约为 9 度。距震中 40km 的台站获得记录(图 3.1.5)，附近烈度约为 7 度。所记录到的最大加速度为 0.16g。台站地基为饱和砂土，覆盖层厚超过 60m。从地震记录可以看出，从地震开始后约 7s 内主要是短周期波，7～10s 是地基发生液化的时间，10s 后出现持续的、周期很长的波，为液化后建筑物的振动过程。这是世界上少有的砂土液化地基上的记录之一。

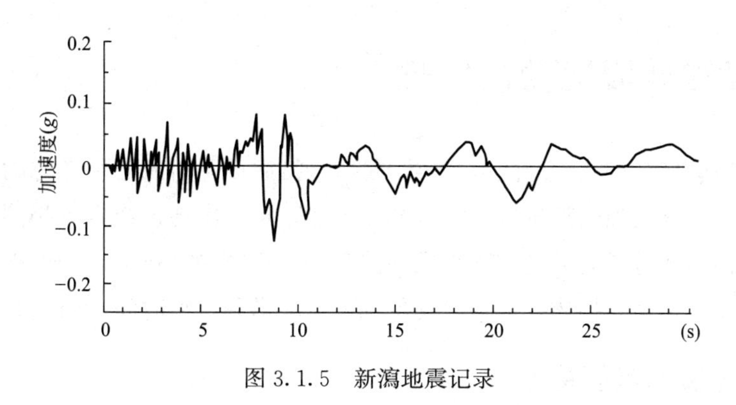

图 3.1.5 新潟地震记录

5. 宁河记录

1976 年 11 月 15 日，我国宁河发生 6.9 级地震，震中烈度为 9 度，在距震中 67km 处的天津市医院地下室台站获得记录，附近烈度为 7 度，最大峰值加速度为 0.15g，加速度反应谱主峰点对应的周期为 0.90s。台站地质情况如表 3.1.3 所示。

台站地基概况 表 3.1.3

深度(m)	层厚(m)	土质
2.60	2.60	粉质黏土
3.40	0.80	淤泥
8.00	4.60	粉质黏土
10.00	2.00	黏土
10.40	0.40	淤泥
15.40	5.00	粉质黏土
20.39	5.00	粉质黏土
21.89	1.50	中砂
23.19	1.30	—

续表

深度(m)	层厚(m)	土质
24.79	1.60	粉质黏土

6. 松潘记录

1976年8月16日，我国四川省松潘县发生7.2级地震，震中烈度为9度。在距震中65km的文县一中台站获得记录。台站附近的烈度为6度，最大峰值加速度为0.15g，加速度反应谱主峰点对应的周期为0.10g。台站地质情况如表3.1.4所示。

台站地基概况　表3.1.4

深度(m)	层厚(m)	土质
4.5	4.5	回填土夹砺岩碎块
21.73	17.23	无胶结砾石层
22.73	1.0	板岩风化岩基岩

§3.2　强震地面运动的特性

地震动是地震与结构抗震之间的桥梁，是结构抗震设防时所必须考虑的依据。地震动是非常复杂的，具有很强的随机性，甚至同一地点，每一次地震都各不相同。但多年来地震工程研究者们根据地面运动的宏观现象和强震观测资料的分析得出，地震动的主要特性可以通过三个基本要素来描述，即地震动的幅值、频谱和持续时间(持时)。

3.2.1　地震动幅值特性

地震动幅值可以是地面运动的加速度、速度或位移的某种最大值或某种意义下的有效值。迄今为止，已先后提出了十几种地震动幅值的定义。通常将加速度作为描述地震动强弱的量，为此，常用的加速度幅值指标有以下两种。

1. 加速度最大值 $a_{\max}$

这是最早提出来的，也是最直观的地震动幅值定义。这一指标在抗震工程界得到了普遍的接受与应用。需要指出，这一定义存在两个重要缺点：其一，地震动加速度峰值主要反映了地震动高频成分的振幅，它取决于震源局部特性而很难全面反映震源整体特性；在大震级时，震中或断层附近的加速度最大值可能会饱和；其二，离散性极大，震级、距离和场地条件的改变，会使其变化很大。

2. 均方根加速度 a_{rms}

从随机过程的观点看，加速度过程 $a(t)$ 的最大值是一个随机量，不宜作为地震动特性的标志，而方差则是表示地震动振幅大小的统计特征。因此，定义：

$$a_{\mathrm{rms}}^2=\frac{1}{T_{\mathrm{d}}}\int_0^{T_{\mathrm{d}}}a^2(t)\mathrm{d}t \tag{3.2.1}$$

式中　T_d——强震动阶段的持时。

当把地震动作为平稳随机过程时，a_{rms} 的平方与地震动在单位持时的能量成正比。

加速度最大值 a_{max} 偏重描述地震动幅值的局部特性，它主要表示最大峰值的大小，决定于高频振动成分，并不说明其他峰值的相对大小。均方根加速度 a_{rms} 是对地震动总强度的平均描述，它虽能反映整体，但不能反映局部的分布概括。为了较全面描述地震动幅值的量，可以利用地震动强度曲线 $g(t)$（标准差函数）：

$$g^2(t)=\frac{1}{\Delta t}\int_{t-\frac{\Delta t}{2}}^{t+\frac{\Delta t}{2}}a^2(t)\mathrm{d}t \tag{3.2.2}$$

它可以看作是持时 $T_d=\Delta t$ 时的均方根加速度。标准差函数给出了地震动强度随时间变化的关系，准确地描述了振幅强度随时间变化的细节，而且还包含了强地震动持时的影响。

3.2.2　地震动频谱特性

地震动频谱特性是指地震动对具有不同自振周期的结构的反应特性，通常可以用反应谱、功率谱和傅里叶谱来表示。反应谱是工程中最常用的形式，现已成为工程结构抗震设计的基础。功率谱和傅里叶谱在数学上具有更明确的意义，工程上也具有一定的实用价值，常用来分析地震动的频谱特性。

下面以功率谱为例说明地震动的频谱特性。图 3.2.1～图 3.2.6 是根据日本一批强震记录得到的功率谱曲线。图 3.2.1 和图 3.2.2 是同一地震、震中距近似而地基类型不同的情况。从图中可以看到，硬、软土的功率谱频率成分有很大的不同，由于软土地基的影响，图 3.2.1 的曲线中几乎不包含 5Hz 以上的频率成分；而硬土地基上的功率谱曲线

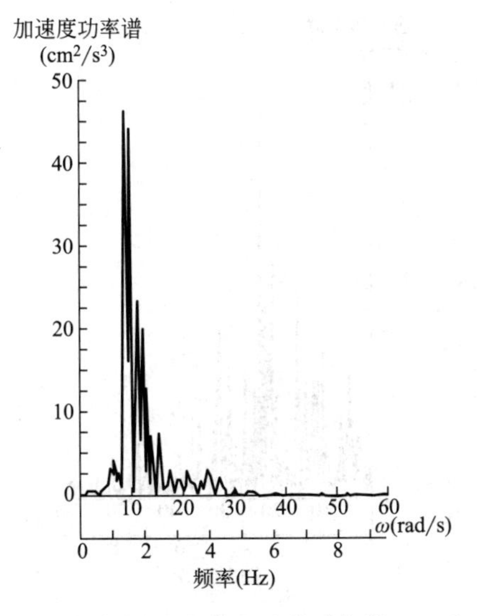

图 3.2.1　软土地基功率谱

（峰值加速度 139.38cm/s²）

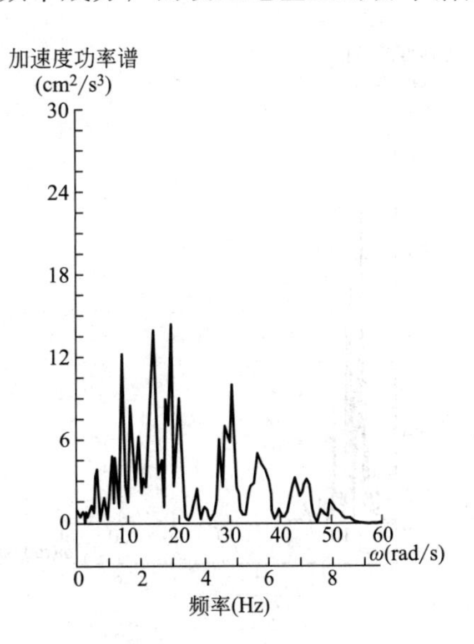

图 3.2.2　硬土地基功率谱

（峰值加速度 206.13cm/s²）

(图 3.2.2)频率成分就比较丰富。图 3.2.3 和图 3.2.4 是具有相同地基状况，而震级和震中距不同的功率谱曲线。对于震级和震中距都较大的图 3.2.3，1.5Hz 及其附近的频率成分较为显著，而对于具有较小震级和震中距的图 3.2.4，则以 4Hz 及其附近的频率最为显著。图 3.2.5 和图 3.2.6 为震级相同而震中距和地基情况都不同的情况，其中图 3.2.6 的频率含量非常丰富，这与近震硬场地有关；而图 3.2.5 则由于远震和软土地基的影响，使得高频成分受到相当的抑制，功率谱的卓越成分也比较显著。

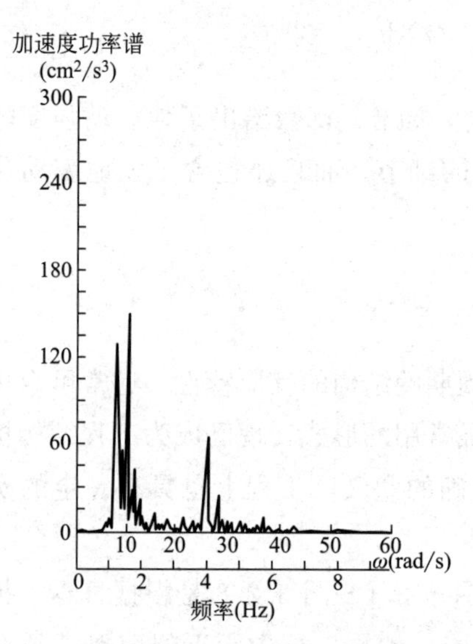

图 3.2.3　远震的功率谱

(M=7.5，R=104km，峰值加速度 186.25cm/s^2)

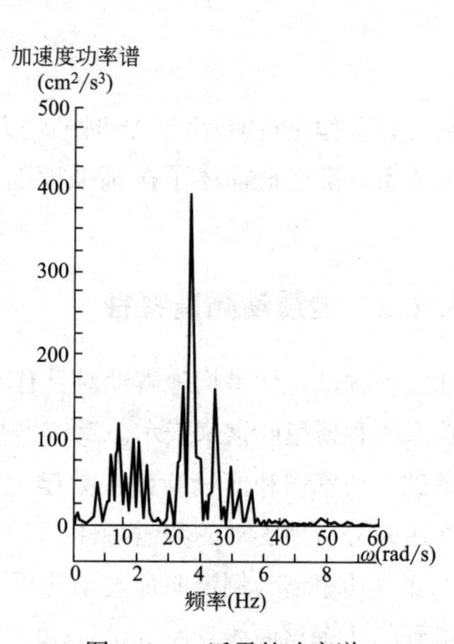

图 3.2.4　近震的功率谱

(M=6.8，R=19km，峰值加速度 360.88cm/s^2)

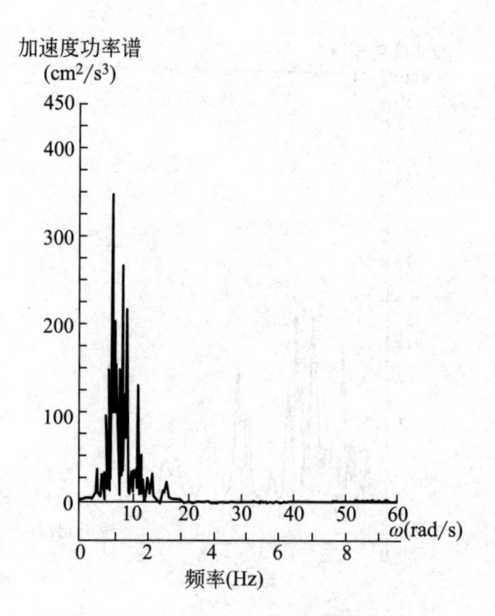

图 3.2.5　远震、软土的功率谱

(峰值加速度 181.25cm/s^2)

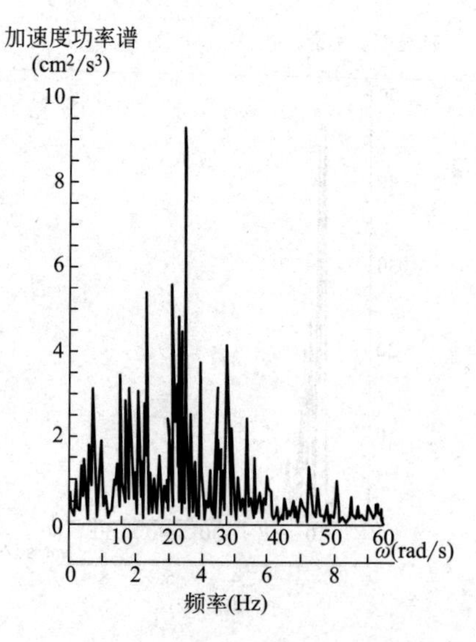

图 3.2.6　近震、硬土的功率谱

(峰值加速度 52.25cm/s^2)

综上所述，震级、震中距和场地条件对地震动的频谱特性有重要影响，震级越大、震中距越远，地震动记录的长周期分量越显著。硬土地基上的地震动记录包含较丰富的频率成分，而软土基上的地震动记录卓越周期显著。另外，震源机制也对地震动的频谱特性有着重要影响。但由于震源机制的复杂性，这方面的研究工作目前尚无定论。

需要指出，反应谱、功率谱和傅里叶谱具有一定的对应关系，感兴趣的读者可以参阅相关文献。这里简要介绍地震动加速度的功率谱与反应谱之间的联系。从随机观点看，反应谱所表示的反应 x 的最大值 $x_{\max}$ 必须与其出现或超过的概率 P 相联系才有意义。因此，反应谱有由样本函数确立的反应谱和由一簇样本函数确立的概率反应谱的概念区别。前者是确定的，后者是随概率值的取值标准而定的。通常采用峰值系数的概念代表超越概率 P 的某类函数，定义：

$$x_{\max}=r\sigma_x \tag{3.2.3}$$

式中　σ_x——反应 x 的均方差；

r——峰值系数，是超过 $x_{\max}$ 的概率 P 的函数。

利用上式并根据随机振动的理论分析，可以得到加速度反应谱 $S_a(\omega, \zeta)$ 与功率谱 $S_u(\omega)$ 之间的近似关系为：

$$S_u(\omega)=\frac{\zeta}{\pi\omega}S_a^2(\omega,\zeta)/\ln\left[\frac{-\pi}{\omega T}\ln(1-p)\right]^{-1} \tag{3.2.4}$$

式中　ζ——阻尼比；

T——持续时间；

P——反应谱的超越概率，通常取 0.85。

此式在合成地震波中获得了广泛的应用。需要指出，式(3.2.4)表示的反应谱与功率谱之间的关系是基于平稳随机过程假定给出的，并作了一定程度的近似。

3.2.3　地震动持时特性

地震动持时对结构的破坏程度有着较大的影响。在相同的地面运动最大加速度作用下，当强震的持续时间长，则该地点的地震烈度高，结构物的地震破坏重；反之，当强震的持续时间短，则该地点的地震烈度低，结构物的破坏轻。例如，1940 年美国 EI Centro 地震的强震持续时间为 30s，该地点的地震烈度为 8 度，结构物破坏较严重；而 1966 年的日本松代地震，其地面运动最大加速度略高于 EI Centro 地震，但其强震持续时间仅为 4s，则该地的地震烈度仅为 5 度，未发现明显的结构物破坏。

实际上，地震动强震持时对结构反应的影响主要表现在结构的非线性反应阶段。从结构地震破坏的机理上分析，结构从局部破坏(非线性开始)到完全倒塌一般需要一个过程，如果在局部破裂开始时结构恰恰遭遇到一个很大强度的地震脉冲，那么结构的倒塌与一般静力试验中的现象相类似，即倒塌取决于最大变形反应，但这种情况极少遇到。大多数情况是，结构从局部破坏开始倒塌，往往要经历几次、几十次甚至是上百次的往复振动过程，塑性变形的不可恢复性需要耗散能量，因此在这一振动过程中即使结构最大变形反应没有达到静力试验条件下的最大变形，结构也可能因贮存能量能力的耗损达到某一限值而发生倒塌破坏。持时的重要意义同时存在于非线性体系的最大反应和能量耗散累积两种反应之中。研究表明，非线性体系的累积耗能比最大变形对地震动持时更为敏感。

与地震动幅值指标定义情况相似，强震持时的定义也很不统一。常见的指标有：

(1)绝对持时：根据加速度的绝对值定义，即取加速度记录图上绝对幅值在第一次和最后一次达到或超过某一限值(例如 $0.05g$ 或 $0.1g$)所经历的时间作为地震动持续时间。

(2)相对持时：根据加速度的相对值定义，可分为分数持时和能量持时两类。分数持时与上述绝对持时对地震动记录的处理方式相同，只是将控制幅值改用最大峰值的相对值来表示，例如 1/3 持时，即取限值为 $1/3a_{\max}$；能量持时采用强震持续时间所占有的能量与地震动总能量之比为某一规定值的方式定义持时，例如 90%能量持时即为从地震动能量达到总能量的 5%开始至达到 95%为止所经历的时间。

(3)等效持时：把加速度时程等效为强度为 a_{rms}，持续时间为 T_{d} 的平稳过程。即：

$$T_{\mathrm{d}}=\frac{\int_{0}^{T} a^{2}(t)\mathrm{d}t}{a_{\mathrm{rms}}} \tag{3.2.5}$$

式中 a_{rms}——加速度过程 $a(t)$ 中强震平稳部分的标准差。

§3.3 地震动的随机过程模型

地震动具有强烈的随机性，由于强震记录数量的限制和数学上的困难，建立地震动随机过程模型的方法一般是，先根据经验设定模型形式，然后利用现有强震记录资料验证模型的适用性。由于地震动的速度和位移与地震动加速度有着简单的联系，因此，目前对加速度的随机过程模型研究较多，这种描述分为频域模型和时域模型。

3.3.1 地震动加速度过程的频域模型

地震动加速度过程的频域描述，首先采取平稳随机过程的方式。二阶平稳随机过程的概率特征主要用其功率谱密度函数表示。最早用来描述地震加速度过程的功率谱模型是美国学者 Housner 提出的白噪声模型：

$$S(\omega)=S_{0} \quad (-\infty<\omega<\infty) \tag{3.3.1}$$

式中，S_{0} 为常数。这一模型的功率谱密度在整个频域上为常数，过程的方差为无穷大，是不可能的一个过程，但是在数学上容易处理，为后来更细致的模型打下了基础。由于实际地震动过程的频率总是在一定范围内分布，因此，采用有限带宽白噪声模型来修正式(3.3.1)的定义域：

$$S(\omega)=S_0(-\omega_0<\omega<\omega_0) \tag{3.3.2}$$

式中，ω_0 为截止圆频率。这样可以避免过程方差趋于无穷的不合理现象。这两种功率谱模型都假定地震动的频率分布在频率域(或在一个有限的频带上)均匀分布，与实际地震记录有较大的差异，但由于过程简单、计算方便、物理意义明确，因而现在仍被继续使用。

1960 年，日本学者 Kanai 和 Tajimi 根据加速度功率谱不是均匀分布这一特点，考虑场地类型而提出了过滤白噪声功率谱模型(金井清模型)。此模型是将土层模拟成线性单自由度振动体系，假定基岩地震动过程为白噪声，经过土层过滤之后，得出了如下的表达式：

$$S(\omega)=\frac{1+4\zeta_g^2\left(\dfrac{\omega}{\omega_g}\right)^2}{\left[1-\left(\dfrac{\omega}{\omega_g}\right)^2\right]^2+4\zeta_g^2\left(\dfrac{\omega}{\omega_g}\right)^2}S_0 \tag{3.3.3}$$

式中 ω_g、ζ_g——分别为覆盖土层的特征圆频率和特征阻尼比，与土层的坚硬程度有关，其取值如表 3.3.1 所示。

金井清谱中的参数 **表 3.3.1**

参数	软土	中硬土	硬土
ω_g	10.9	16.5	16.9
ζ_g	0.96	0.8	0.94

金井清模型考虑了地震动的传输过程，包含了地表土层特性对地震动频谱特征的影响，具有明确的物理意义，而且形式简单，所以在目前的结构分析中得到了广泛的应用。然而，金井清模型存在一个缺点，即它不恰当地夸大了低频地震动的能量，用于某些结构(特别是长周期结构)的地震反应分析时可能得到不合理的结果，同时它也不满足地面速度和位移在圆频率 $\omega=0$ 处是有限值的条件，即不满足连续两次可积的条件。由金井清谱导出的地面速度功率谱密度函数在零频处出现明显的奇异点，导致地面速度的方差无界。所以，金井清模型更适用于中高频结构随机地震反应的分析。为了改进金井清谱低频段的不合理之处，许多研究者提出了多种改进方案，感兴趣的读者可以参阅相关文献。

3.3.2 地震动加速度过程的时域模型

地震记录表明，地震时的地面运动大体上可分为三个阶段：第一阶段从静止开始逐渐增强，具有小振幅与小周期，主要反应地震纵波的作用；第二阶段具有大振幅，振动周期与第一阶段相似或稍大，主要反应地震横波的作用；第三阶段仍具有长期特征，振幅逐渐衰减至零。整个地震过程中，地面运动呈现出明显的非平稳性。通常用随时间变化的强度函数和平稳过程的乘积表示地震动加速度过程：

$$x(t)=f(t)\cdot u(t) \tag{3.3.4}$$

式中 $u(t)$——一个平稳随机过程；

$f(t)$——一个确定性的函数，它近似等于地震动的强度包络函数，所以也称为强度包络函数。

地震动的强度包络函数除了描述地震动强度的非平稳性外，它还能反映地震动的强震持续时间。式(3.3.4)中的 $u(t)$ 是一个平稳的随机过程，理论上它没有起始时间和终止时间，所以地震动的总持时和强震持时完全由强度包络函数 $f(t)$ 来控制。有些文献将式(3.3.4)所示的过程称为均匀调制过程。

常用的强度包络函数有两类：

1. 连续函数型

$$f(t)=e^{-\alpha t}-e^{-\beta t} \tag{3.3.5a}$$

或

$$f(t)=(a+bt)e^{-ct} \tag{3.3.5b}$$

式中，α、β 及 a、b、c 为规定常数。

2. 分段函数型(图 3.3.1)

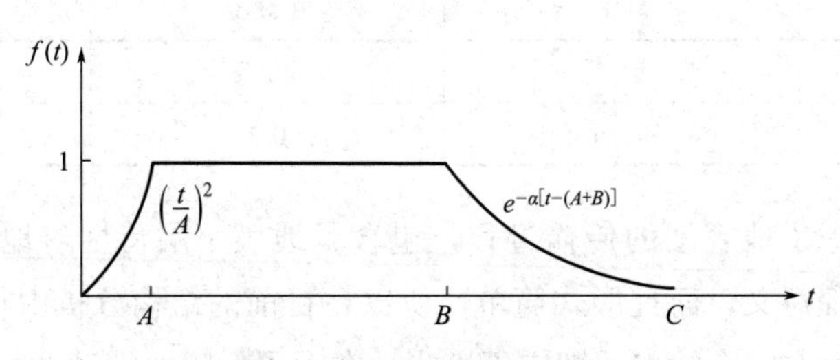

图 3.3.1 强度包络函数

$$f(t)=\begin{cases}(t/A)^2 & 0\leqslant t<A\\ 1 & A\leqslant t<B\\ e^{-\alpha[t-(A+B)]} & B\leqslant t\leqslant C\end{cases} \tag{3.3.6}$$

对于不同的地震动持续时间，A、B、C、α 取表 3.3.2 中的值。

不同持续时间参数 **表 3.3.2**

持时(s)	5	10	20	30
A	0.5	1	2	3
B	3.5	6	14	22
C	1	3	4	5

续表

持时(s)	5	10	20	30
α	1.5	1.15	0.8	0.64

3.3.3 人造地震动的模拟

强震地面运动的模拟是工程结构抗震分析中的重要问题之一。人造地震动模拟的数值方法主要有三种，即三角级数法、随机脉冲法和自回归法。本节主要介绍三角级数法，其基本思想是用一组三角级数之和来构造一个近似的平稳高斯随机过程，然后乘以强度包线，以得到近似的非平稳地面运动加速度时程。为此可采用以下三角级数来表示平稳化以后的随机地面运动加速度：

$$u(t)=\sum_{i=1}^{N}a_i\cos(\omega_i t+\varphi_i) \tag{3.3.7}$$

式中，φ_i 是在$(0\sim2\pi)$之间均匀分布的独立随机变量。

式(3.3.7)中的其他参数为：

$$a_i^2=FS(\omega_i)=4S_u(\omega_i)\Delta\omega;\quad \omega_i=\frac{2\pi i}{T};\quad \Delta\omega=\frac{2\pi}{T} \tag{3.3.8}$$

式中 T——随机过程的总持时；

$S_u(\omega_i)$——随机过程 $u(t)$的功率谱密度；

$FS(\omega_i)$——傅里叶振幅谱。

以上参数除 φ_i 为均匀分布随机量外其余均为确定性的量，因此，不难证明：

$$E[u(t)]=0;\quad R_u(t)=E[u(t)u(t+\tau)]=2\sum_{i=1}^{N}S_u(\omega_i)\Delta\omega\cos\omega_i t\mathrm{d}\omega \tag{3.3.9}$$

上式仅与时间差 t 有关，因此 $u(t)$是平稳过程。当 N 足够大(例如大于 1024)时上式成为：

$$R_u(t)=2\int_0^{\infty}S_u(\omega)\cos\omega t\mathrm{d}\omega \tag{3.3.10}$$

用以上方法得到平稳随机过程的样本以后只需要乘以强度包络函数 $f(t)$(式 3.3.4)即得到所需要的地震动模拟结果。需要指出，由于抗震设计反应谱是最常用的设计标准，于是以拟合设计反应谱为目标的人造地震动模拟就成为地震动模拟中的重要问题之一。为此需要利用反应谱与功率谱之间的转换关系式(3.2.4)，并采用迭代算法使得拟合反应谱不断向目标反应谱逼近，从而得到满足要求的人造地震动，关于这方面的研究和应用情况读者可以参阅相关文献。

第 4 章　地震作用下的结构动力方程

§4.1　结构离散化方法

所有的实际结构，其质量都是沿结构几何形状连续分布的。因此，实际结构本质上均属于无限自由度体系。但是，在研究和工程应用中，通常通过结构的离散化方法将无限自由度体系转化为有限自由度体系。结构的离散化方法有三类：集中质量法、广义坐标法和有限单元法。

4.1.1　集中质量法

集中质量法是最早提出来的离散化方法。这一方法人为地将结构的质量集中于一系列离散的点或块。例如，对于质量连续分布的悬臂梁，将分布的质量集中于梁中有限点之上而形成一个悬臂梁似的串联质点系模型。集中质量法将结构动力分析大大地简化，因为仅能在这些集中质量点处产生惯性力，与之相对应，结构的刚度和阻尼特性以及荷载特征等均被集中于质量的平移自由度方面。在这种情况下，只需确定这些离散点的位移和加速度，因此这种方法所带来的计算便利性是显而易见的。但是，对于动力问题，不适当地集中质量将可能导致较大的计算误差。一般来说，对集中质量法应附加动能等效原则，即集中质量前后体系的动能不发生较大的变化。动能等效法较符合实际情况，但此法计算量太大。在工程设计中一般按静力等效原则将节点所辖区域的质量集中作用在该节点上。

4.1.2　广义坐标法

当结构质量分布均匀、分析时要求更好的精度时，结构的物理模型仍采用连续化体系而用有限个广义坐标的数学模型来计算结构响应的方法，称为广义坐标法。一个简单例子就是用三角级数来表示简支梁的挠度曲线：

$$y(x)=\sum_{k=1}^{\infty}a_k\sin\frac{k\pi x}{L} \tag{4.1.1}$$

式中　$\sin k\pi x/L$——一组给定函数，满足简支梁边界条件，称为形状函数；

a_k——一组待定系数，称为广义坐标。

当形状函数选定之后，梁的挠度曲线 $y(x)$ 即由无限多个广义坐标 a_1、a_2、a_3、……所确定，因此简支梁具有无限自由度。在简化计算中，通常只取级数的前 n 项：

$$y(x)=\sum_{k=1}^{n}a_k\sin\frac{k\pi x}{L} \tag{4.1.2}$$

这时简支梁被简化为具有 n 个自由度的体系。

这个概念可被进一步推广，因为在这个例子里作为假定位移曲线的正弦函数形状是任意选择的。一般来说，任何与所给几何支承条件相适应而且具有内部位移连续性的形状函数 $\phi_k(x)$都可被采用。于是，对于任何一维结构的位移 $y(x)$，其广义坐标表达式可写作 $y(x)=\sum a_k\phi_k(x)$。对于任何假定的一组位移形函数 $\phi_k(x)$，所形成的结构形状依赖于幅值 a_k，a_k 即为广义坐标。所假设的位移形函数的数目代表在这个理想化形式中所考虑的自由度数。通常对于一个给定自由度数目的动力分析，用理想化的形状函数法比用集中质量法更为精确。然而，需要指出，当用广义坐标法计算时，对于每个自由度将需要较多的工作量。

4.1.3 有限单元法

有限单元法，或称有限元法，可以从数学观点和物理观点两方面来建立公式。从物理的观点看，有限单元法就是把连续结构体离散化。具体地说，就是把结构分成很小的部分，每个部分称为一个单元，这些单元的形状、大小可以任意选择，但都是有限小，而不是无限小，故称为有限单元。各单元在其相邻的边界点上相互连接，即有限单元法把连续结构体离散为只在有限个点上有联系的离散化模型，而这些连接点称为节点。通常以节点广义位移作为未知量，按节点的平衡条件建立运动方程式。一般采用位移法，当然也可以采用力法建立方程式，在结构动力分析问题中一般采用位移法。

有限元法是目前最流行的分析方法，它提供了既方便又可靠的体系理想化模型而且对用计算机分析来说特别有效。有限单元法的理想化模型适用于一切的结构形式：用一维构件(梁、柱等)集合组成的框架结构；由二维构件构成的平面应力或平板或壳型结构；一般的三维固体结构。

采用有限单元法计算结构动力反应的基本步骤如下：

(1)将结构连续体划分为一系列有限单元，单元的形状、大小及其数量，由计算对象的性质及要求的计算精度综合确定。

(2)选择节点的自由度，即节点位移参数。节点的自由度必须包括节点适当的位移分量，甚至其偏导数，通常只取到位移的一阶偏导数(转角)。也就是说，节点自由度通常仅指节点的位移，最多包括转角。所有节点的位移参数就是有限元分析结构连续体的基本变量。

(3)根据结构连续体的实际变形情况，选择表示单元中各点位移的函数，即位移插值函数。理论和实践都已证明，为了使有限元法的解当单元尺寸逐渐变小时能够收敛于精确解，位移插值函数必须具有与单元自由度总和一样多的未知常数，并能反映刚体位移和常应变(必要条件)，以及相邻单元位移的连续性(充分条件)。

(4)根据节点位移参数及位移插值函数，联立在局部坐标中单元的力学性质，包括单元刚度矩阵、质量矩阵和等效节点力向量及其相互关系。

(5)由单元力学性质形成总结构的力学性质。方法是对于每个节点，叠加各个与之有关的单元刚度、质量及节点力，从而得到整个结构的总刚度矩阵、总质量矩阵以及总节点力向量。

(6)建立结构动力平衡方程并求解。

对比广义坐标法和有限单元法可以发现，有限元法也属于广义坐标法的一种。与一般的广义坐标法相比，有限元法采用统一的位移形函数(插值函数)，并以节点位移作为结构的广义坐标，因而具有直观的物理背景和统一的计算格式。

§4.2 建立结构动力平衡方程的基本方法

建立结构动力平衡方程的基本方法主要有达朗贝尔原理法、拉格朗日方程法和哈密顿原理法等。

4.2.1 达朗贝尔原理法

1. 达朗贝尔原理

由牛顿第二定律建立达朗贝尔原理表达式。当任何一质点 m_i 受主动力 $\overline{F}_i$ 和约束反力 $\overline{R}_i$ 产生加速度 $\ddot{\overline{x}}_i$，则由牛顿第二定律，可写出以下关系式：

$$\overline{F}_i+\overline{R}_i=m\ddot{\overline{x}}_i$$

移项后，得：

$$\overline{F}_i+\overline{R}_i-m\ddot{\overline{x}}_i=0 \quad \text{(达朗贝尔原理)} \tag{4.2.1}$$

或

$$\overline{F}_i+\overline{R}_i+\overline{F}_{I,i}=0 \tag{4.2.2}$$

式(4.2.2)即为达朗贝尔原理表达式，$-m\ddot{\overline{x}}_i$ 称为惯性力。

达朗贝尔原理在分析动力学中叙述为“在质点系运动的任一瞬间，作用在每个质点的真实力(主动力和被动力)和假想的惯性力的矢量和为零”，或者可以通俗地叙述为“在质点系运动的任一瞬间，除了实际作用于每个质点的主动力和约束反力外，再加上假想的惯性力，则在该瞬时质点系将处于假想的平衡状态(称为动力平衡状态)”。因此，达朗贝尔原理法亦称为动力平衡法、直接平衡法、动静法或惯性力法。

2. 利用达朗贝尔原理建立动力方程

以单自由度弹性体系为例，建立动载 $P(t)$ 作用下的运动方程。如图 4.2.1 所示，单自由度体系仅考虑单质点的侧向水平位移 $x(t)$。取质点 m 为隔离体，其运动时的真实力

为外力 $\overline{P}(t)$、阻尼力 $\overline{F}_c$ 和弹性恢复力 $\overline{F}_e$。

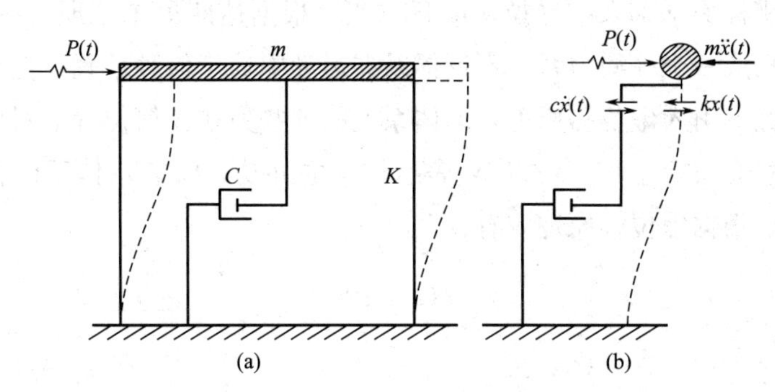

图 4.2.1 单自由度弹性体系在干扰力 $P(t)$下的振动

(a)计算体系；(b)隔离体

根据达朗贝尔原理建立动力平衡方程，得：

$$\overline{F}_c+\overline{F}_e+\overline{F}_I+\overline{P}(t)=0 \tag{4.2.3}$$

将上式转化为标量方程，此时：

阻尼力：$\overline{F}_c=-c\dot{x}(t)$(根据黏滞阻尼假定)；

弹性恢复力：$\overline{F}_e=-kx(t)$；

惯性力：$\overline{F}_I=-m\ddot{x}(t)$。

代入式(4.2.3)，得到外力 $P(t)$作用下的单自由度体系的动力方程为：

$$m\ddot{x}(t)+c\dot{x}(t)+kx(t)=P(t) \tag{4.2.4}$$

式中 c——阻尼系数，即质点产生单位速度时在该点所产生的阻尼力；

k——刚度系数，即质点产生单位水平位移时在质点处所需施加的力；

x、$\dot{x}$、$\ddot{x}$——分别为质点运动的位移、速度和加速度。

4.2.2 拉格朗日方程法

在建立体系的运动方程时，还有一种综合考虑达朗贝尔原理和虚位移原理的方法，它是首先由拉格朗日提出的，一般称之为拉格朗日方程。这种方法用于建立复杂体系的运动方程更方便些。

下面先介绍一下有关广义坐标的概念。设体系有 n 个质点，一般来说，每个质点均有 3 个坐标，总共 $3n$ 个坐标。如果在质点之间还有 s 个约束(指稳定约束)，那么体系仅有 $3n-s=k$ 个独立参变量，即其自由度是 k 个。此时，可选择任意的 k 个独立参变量 q 去表示体系的运动情况，即：

$$\begin{cases}x_i=f_{1i}(q_1,q_2,\cdots,q_k)\\ y_i=f_{2i}(q_1,q_2,\cdots,q_k) \quad (i=1,2,\cdots,n)\\ z_i=f_{3i}(q_1,q_2,\cdots,q_k)\end{cases}$$

这些独立变量 q_1，q_2，…，q_k 就称为体系的广义坐标。

以上述广义坐标为基础来推导拉格朗日方程。根据达朗贝尔原理，在体系上主动力、约束力和惯性力构成一个平衡力系，不论体系在运动中处于何种位置，这种瞬时平衡关系总是成立的。据此，引入虚位移原理，即体系上的这些力在任何位置上对所给虚位移的总虚功(包括内力虚功)将等于零。设以 W 表示体系的外功，U 表示体系的弹性位能，则在虚位移的过程中，根据虚位移原理应有：

$$\delta U=\delta W$$

或写成：

$$\frac{\partial U}{\partial q_i}\delta q_i=\frac{\partial W}{\partial q_i}\delta q_i \quad (i=1,2,\cdots,k)$$

在动力体系中，外力做功将包括如下几项：①干扰力 $P(t)$；②阻尼力 $F_c(t)$；③惯性力 $F_{I,j}=-m_j\ddot{x}_j(j=1,\ 2,\ \cdots,\ n)$。设以 W_e、W_d 和 W_i 分别表示上述几种力作的外功，则有：

$$\frac{\partial U}{\partial q_i}\delta q_i=\frac{\partial W_e}{\partial q_i}\delta q_i+\frac{\partial W_d}{\partial q_i}\delta q_i+\frac{\partial W_i}{\partial q_i}\delta q_i \quad (i=1,2,\cdots,k) \tag{4.2.5}$$

在上式中惯性力所作虚功可用质点的动能来表示。设以 T 表示质点的动能，则有：

$$T=\sum_{j=1}^{n}\frac{1}{2}m_j\dot{x}_j^2;\quad \frac{\partial T}{\partial q_i}=\sum_{j=1}^{n}m_j\dot{x}_j\frac{\partial \dot{x}_j}{\partial q_i};\quad \frac{\partial T}{\partial \dot{q}_i}=\sum_{j=1}^{n}m_j\dot{x}_j\frac{\partial \dot{x}_j}{\partial \dot{q}_i}$$

而：

$$\dot{x}_j=\frac{\mathrm{d}x_j}{\mathrm{d}t}=\frac{\partial x_j}{\partial q_i}\cdot\frac{\partial q_i}{\partial t}=\frac{\partial x_j}{\partial q_i}\dot{q}_i;\quad \frac{\partial \dot{x}_j}{\partial \dot{q}_i}=\frac{\partial x_j}{\partial q_i}$$

故：

$$\frac{\partial T}{\partial \dot{q}_i}=\sum_{j=1}^{n}m_j\dot{x}_j\frac{\partial x_j}{\partial q_i}$$

再根据：

$$\frac{\mathrm{d}}{\mathrm{d}t}\sum_{j=1}^{n}m_j\dot{x}_j\frac{\partial x_j}{\partial q_i}\delta q_i=\sum_{j=1}^{n}m_j\ddot{x}_j\frac{\partial x_j}{\partial q_i}\delta q_i+\sum_{j=1}^{n}m_j\dot{x}_j\frac{\partial \dot{x}_j}{\partial q_i}\delta q_i$$

有：

$$\begin{aligned}\frac{\partial W_i}{\partial q_i}\delta q_i&=-\sum_{j=1}^{n}(m_j\ddot{x}_j)\frac{\partial x_j}{\partial q_i}\delta q_i=-\frac{\mathrm{d}}{\mathrm{d}t}\sum_{j=1}^{n}m_j\dot{x}_j\frac{\partial x_j}{\partial q_i}\delta q_i+\sum_{j=1}^{n}m_j\dot{x}_j\frac{\partial \dot{x}_j}{\partial q_i}\delta q_i\\&=-\frac{\mathrm{d}}{\mathrm{d}t}\frac{\partial T}{\partial \dot{q}_i}\delta q_i+\frac{\partial T}{\partial q_i}\delta q_i\end{aligned}$$

将其代入式(4.2.5)得：

$$\frac{\partial U}{\partial q_i}\delta q_i=\frac{\partial W_e}{\partial q_i}\delta q_i+\frac{\partial W_d}{\partial q_i}\delta q_i-\frac{d}{dt}\frac{\partial T}{\partial \dot{q}_i}\delta q_i+\frac{\partial T}{\partial q_i}\delta q_i \quad (i=1,2,\cdots,k)$$

将上式化简并整理后可得：

$$\frac{d}{dt}\frac{\partial T}{\partial \dot{q}_i}-\frac{\partial T}{\partial q_i}+\frac{\partial U}{\partial q_i}-\frac{\partial W_d}{\partial q_i}=\frac{\partial W_e}{\partial q_i} \quad (i=1,2,\cdots,k) \tag{4.2.6}$$

式(4.2.6)就是所谓的拉格朗日方程。

下面就图 4.2.1 所示单自由度体系介绍拉格朗日方程的应用。

设选取质点 m 的位移 $x(t)$ 为广义坐标，则有：

$$T=\frac{1}{2}m\dot{x}^2; \quad U=\frac{1}{2}kx^2$$

根据上式可求出导数如下：

$$\frac{\partial T}{\partial \dot{q}_i}=\frac{\partial T}{\partial \dot{x}}=m\dot{x}; \quad \frac{d}{dt}\frac{\partial T}{\partial \dot{q}_i}=m\ddot{x}; \quad \frac{\partial T}{\partial q_i}=\frac{\partial T}{\partial x}=0; \quad \frac{\partial U}{\partial q_i}=\frac{\partial U}{\partial x}=kx;$$

$$\frac{\partial W_d}{\partial q_i}=\frac{\partial W_d}{\partial x}=-c\dot{x}; \quad \frac{\partial W_e}{\partial q_i}=\frac{\partial W_e}{\partial x}=P$$

将上述各导数代入式(4.2.6)后即可求得运动方程为：

$$m\ddot{x}+c\dot{x}+kx=P$$

它与按达朗贝尔原理直接建立的运动方程是一样的。

4.2.3 哈密顿原理法

在建立体系的运动方程时，还可利用动力学中广泛使用的变分原理——哈密顿原理。它与式(4.2.6)所示的拉格朗日方程是互相等价的，只不过拉格朗日方程是以虚功形式表示的，而哈密顿原理则以能量的形式来表示。因为在这个方法中，只和纯粹的标量——能量有关，因而对于某些用能量表达方便的体系来说，自有其优点。下面从式(4.2.6)所示拉格朗日方程出发来导出哈密顿原理。

根据式(4.2.6)有：

$$\frac{d}{dt}\frac{\partial T}{\partial \dot{q}}-\frac{\partial T}{\partial q}+\frac{\partial U}{\partial q}-\frac{\partial W_d}{\partial q}=\frac{\partial W_e}{\partial q}$$

式中，W_e 为外力所做的功。在外力中可以区分为两部分，一部分为保守力系，另一部分为非保守力系。对于保守力系所做的外功，可用外力势能来表示，并把这部分外力势能与弹性位能合并在一起，称为体系的总势能，用符号 V 表示；至于非保守力系所做的外功，例如干扰力 $P(t)$ 做的功，则可和阻尼力做的功合并到一起，统称为体系上非保守力系的功，并用符号 W_{ne} 表示。这样式(4.2.6)可以改写为：

$$\frac{\mathrm{d}}{\mathrm{d}t}\frac{\partial T}{\partial \dot{q}}-\frac{\partial T}{\partial q}+\frac{\partial V}{\partial q}=\frac{\partial W_{\mathrm{ne}}}{\partial q}$$

把上式两边同乘以 δq，然后在某一初瞬时 t_1 到终瞬时 t_2 的一段时间内积分，并假定 δq 在 t_1 和 t_2 瞬时为零，则有：

$$\int_{t_1}^{t_2}\left[\frac{\mathrm{d}}{\mathrm{d}t}\frac{\partial T}{\partial \dot{q}}-\frac{\partial T}{\partial q}+\frac{\partial V}{\partial q}\right]\delta q\,\mathrm{d}t=\int_{t_1}^{t_2}\frac{\partial W_{\mathrm{ne}}}{\partial q}\delta q\,\mathrm{d}t \tag{4.2.7a}$$

注意到：

$$\left(\frac{\mathrm{d}}{\mathrm{d}t}\frac{\partial T}{\partial \dot{q}}\right)\delta q=\frac{\mathrm{d}}{\mathrm{d}t}\left(\frac{\partial T}{\partial \dot{q}}\delta q\right)-\frac{\partial T}{\partial \dot{q}}\delta\dot{q}$$

则上式可改写为：

$$\int_{t_1}^{t_2}\left[\frac{\mathrm{d}}{\mathrm{d}t}\left(\frac{\partial T}{\partial \dot{q}}\delta q\right)-\frac{\partial T}{\partial \dot{q}}\delta\dot{q}-\frac{\partial T}{\partial q}\delta q+\frac{\partial V}{\partial q}\delta q\right]\mathrm{d}t=\int_{t_1}^{t_2}\frac{\partial W_{\mathrm{ne}}}{\partial q}\delta q\,\mathrm{d}t \tag{4.2.7b}$$

令：

$$L=T-V$$

L 称为拉格朗日函数。因 L 是 q 和 $\dot{q}$ 的函数，故有：

$$\delta L=\frac{\partial L}{\partial \dot{q}}\delta\dot{q}+\frac{\partial L}{\partial q}\delta q$$

于是式(4.2.7b)可改写为：

$$\frac{\partial T}{\partial \dot{q}}\delta q\bigg|_{t=t_1}^{t=t_2}-\int_{t_1}^{t_2}\delta L\,\mathrm{d}t=\int_{t_1}^{t_2}\delta W_{\mathrm{ne}}\,\mathrm{d}t$$

因为在初瞬时 t_1 和终瞬时 t_2 位置上有 $\delta q=0$，故上式可写为：

$$\int_{t_1}^{t_2}\delta L\,\mathrm{d}t+\int_{t_1}^{t_2}\delta W_{\mathrm{ne}}\,\mathrm{d}t=0 \tag{4.2.8a}$$

或

$$\int_{t_1}^{t_2}\delta(T-V)\,\mathrm{d}t+\int_{t_1}^{t_2}\delta W_{\mathrm{ne}}\,\mathrm{d}t=0 \tag{4.2.8b}$$

式(4.2.8)称为哈密顿原理。它可叙述为“在任何时间区间 t_1 到 t_2 内，动能和总势能的变分加上所考虑的非保守力系所做功的变分必须等于零”。

下面仍以图 4.2.1 所示单自由度体系为例介绍哈密顿原理的应用。在该体系上，有：

$$T=\frac{1}{2}m\dot{x}^2;\quad V=U=\frac{1}{2}kx^2;\quad \delta(T-V)=m\dot{x}\delta\dot{x}-kx\delta x;\quad \delta W_{\mathrm{ne}}=P\delta x-c\dot{x}\delta x$$

以上各式代入式(4.2.8)，得：

$$\int_{t_1}^{t_2}(m\dot{x}\delta\dot{x}-kx\delta x)\mathrm{d}t+\int_{t_1}^{t_2}(P\delta x-c\dot{x}\delta x)\mathrm{d}t=0$$

注意到：

$$\int_{t_1}^{t_2}m\dot{x}\delta\dot{x}\,\mathrm{d}t=\int_{t_1}^{t_2}m\dot{x}\,\frac{\mathrm{d}}{\mathrm{d}t}(\delta x)=m\dot{x}\delta x\Big|_{t=t_1}^{t=t_2}-\int_{t_1}^{t_2}m\ddot{x}\delta x\,\mathrm{d}t=-\int_{t_1}^{t_2}m\ddot{x}\delta x\,\mathrm{d}t$$

则上式可写为：

$$\int_{t_1}^{t_2}(-m\ddot{x}-c\dot{x}-kx+P)\delta x\,\mathrm{d}t=0$$

因为 δx 是任意的，而上述积分在任何时间间隔内都成立，故必须括号内的式子为零，由此得到：

$$m\ddot{x}+c\dot{x}+kx=P$$

它即前面已经导出的单自由度系统的运动方程。

§4.3　地震动输入时的结构动力方程

4.3.1　一维地震动输入

在地震动输入下考虑结构的动力方程，应首先明确参考系的性质。由经典力学可知，牛顿定律仅适用于惯性参考系。即在这样的参考系中，不受力作用的物体将保持静止或匀速直线运动状态。一般来说，定参考系和相对于定参考系做匀速直线运动的参考系都是惯性参考系，而所有不满足这一条件的参考系则称为非惯性参考系。在非惯性参考系中，牛顿第二定律不再适用。因此，为了在非惯性参考系（一般的动参考系）中建立物体运动和作用力之间的关系，必须建立动参考系与定参考系之间的运动方程。然后，在定参考系中应用牛顿第二定律，以得到修正的动力学基本方程。

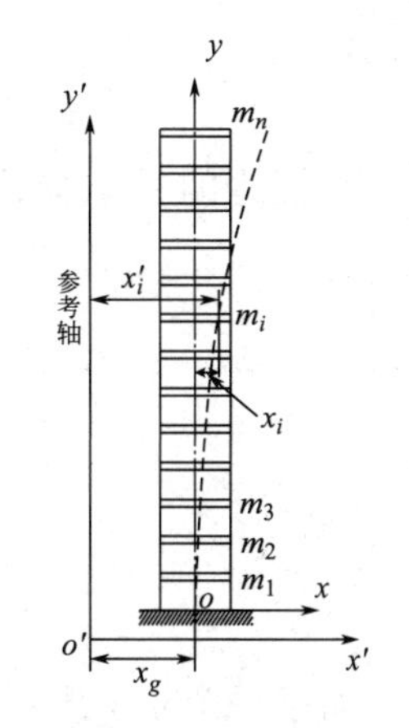

图 4.3.1　具有刚性地基平移的多自由度体系

以一维水平地震动输入为例，如图 4.3.1 所示的多自由度弹性体系，参考系 $o'x'y'$ 为惯性参考系，而由于地面的运动是一个非规则的加速度过程，参考系 oxy 中为非惯性参考系。牛顿第二定律仅适用于前者而不适用于后者。因此，只能针对 $o'x'y'$ 写出质点惯性力表达式（牛顿第二定律）：

$$F_{\mathrm{I},i}(t)=-m_i\ddot{x}_i' \quad (i=1,2,\cdots,n) \tag{4.3.1}$$

动参考系 oxy 相对于定参考系的位移量是一平动量 x_g，这一位移称为牵连位移，而相对于定参考系的总位移为：

$$x_i' = x_i + x_g \quad (i=1,2,\cdots,n) \tag{4.3.2}$$

对 x_i'关于时间求二阶导数并代入式(4.3.1)则得到：

$$F_{\mathrm{I},i}(t) = -m_i(\ddot{x}_i + \ddot{x}_g) \quad (i=1,2,\cdots,n) \tag{4.3.3}$$

注意到弹性力及阻尼力仅与相对位移和相对速度有关，故可以在定参考系 $o'x'y'$中应用达朗贝尔原理。

弹性恢复力：

$$F_{\mathrm{e},i}(t) = -[k_{i1}x_1 + k_{i2}x_2 + \cdots + k_{ii}x_i + \cdots + k_{in}x_n] = -\sum_{j=1}^{n} k_{ij}x_j \tag{4.3.4}$$

阻尼力：

$$F_{\mathrm{c},i}(t) = -[c_{i1}\dot{x}_1 + c_{i2}\dot{x}_2 + \cdots + c_{ii}\dot{x}_i + \cdots + c_{in}\dot{x}_n] = -\sum_{j=1}^{n} c_{ij}\dot{x}_j \tag{4.3.5}$$

式中　$F_{\mathrm{I},i}(t)$、$F_{\mathrm{e},i}(t)$、$F_{\mathrm{c},i}(t)$——分别为作用于质点 i 上的惯性力、弹性恢复力和阻尼力；

k_{ij}——质点 j 处产生单位位移，而其他质点保持不动时，在质点 i 处引起的弹性反力；

c_{ij}——质点 j 处产生单位速度，而其他质点保持不动时，在质点 i 处产生的阻尼力；

m_i——集中在质点 i 上的集中质量；

x_i、$\dot{x}_i$、$\ddot{x}_i$——分别为质点 i 在 t 时刻相对于基础(动参考系)的相对位移、相对速度和相对加速度。

根据达朗贝尔原理，作用在质点 i 上的惯性力、阻尼力和弹性恢复力应保持平衡，即：

$$F_{\mathrm{I},i}(t) + F_{\mathrm{e},i}(t) + F_{\mathrm{c},i}(t) = 0 \tag{4.3.6}$$

故：

$$m_i\ddot{x}_i + \sum_{j=1}^{n} c_{ij}\dot{x}_j + \sum_{j=1}^{n} k_{ij}x_j = -m_i\ddot{x}_g \tag{4.3.7}$$

对于一个 n 个质点的多自由度体系，可以写出 n 个类似方程，将 n 个方程组写出矩阵形式，即：

$$\boldsymbol{M}\ddot{x} + \boldsymbol{C}\dot{x} + \boldsymbol{K}x = -\boldsymbol{M}\boldsymbol{I}\ddot{x}_g \tag{4.3.8}$$

式中　$\boldsymbol{M}$、$\boldsymbol{C}$、$\boldsymbol{K}$——分别称为结构的质量矩阵、阻尼矩阵和刚度矩阵。

4.3.2　多维地震动输入

实际地震时的地面运动包括六个分量：三个平动分量 $u_g(t)$、$v_g(t)$、$w_g(t)$和三个转动分量$\theta_x(t)$、$\theta_y(t)$、$\theta_z(t)$。世界各国在地震观测中大多获得的是三个平动分量，这主要是由于测量转动分量的地震仪的技术未能很好解决。从地震灾害中可以观测到地震动转动分量的存在，而且从弹性波动理论可知，对于表面波来说洛夫波将产生地面绕水平轴的转动，瑞利波将产生地面绕竖直轴的转动。因此，地震时地面结构的反应是针对六维非惯性参考系的反应。为了建立这一系统中的动力方程，仍然先引用定参考系作参照来满足牛顿第二定律的条件，然后，通过分析动参考系和定参考系之间的关系，建立非惯性系中的动力方程。

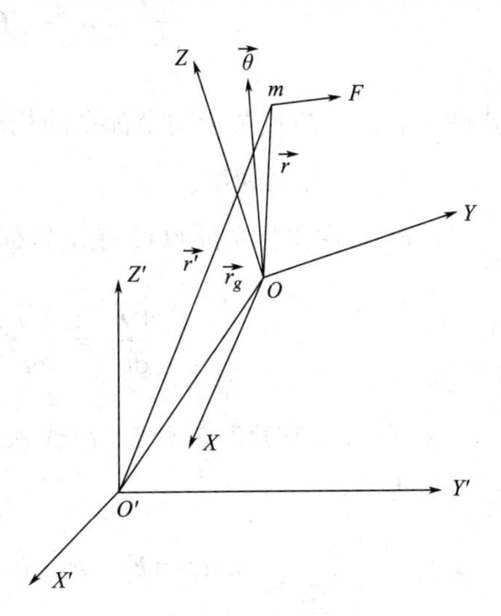

图 4.3.2　坐标系示意图

1. *质点运动方程*

图 4.3.2 表示质点 m 在具有六维运动分量的动坐标系 $oxyz$ 中运动，$o'x'y'z'$为定坐标系。$\boldsymbol{r}_g(t)$表示运动坐标系原点 O 的矢径，其三个分量为 $u_g(t)$、$v_g(t)$和 $w_g(t)$，设 $\boldsymbol{i}'$、$\boldsymbol{j}'$、$\boldsymbol{k}'$为 $o'x'y'z'$坐标轴上的单位矢量(此量不随时间变化)，则：

$$\boldsymbol{r}_g(t)=u_g\boldsymbol{i}'+v_g\boldsymbol{j}'+w_g\boldsymbol{k}' \tag{4.3.9}$$

记$\dot{\boldsymbol{\theta}}(t)$为动坐标系的转动角速度矢量，其三个分量为$\dot{\theta}_x(t)$、$\dot{\theta}_y(t)$、$\dot{\theta}_z(t)$。设$\boldsymbol{i}$、$\boldsymbol{j}$、$\boldsymbol{k}$ 为动参考系坐标轴上的单位矢量(此量随时间变化)，则：

$$\dot{\boldsymbol{\theta}}(t)=\dot{\theta}_x\boldsymbol{i}+\dot{\theta}_y\boldsymbol{j}+\dot{\theta}_z\boldsymbol{k} \tag{4.3.10}$$

同理，分别写出质点 m 在动、定两坐标系中的矢径：

$$\boldsymbol{r}=x\boldsymbol{i}+y\boldsymbol{j}+z\boldsymbol{k} \tag{4.3.11}$$

$$\boldsymbol{r}'=x'\boldsymbol{i}'+y'\boldsymbol{j}'+z'\boldsymbol{k}' \tag{4.3.12}$$

从图 4.3.2 中几何关系可得：

$$\boldsymbol{r}'=\boldsymbol{r}+\boldsymbol{r}_g \tag{4.3.13}$$

针对惯性参考系 $o'x'y'z'$，可以应用牛顿第二定律建立质点运动方程：

$$\boldsymbol{F}=m\frac{\mathrm{d}^2\boldsymbol{r}'}{\mathrm{d}t^2} \tag{4.3.14}$$

式中　$\boldsymbol{F}$——作用于质点 m 上的力。

注意到式(4.3.13)，则：

$$\frac{\mathrm{d}^2\boldsymbol{r}'}{\mathrm{d}t^2}=\frac{\mathrm{d}^2\boldsymbol{r}}{\mathrm{d}t^2}+\frac{\mathrm{d}^2\boldsymbol{r}_g}{\mathrm{d}t^2} \tag{4.3.15}$$

可以证明：

$$\frac{\mathrm{d}^2\boldsymbol{r}}{\mathrm{d}t^2}=\boldsymbol{a}_r+2\dot{\boldsymbol{\theta}}\times\boldsymbol{v}_r+\ddot{\boldsymbol{\theta}}\times\boldsymbol{r}+\dot{\boldsymbol{\theta}}\times(\dot{\boldsymbol{\theta}}\times\boldsymbol{r}) \tag{4.3.16}$$

式中　$\boldsymbol{a}_r$——质点关于动坐标系的相对加速度；

$\boldsymbol{v}_r$——相对速度。

因$\boldsymbol{r}_g$ 为动坐标系原点O 在定坐标系$o'x'y'z'$中的矢径，与转动无关，故：

$$\frac{\mathrm{d}^2\boldsymbol{r}_g}{\mathrm{d}t^2}=\frac{\mathrm{d}^2x_g}{\mathrm{d}t^2}\boldsymbol{i}'+\frac{\mathrm{d}^2y_g}{\mathrm{d}t^2}\boldsymbol{j}'+\frac{\mathrm{d}^2z_g}{\mathrm{d}t^2}\boldsymbol{k}'=\ddot{\boldsymbol{r}}_g \tag{4.3.17}$$

将式(4.3.16)和式(4.3.17)代入式(4.3.15)并结合式(4.3.14)，即可得到质点 m 的运动方程为：

$$m\boldsymbol{a}_r=\boldsymbol{F}-m[2\dot{\boldsymbol{\theta}}\times\boldsymbol{v}_r+\ddot{\boldsymbol{\theta}}\times\boldsymbol{r}+\dot{\boldsymbol{\theta}}\times(\dot{\boldsymbol{\theta}}\times\boldsymbol{r})+\ddot{\boldsymbol{r}}_g] \tag{4.3.18a}$$

写出分量形式则为：

$$\begin{bmatrix}m&&\\&m&\\&&m\end{bmatrix}\begin{Bmatrix}\ddot{x}\\\ddot{y}\\\ddot{z}\end{Bmatrix}+2\begin{bmatrix}m&&\\&m&\\&&m\end{bmatrix}\begin{bmatrix}0&-\dot{\theta}_z&\dot{\theta}_y\\\dot{\theta}_z&0&-\dot{\theta}_x\\-\dot{\theta}_y&\dot{\theta}_x&0\end{bmatrix}\begin{Bmatrix}\dot{x}\\\dot{y}\\\dot{z}\end{Bmatrix}=\boldsymbol{F}$$
$$-\begin{bmatrix}m&&\\&m&\\&&m\end{bmatrix}\left\{\begin{bmatrix}\cos\theta_{gxx'}&\cos\theta_{gxy'}&\cos\theta_{gxz'}\\\cos\theta_{gyx'}&\cos\theta_{gyy'}&\cos\theta_{gyz'}\\\cos\theta_{gzx'}&\cos\theta_{gzy'}&\cos\theta_{gzz'}\end{bmatrix}\begin{Bmatrix}\ddot{u}_g\\\ddot{v}_g\\\ddot{w}_g\end{Bmatrix}+\begin{bmatrix}0&z&-y\\-z&0&x\\y&-x&0\end{bmatrix}\begin{Bmatrix}\ddot{\theta}_x\\\ddot{\theta}_y\\\ddot{\theta}_z\end{Bmatrix}\right.$$
$$\left.+\begin{bmatrix}\dot{\theta}_x&&\\&\dot{\theta}_y&\\&&\dot{\theta}_z\end{bmatrix}\begin{bmatrix}0&y&z\\x&0&z\\x&y&0\end{bmatrix}\begin{Bmatrix}\dot{\theta}_x\\\dot{\theta}_y\\\dot{\theta}_z\end{Bmatrix}-\begin{bmatrix}0&x&x\\y&0&y\\z&z&0\end{bmatrix}\begin{Bmatrix}\dot{\theta}_x^2\\\dot{\theta}_y^2\\\dot{\theta}_z^2\end{Bmatrix}\right\} \tag{4.3.18b}$$

式中　$\theta_{gij'}$——动坐标系对定坐标系的转角($i=x$，y，z；$j'=x'$，y'，z')。

2. 结构动力方程

将结构离散为多质点系，根据式(4.3.18)可以写出每一质点的惯性力。与一维地震动输入时类似，注意到惯性力与阻尼力仅与相对位移、相对速度有关，则可以根据动平衡法写出多质点体系的运动方程如下：

$$\boldsymbol{M}\ddot{\boldsymbol{U}}+2\boldsymbol{M}\boldsymbol{C}_{\dot{\theta}}\dot{\boldsymbol{U}}+\boldsymbol{C}\dot{\boldsymbol{U}}+\boldsymbol{K}\boldsymbol{U}=-\boldsymbol{M}([\cos\boldsymbol{\theta}_g]\ddot{\boldsymbol{U}}_g+\boldsymbol{X}_{\ddot{\theta}}\ddot{\boldsymbol{\theta}}+[\dot{\boldsymbol{\theta}}]\boldsymbol{X}_{\dot{\theta}}\dot{\boldsymbol{\theta}}-\boldsymbol{X}_{\dot{\theta}^2}\dot{\boldsymbol{\theta}}^2) \tag{4.3.19}$$

各矩阵的具体表达式如下：

$$\boldsymbol{M}=\begin{bmatrix}\boldsymbol{m} & & \\ & \boldsymbol{m} & \\ & & \boldsymbol{m}\end{bmatrix};\quad \boldsymbol{C}_{\dot{\theta}}=\begin{bmatrix}\boldsymbol{0} & -\dot{\boldsymbol{\theta}}_z & \dot{\boldsymbol{\theta}}_y \\ \dot{\boldsymbol{\theta}}_z & \boldsymbol{0} & -\dot{\boldsymbol{\theta}}_x \\ -\dot{\boldsymbol{\theta}}_y & \dot{\boldsymbol{\theta}}_x & \boldsymbol{0}\end{bmatrix};$$

$$[\cos\boldsymbol{\theta}_g]=\begin{bmatrix}[\cos\boldsymbol{\theta}_{gxx'}] & [\cos\boldsymbol{\theta}_{gxy'}] & [\cos\boldsymbol{\theta}_{gxz'}] \\ [\cos\boldsymbol{\theta}_{gyx'}] & [\cos\boldsymbol{\theta}_{gyy'}] & [\cos\boldsymbol{\theta}_{gyz'}] \\ [\cos\boldsymbol{\theta}_{gzx'}] & [\cos\boldsymbol{\theta}_{gzy'}] & [\cos\boldsymbol{\theta}_{gzz'}]\end{bmatrix};$$

$$[\dot{\boldsymbol{\theta}}]=\begin{bmatrix}\dot{\boldsymbol{\theta}}_x & & \\ & \dot{\boldsymbol{\theta}}_y & \\ & & \dot{\boldsymbol{\theta}}_z\end{bmatrix};\quad \boldsymbol{X}_{\ddot{\theta}}=\begin{bmatrix}\boldsymbol{0} & \boldsymbol{z} & -\boldsymbol{y} \\ -\boldsymbol{z} & \boldsymbol{0} & \boldsymbol{x} \\ \boldsymbol{y} & -\boldsymbol{x} & \boldsymbol{0}\end{bmatrix};\quad \boldsymbol{X}_{\dot{\theta}}=\begin{bmatrix}\boldsymbol{0} & \boldsymbol{y} & \boldsymbol{z} \\ \boldsymbol{x} & \boldsymbol{0} & \boldsymbol{z} \\ \boldsymbol{x} & \boldsymbol{y} & \boldsymbol{0}\end{bmatrix};\quad \boldsymbol{X}_{\dot{\theta}^2}=\begin{bmatrix}\boldsymbol{0} & \boldsymbol{x} & \boldsymbol{x} \\ \boldsymbol{y} & \boldsymbol{0} & \boldsymbol{y} \\ \boldsymbol{z} & \boldsymbol{z} & \boldsymbol{0}\end{bmatrix}$$

各矩阵中子矩阵的阶数均为 $n\times n$ 阶，n 为多质点体系质点数。质量矩阵 $\boldsymbol{m}$、动坐标系转角余弦阵$[\cos\boldsymbol{\theta}_{gij'}]$、地面运动角速度矩阵 $\dot{\boldsymbol{\theta}}_k$（$k=x$，$y$，$z$）和坐标矩阵 $\boldsymbol{x}$、$\boldsymbol{y}$、$\boldsymbol{z}$ 均为对角阵，并与质点个数相对应，同时，基本的位移向量为：

$$\text{相对位移向量}\ \boldsymbol{U}=\begin{Bmatrix}\boldsymbol{u}\\ \boldsymbol{v}\\ \boldsymbol{w}\end{Bmatrix} \tag{4.3.20a}$$

$$\text{地面运动位移向量}\ \boldsymbol{U}_g=\begin{Bmatrix}\boldsymbol{u}_g\\ \boldsymbol{v}_g\\ \boldsymbol{w}_g\end{Bmatrix} \tag{4.3.20b}$$

$$\text{地面运动转角向量}\ \boldsymbol{\theta}=\begin{Bmatrix}\boldsymbol{\theta}_x\\ \boldsymbol{\theta}_y\\ \boldsymbol{\theta}_z\end{Bmatrix} \tag{4.3.20c}$$

各向量均为 $3n\times1$ 阶。

对比式(4.3.19)与式(4.3.8)可知，结构在包含有转动分量的六维地震动作用下，除等效荷载变得不仅与地面运动分量有关，而且与质点所在点的坐标有关外，在方程左端，最突出的一点便是与$\boldsymbol{C}_{\dot{\theta}}$ 阵有关项的存在。矩阵$\boldsymbol{C}_{\dot{\theta}}$ 通常称为科氏惯性耦合矩阵，它是因为动力坐标系相对于定坐标系作转动运动所引起的。与科氏耦合阵有关的项称为科氏耦合项。在方程式(4.3.19)中，此项相当于“阻尼项”，但这种“阻尼”与地面运动的转动分量有关，可视为强迫施加给结构的“阻尼”。根据地面运动时程，其“阻尼”系数随时间变化，有时为正，有时为负。当为正时，其减弱振动的作用；当为负时，其增大振动的作用，这种作用称之为科氏耦合效应。当不考虑地面转动角速度和转动角位移时(即 $\dot{\boldsymbol{\theta}}_x=\dot{\boldsymbol{\theta}}_y=\dot{\boldsymbol{\theta}}_z=0$，$\boldsymbol{\theta}_g=0$，但地面转动加速度仍存在)，则不存在科氏耦合效应，并且，在这种情况下，$[\cos\boldsymbol{\theta}_g]=\boldsymbol{I}$，且方程右端与各转动分量有关的耦合项均不存在，即方程式(4.3.19)变为：

$$\boldsymbol{M}\ddot{\boldsymbol{U}}+\boldsymbol{C}\dot{\boldsymbol{U}}+\boldsymbol{K}\boldsymbol{U}=-\boldsymbol{M}(\ddot{\boldsymbol{U}}_g+\boldsymbol{X}_{\ddot{\theta}}\ddot{\boldsymbol{\theta}}) \tag{4.3.21}$$

事实上，目前对地面转动分量(绕竖轴)的观测资料还很少，不足以应用；对地面摆动分量(绕水平轴)的观测资料则几乎没有。因此，大部分研究还很少考虑 $\ddot{\boldsymbol{\theta}}$ 的影响，而采用仅考虑各平动地震动分量作用下的结构动力方程：

$$\boldsymbol{M}\ddot{\boldsymbol{U}}+\boldsymbol{C}\dot{\boldsymbol{U}}+\boldsymbol{K}\boldsymbol{U}=-\boldsymbol{M}\ddot{\boldsymbol{U}}_g \tag{4.3.22}$$

4.3.3 多点地震动输入

早在20世纪50年代，一些学者就已经注意到地震动空间变化对结构的影响。对于平面尺寸较小的建筑物(如通常的工业与民用建筑)这种影响不大，忽略地震动空间变化，采用所谓的“一致激励”假定进行分析，能够满足此类结构的抗震设计要求，但对于平面尺寸较大的结构，例如长跨桥梁、空间结构、坝体和管道路网等，地震动的空间变化将对结构产生重要影响。这是因为，地震波在结构基础面上的传播要经历一定的时间，使得结构各支承点所承受的地面运动是不同的，这就是所谓的多点地震动输入问题。因此，多点激励(非一致激励)是大跨度结构更加合理、更加符合实际的地震动输入模式。

设受外动荷载 $\boldsymbol{P}(t)$ 作用的多自由度体系动力方程(在惯性系统中)为：

$$\boldsymbol{M}\ddot{\boldsymbol{U}}+\boldsymbol{C}\dot{\boldsymbol{U}}+\boldsymbol{K}\boldsymbol{U}=\boldsymbol{P} \tag{4.3.23}$$

地震时，结构支承随地面运动，结构本身不受外加的动载，若以角标 a 表示与不受外力作用的结构节点有关的项，以角标 b 表示与结构支承(地基)节点有关的项，则式(4.3.23)可以改写为：

$$\begin{bmatrix}\boldsymbol{M}_{aa} & \boldsymbol{M}_{ab}\\ \boldsymbol{M}_{ba} & \boldsymbol{M}_{bb}\end{bmatrix}\begin{Bmatrix}\ddot{\boldsymbol{U}}_a\\ \ddot{\boldsymbol{U}}_b\end{Bmatrix}+\begin{bmatrix}\boldsymbol{C}_{aa} & \boldsymbol{C}_{ab}\\ \boldsymbol{C}_{ba} & \boldsymbol{C}_{bb}\end{bmatrix}\begin{Bmatrix}\dot{\boldsymbol{U}}_a\\ \dot{\boldsymbol{U}}_b\end{Bmatrix}+\begin{bmatrix}\boldsymbol{K}_{aa} & \boldsymbol{K}_{ab}\\ \boldsymbol{K}_{ba} & \boldsymbol{K}_{bb}\end{bmatrix}\begin{Bmatrix}\boldsymbol{U}_a\\ \boldsymbol{U}_b\end{Bmatrix}=\begin{Bmatrix}\boldsymbol{P}_a\\ \boldsymbol{P}_b\end{Bmatrix} \tag{4.3.24}$$

式中 $\boldsymbol{M}_{aa}$、$\boldsymbol{C}_{aa}$、$\boldsymbol{K}_{aa}$——结构非约束自由度的 $n\times n$ 维质量、阻尼和刚度矩阵；

$\boldsymbol{M}_{bb}$、$\boldsymbol{C}_{bb}$、$\boldsymbol{K}_{bb}$——结构支承点自由度的 $m\times m$ 维质量、阻尼和刚度矩阵；

$\boldsymbol{M}_{ab}$、$\boldsymbol{C}_{ab}$、$\boldsymbol{K}_{ab}$——这两组自由度耦合的 $n\times m$ 维质量、阻尼和刚度矩阵；

$\ddot{\boldsymbol{U}}_a$、$\dot{\boldsymbol{U}}_a$、$\boldsymbol{U}_a$——结构的 n 维加速度、速度和位移列向量；

$\ddot{\boldsymbol{U}}_b$、$\dot{\boldsymbol{U}}_b$、$\boldsymbol{U}_b$——支承点的 m 维加速度、速度和位移列向量；

$\boldsymbol{P}_b$——m 维支承反力列向量。

分块矩阵形成的方法是先将节点坐标按上述约定排序，然后对应将矩阵排序后分块。地震时，$\boldsymbol{P}_a=0$，故由式(4.3.24)的第一个方程可给出：

$$\boldsymbol{M}_{aa}\ddot{\boldsymbol{U}}_a+\boldsymbol{C}_{aa}\dot{\boldsymbol{U}}_a+\boldsymbol{K}_{aa}\boldsymbol{U}_a=-(\boldsymbol{M}_{ab}\ddot{\boldsymbol{U}}_b+\boldsymbol{C}_{ab}\dot{\boldsymbol{U}}_b+\boldsymbol{K}_{ab}\boldsymbol{U}_b) \tag{4.3.25}$$

根据静力学原理，任一支承处的运动必然引起结构所有节点处的位移，由于支承运动因地震地面运动引起，故称因支承运动所引起其他节点处的位移为拟静力位移，记为 $\boldsymbol{U}_{sa}$。各节点总位移由拟静力位移向量 $\boldsymbol{U}_{sa}$ 和动力相对位移向量 $\boldsymbol{U}_{da}$ 之和构成。支承随地面一起运动，故这些点的动力位移分量为零，所以有：

$$\begin{Bmatrix}\boldsymbol{U}_a\\\boldsymbol{U}_b\end{Bmatrix}=\begin{Bmatrix}\boldsymbol{U}_{sa}\\\boldsymbol{U}_{sb}\end{Bmatrix}+\begin{Bmatrix}\boldsymbol{U}_{da}\\\boldsymbol{0}\end{Bmatrix}\tag{4.3.26}$$

式中，拟静力位移 $\boldsymbol{U}_{sa}$ 满足：

$$\boldsymbol{U}_{sa}=-\boldsymbol{K}_{aa}^{-1}\boldsymbol{K}_{ab}\boldsymbol{U}_{sb}=\boldsymbol{R}\boldsymbol{U}_{sb}\tag{4.3.27}$$

式中，$\boldsymbol{R}=-\boldsymbol{K}_{aa}^{-1}\boldsymbol{K}_{ab}$ 称为影响矩阵，其力学意义为结构支承点的单位静位移所引起的结构非支承点的拟静力位移。

将式(4.3.26)代入式(4.3.25)，则：

$$\boldsymbol{M}_{aa}\ddot{\boldsymbol{U}}_{da}+\boldsymbol{C}_{aa}\dot{\boldsymbol{U}}_{da}+\boldsymbol{K}_{aa}\boldsymbol{U}_{da}=-\left([\boldsymbol{M}_{aa}\quad\boldsymbol{M}_{ab}]\begin{Bmatrix}\ddot{\boldsymbol{U}}_{sa}\\\ddot{\boldsymbol{U}}_{sb}\end{Bmatrix}+[\boldsymbol{C}_{aa}\quad\boldsymbol{C}_{ab}]\begin{Bmatrix}\dot{\boldsymbol{U}}_{sa}\\\dot{\boldsymbol{U}}_{sb}\end{Bmatrix}+[\boldsymbol{K}_{aa}\quad\boldsymbol{K}_{ab}]\begin{Bmatrix}\boldsymbol{U}_{sa}\\\boldsymbol{U}_{sb}\end{Bmatrix}\right)\tag{4.3.28}$$

上式右端第二项一般可以略去，而对于每一瞬时，第三项恒等于零，这是因为，由式(4.3.27)可得：

$$\boldsymbol{K}_{aa}\boldsymbol{U}_{sa}+\boldsymbol{K}_{ab}\boldsymbol{U}_{sb}=0\tag{4.3.29}$$

于是，式(4.3.28)简化为：

$$\boldsymbol{M}_{aa}\ddot{\boldsymbol{U}}_{da}+\boldsymbol{C}_{aa}\dot{\boldsymbol{U}}_{da}+\boldsymbol{K}_{aa}\boldsymbol{U}_{da}=-(\boldsymbol{M}_{aa}\ddot{\boldsymbol{U}}_{sa}+\boldsymbol{M}_{ab}\ddot{\boldsymbol{U}}_{sb})\tag{4.3.30}$$

利用式(4.3.27)，可建立 $\ddot{\boldsymbol{U}}_{sa}$ 与 $\ddot{\boldsymbol{U}}_{sb}$ 间关系为：

$$\ddot{\boldsymbol{U}}_{sa}=-\boldsymbol{K}_{aa}^{-1}\boldsymbol{K}_{ab}\ddot{\boldsymbol{U}}_{sb}\tag{4.3.31}$$

代入式(4.3.30)即得到以支承加速度表示的动力方程：

$$\boldsymbol{M}_{aa}\ddot{\boldsymbol{U}}_{da}+\boldsymbol{C}_{aa}\dot{\boldsymbol{U}}_{da}+\boldsymbol{K}_{aa}\boldsymbol{U}_{da}=(\boldsymbol{M}_{aa}\boldsymbol{K}_{aa}^{-1}\boldsymbol{K}_{ab}-\boldsymbol{M}_{ab})\ddot{\boldsymbol{U}}_{sb}\tag{4.3.32}$$

对于集中质量体系 $\boldsymbol{M}_{ab}=0$，于是：

$$\boldsymbol{M}_{aa}\ddot{\boldsymbol{U}}_{da}+\boldsymbol{C}_{aa}\dot{\boldsymbol{U}}_{da}+\boldsymbol{K}_{aa}\boldsymbol{U}_{da}=\boldsymbol{M}_{aa}\boldsymbol{K}_{aa}^{-1}\boldsymbol{K}_{ab}\ddot{\boldsymbol{U}}_{sb}\tag{4.3.33a}$$

实际上，$\boldsymbol{M}_{aa}$ 和 $\boldsymbol{K}_{aa}$ 等表示的正是不考虑支座相对运动时的质量矩阵和刚度矩阵，$\boldsymbol{U}_{da}$ 表示的也是节点相对于定坐标系的动力相对位移，因此，角标均可去除。进而，记 $\boldsymbol{K}_g$ 为因支座相对运动所产生的弹性耦合矩阵 $\boldsymbol{K}_{ab}$，记 $\ddot{\boldsymbol{U}}_{m}$ 为支座运动加速度过程 $\ddot{\boldsymbol{U}}_{sb}$，则式(4.3.33a)可改写为：

$$\boldsymbol{M}\ddot{\boldsymbol{U}}+\boldsymbol{C}\dot{\boldsymbol{U}}+\boldsymbol{K}\boldsymbol{U}=\boldsymbol{M}\boldsymbol{K}^{-1}\boldsymbol{K}_g\ddot{\boldsymbol{U}}_{m}\tag{4.3.33b}$$

第5章　反应谱分析法

§5.1　单自由度体系的地震反应

图5.1.1所示为一单质点弹性体系，它可以近似地代表单层多跨等高厂房或水塔等结构。所谓单质点弹性体系，就是将结构参与振动的全部质量集中在一点上，用无重量的弹性直杆支承在地面上。为了简单起见，我们假定地面运动和结构振动只是单方向的水平平移运动，不发生扭转。此时，单质点弹性体系可以简化为单自由度弹性体系。

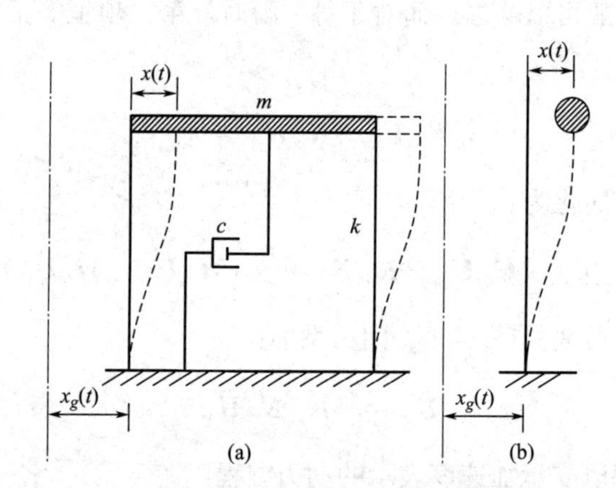

图5.1.1　单质点弹性体系在水平地震作用下的变形

(a)计算体系；(b)计算简图

现在我们来研究单自由度弹性体系的地震反应。单自由度弹性体系在水平地震作用下的运动方程为：

$$m\ddot{x}(t)+c\dot{x}(t)+kx(t)=-m\ddot{x}_g(t) \tag{5.1.1}$$

式(5.1.1)可以改写为：

$$\ddot{x}(t)+2\zeta\omega\dot{x}(t)+\omega^2x(t)=-\ddot{x}_g(t) \tag{5.1.2}$$

式中　ω——无阻尼单自由度体系的圆频率，即2πs时间内体系的振动次数，$\omega=\sqrt{k/m}$；

ζ——体系的阻尼比，$\zeta=c/2\sqrt{km}=c/2\omega m$，一般工程结构的阻尼比在0.01～0.20。

在结构抗震分析中，常用到结构的自振周期T，它是体系振动一次所需要的时间，单位为“s”。自振周期T的倒数为体系的自振频率f，即体系在每秒内的振动次数，自振频

率 f 的单位为“1/s”或称为赫兹(Hz)。

$$T=\frac{2\pi}{\omega}=2\pi\sqrt{\frac{m}{k}} \tag{5.1.3}$$

$$f=\frac{1}{T}=\frac{\omega}{2\pi}=\frac{1}{2\pi}\sqrt{\frac{k}{m}} \tag{5.1.4}$$

式(5.1.2)是一个常系数二阶非齐次方程，在初位移和初速度均为零的情况下，式(5.1.2)的解可求出为：

$$x(t)=-\frac{1}{\omega'}\int_0^t \ddot{x}_g(\tau)e^{-\zeta\omega(t-\tau)}\sin\omega'(t-\tau)\mathrm{d}\tau \tag{5.1.5}$$

式中，$\omega'=\omega\sqrt{1-\zeta^2}$，为有阻尼单自由度弹性体系的圆频率。工程结构的阻尼比 ζ 很小，如果 $\zeta<0.2$，则 $0.96<\omega'/\omega<1$。通常可以近似地取 $\omega'=\omega$。

式(5.1.5)的最大绝对值记为最大位移反应 S_{d}，即：

$$S_{\mathrm{d}}=|x(t)|_{\max}=\frac{1}{\omega}\left|\int_0^t \ddot{x}_g(\tau)e^{-\zeta\omega(t-\tau)}\sin\omega(t-\tau)\mathrm{d}\tau\right|_{\max} \tag{5.1.6}$$

式(5.1.5)对时间 t 微分一次，得到速度：

$$\dot{x}(t)=\int_0^t \ddot{x}_g(\tau)e^{-\zeta\omega(t-\tau)}\left[\zeta\sin\omega(t-\tau)-\cos\omega(t-\tau)\right]\mathrm{d}\tau \tag{5.1.7}$$

利用 ζ 很小的条件，将式(5.1.7)进行简化，并用 $\sin\omega(t-\tau)$ 取代 $\cos\omega(t-\tau)$，这样处理不影响两式的最大值，只是相位相差 $\pi/2$。体系的最大速度反应 S_{v} 为：

$$S_{\mathrm{v}}=|\dot{x}(t)|_{\max}=\left|\int_0^t \ddot{x}_g(\tau)e^{-\zeta\omega(t-\tau)}\sin\omega(t-\tau)\mathrm{d}\tau\right|_{\max} \tag{5.1.8}$$

将式(5.1.5)和式(5.1.7)代回到体系的运动方程式(5.1.2)，并利用 ζ 很小的条件，可求得单自由度弹性体系的绝对加速度为：

$$x(t)+\ddot{x}_g(t)=\omega\int_0^t \ddot{x}_g(\tau)e^{-\zeta\omega(t-\tau)}\sin\omega(t-\tau)\mathrm{d}\tau \tag{5.1.9}$$

设 S_{a} 表示最大绝对加速度反应，F 表示地震时质点惯性力的最大绝对值，即地震作用，则：

$$S_{\mathrm{a}}=|x(t)+\ddot{x}_g(t)|_{\max}=\omega\left|\int_0^t \ddot{x}_g(\tau)e^{-\zeta\omega(t-\tau)}\sin\omega(t-\tau)\mathrm{d}\tau\right|_{\max} \tag{5.1.10}$$

$$F=m|x(t)+\ddot{x}_g(t)|_{\max}=mS_{\mathrm{a}} \tag{5.1.11}$$

上式表明，影响地震作用的因素是：地面运动加速度 $\ddot{x}_g(t)$，$\ddot{x}_g(t)$ 直接影响体系地震作用的大小；体系的自振频率 f 或周期 T，在相同的地面运动情况下，不同频率或周期的体系有着不同的地震反应；体系的阻尼比 ζ，阻尼比越大，地震反应越小。式(5.1.10)

和式(5.1.11)虽然给出了地震作用的表达式，但是实际地震动 $\ddot{x}_g(t)$不可能用一个简单的时间函数来表示。因此，不可能获得解析的积分结果。为了解决结构抗震设计的具体应用，下节讨论地震反应谱的概念及其应用。

§5.2　地震反应谱

5.2.1　地震反应谱

地震作用下，单自由度弹性体系的最大相对位移反应 S_d、最大相对速度反应 S_v 和最大绝对加速度反应 S_a 分别如式(5.1.6)、式(5.1.8)和式(5.1.10)所示。因此，对某地的某次地震，如果我们有了地面运动加速度记录 $\ddot{x}_g(t)$，则代入式(5.1.6)、式(5.1.8)和式(5.1.10)，积分后可求得结构的最大地震反应 S_d、S_v 和 S_a。但应注意，S_d、S_v 和 S_a 都是结构自振圆频率 ω(即结构自振周期 T)和阻尼比 ζ 的函数。当阻尼比 ζ 给定时，只是自振周期 T 的函数。根据某次地震对各种不同的 T 值分别求出不同的 S_d、S_v 和 S_a，就可以给出以结构自振周期 T 为横坐标，结构最大地震反应(S_d、S_v 和 S_a)为纵坐标的关系曲线。这种关系曲线分别称为相对位移反应谱、相对速度反应谱和绝对加速度反应谱，简称为位移反应谱、速度反应谱和加速度反应谱。有时，在速度反应谱和加速度反应谱前冠以“拟”字，即拟速度反应谱和拟加速度反应谱，表示这两种反应谱都是经过近似处理后得到的。地震反应谱的概念可用图 5.2.1 简单地予以说明。

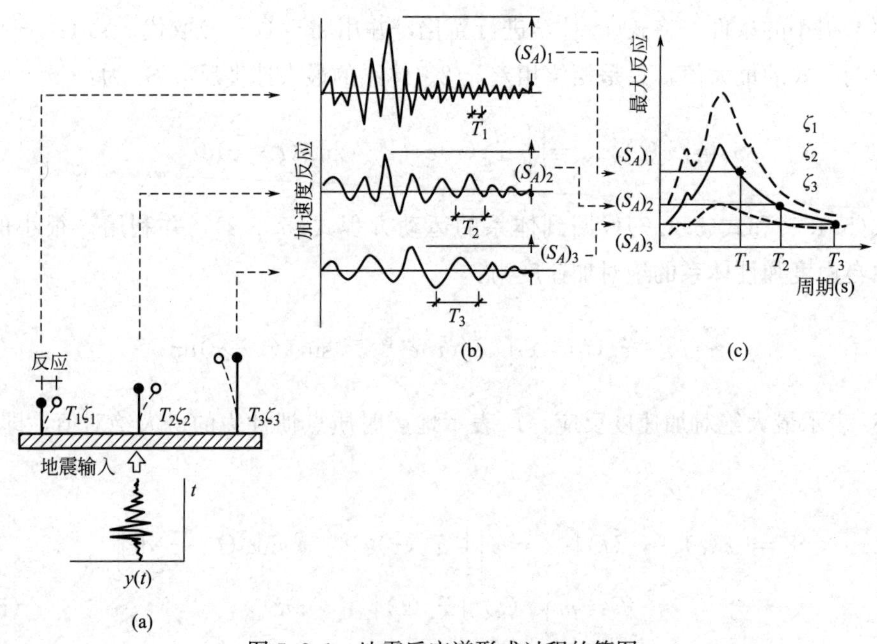

图 5.2.1　地震反应谱形成过程的简图

(a)单质点系；(b)反应波形；(c)反应谱

图 5.2.2 是根据美国 El Centro 1940 年 7.1 级地震 N-S 方向的加速度记录分别作出的

相对位移反应谱(图 5.2.2a)、相对速度反应谱(图 5.2.2b)和绝对加速度反应谱(图 5.2.2c)。图中，ζ 代表阻尼比，对于不同的阻尼比 ζ 有着不同的反应谱曲线。

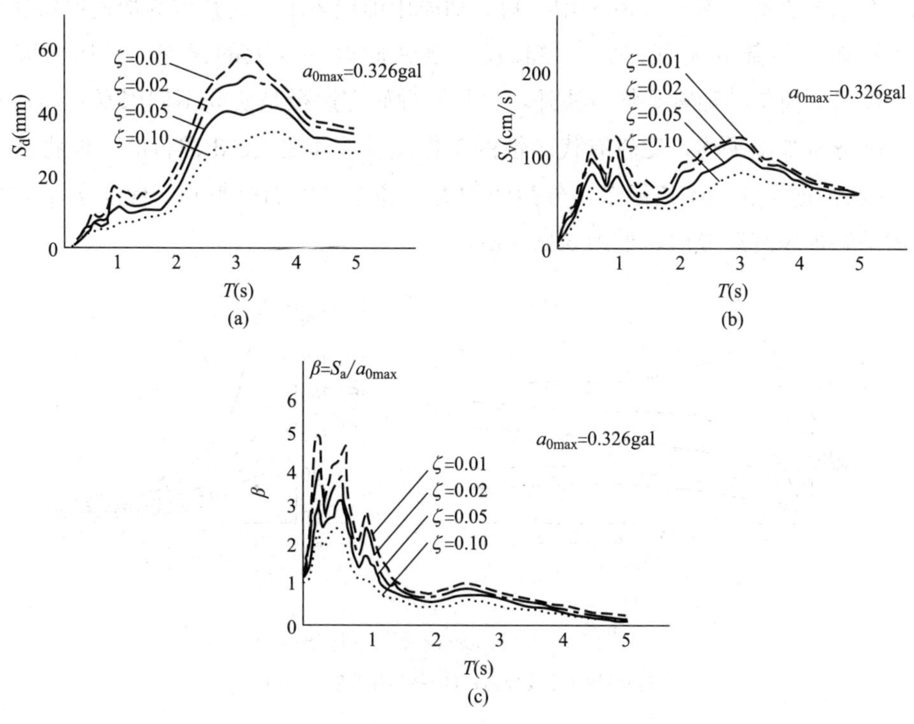

图 5.2.2 El Centro 1940 N-S 的三类反应谱

(a)相对位移反应谱；(b)相对速度反应谱；(c)绝对加速度反应谱

进一步的分析表明，位移反应谱 $S_d(T)$、速度反应谱 $S_v(T)$ 和加速度反应谱 $S_a(T)$ 三者之间存在如下关系：

$$S_v(T) \approx \omega S_d(T), \quad S_a(T) \approx \omega S_v(T) \tag{5.2.1}$$

由此可见，只要知道地震记录的某一反应谱，就可以利用以上关系方便地求出另两个反应谱。

式(5.1.6)、式(5.1.8)和式(5.1.10)所示三类反应谱的计算公式中都含有 $\ddot{x}_g(t)$，因此反应谱是随地面运动规律的不同而变化的。从历史地震记录分析可知，同一地点不同次地震所测得的地面运动是不同的，同一次地震引起不同地点的地面运动也是不同的。因此，由于地震发生的随机性和地面运动的不确定性，从工程抗震设计的角度考虑，不可能预知建设场地将来可能发生什么样的地震。因此，要根据实际的地震反应谱进行结构抗震设计是不可能的。

但是，由分析许多地震记录所得到的反应谱可知，虽然每个地震加速度记录都不相同，可是所获得的反应谱却有共同的特征。这就有可能以大量地震加速度记录所算得的反应谱为样本，得到统计意义下的平均反应谱，以它作为抗震设计的依据。这个平均反应谱也称为标准反应谱。1959 年，美国地震工程专家 Housner 将在美国西部获得的 4 个强震记录的 8 个分量的反应谱，进行简单地平均后给出了平均速度反应谱和平均加速度反应谱，如图 5.2.3 所示。图 5.2.3(b)中，短周期段用虚线表示，这是因为加速度仪所记录的地面运动在短周期部分失真较大，导致反应谱在此段有较大的误差。平均反应谱除了 Housner 提出的简单的加算平均方法外，另外一种研究途径是研究不同因素对谱形状的影响程度，并分别加以平均，比较有代表性的工作是美国学者 Seed 进行的。他将在美国西部获得的 23 个地震的 104 条记录，分为四种类型场地分别加以平均，建立了不同场地土条件下的平均加速度反应谱，如图 5.2.4 所示。

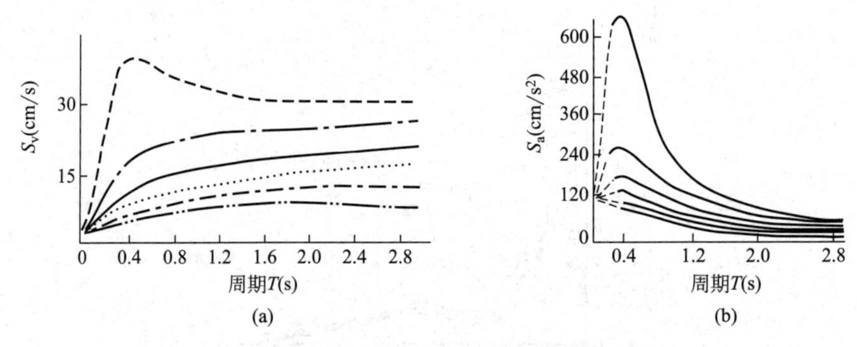

图 5.2.3 Housner 平均反应谱

(a)平均速度反应谱；(b)平均加速度反应谱

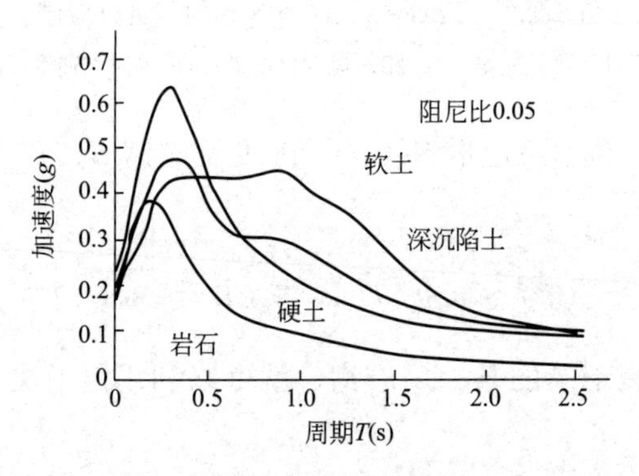

图 5.2.4 不同场地土条件的平均加速度反应谱

5.2.2 反应谱形状特征及影响因素

由不同的强震记录所作出的反应谱形状是不同的，即使是同一地震在不同地方的记录，反应谱形状也不一样。综观目前所获得的强震记录反应谱，则可发现其形状大致有如下一些特征：

(1)地震反应谱是多峰点的曲线，其外形不像在正弦形外力作用下的共振曲线那样简单，这是由于地震地面运动的不规则性所造成的。当阻尼比等于零时，反应谱的谱值最大，峰点突出，但较小的阻尼比(例如 $\zeta=0.02$)就能使反应谱的峰点削平很多。

(2)加速度反应谱在短周期部分上下跳动较大，但当周期稍长时，就显出随周期增大而衰减的趋势。多数情况下，它大致与周期成反比例递降。对于有阻尼的加速度反应谱，一般只有一个主峰。

(3)速度反应谱随周期变化是多峰点的，当周期大于某一定值后，曲线的形状呈现与周期轴大致平行的趋势。

(4)位移反应谱的形状与加速度谱曲线相反，有随周期增大而增高的趋势。

上述三种地震反应谱的一般趋势大致可用图 5.2.5 来概括表示。该图所给出的结果可表述为：当结构自振周期 T 增长时，速度谱几乎与 T 轴平行，加速度谱与 T 轴反比例衰减，位移谱则成比例增加。因此，结构的最大地震反应，对于高频结构主要取决于地面运动最大加速度；对于中频结构主要取决于地面运动最大速度；对于低频结构主要取决于地面运动最大位移。

以上特点是从许多地震反应谱中所看到的共同趋势。事实上，这种形状上的特征是随着地震记录不同而变化的，它取决于震源机制、震源位置到观测地点的传播途径、场地条件等。一般来说，震级大，断层错位的冲击时间长，震中距离远，地基土松软，厚度大的地方加速度反应谱的主要峰点偏于较长的周期；相反，震级较小，断层错位的冲击时间短，震中距离近，地基土坚硬，厚度薄的地方加速度反应谱的主要峰点则一般偏于较短的周期。图 5.2.6 所示为 McGuire 的研究成果，由图可知，地震动长周期成分随着震级和震中距的加大而增加。需要指出，以上特点只是一般性趋势。由于多种因素的影响，震级和震中距对于谱形状的影响尚未得出完全一致的看法。

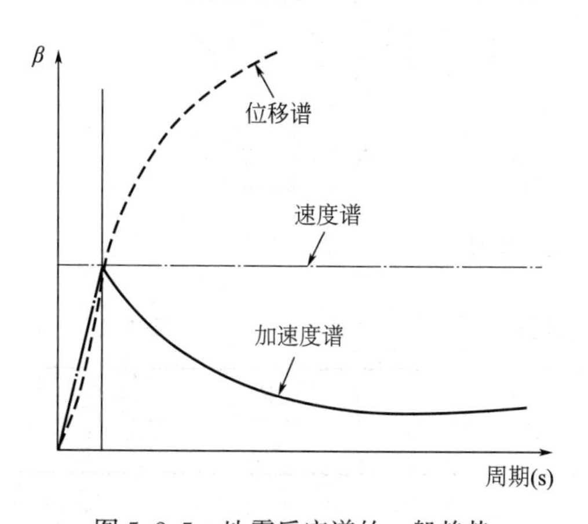

图 5.2.5 地震反应谱的一般趋势

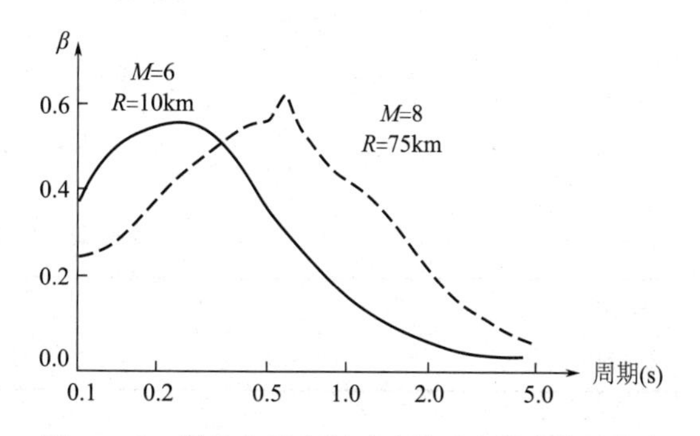

图 5.2.6 震级和震中距对地震反应谱形状的影响

场地土对谱形状的影响早就被世界大多数地震国家所研究并公认。比较有代表性的例子是图 5.2.7 所示的例子。该图是同一地震，相同震中距下的反应谱，其中，4 个图是在同一城市获得的结果，它们都具有较远的震中距。图中谱形状的差别显然是场地土条件影响造成的。图中场地土从 A～F 相应由“硬”到“软”。可以看出，在岩石场地 A 上的记录，反应谱峰值的横坐标出现在 0.3s 处，随着土的软弱程度增加，谱的峰值也向着长周期方向移动。这种变化如表 5.2.1 所示。

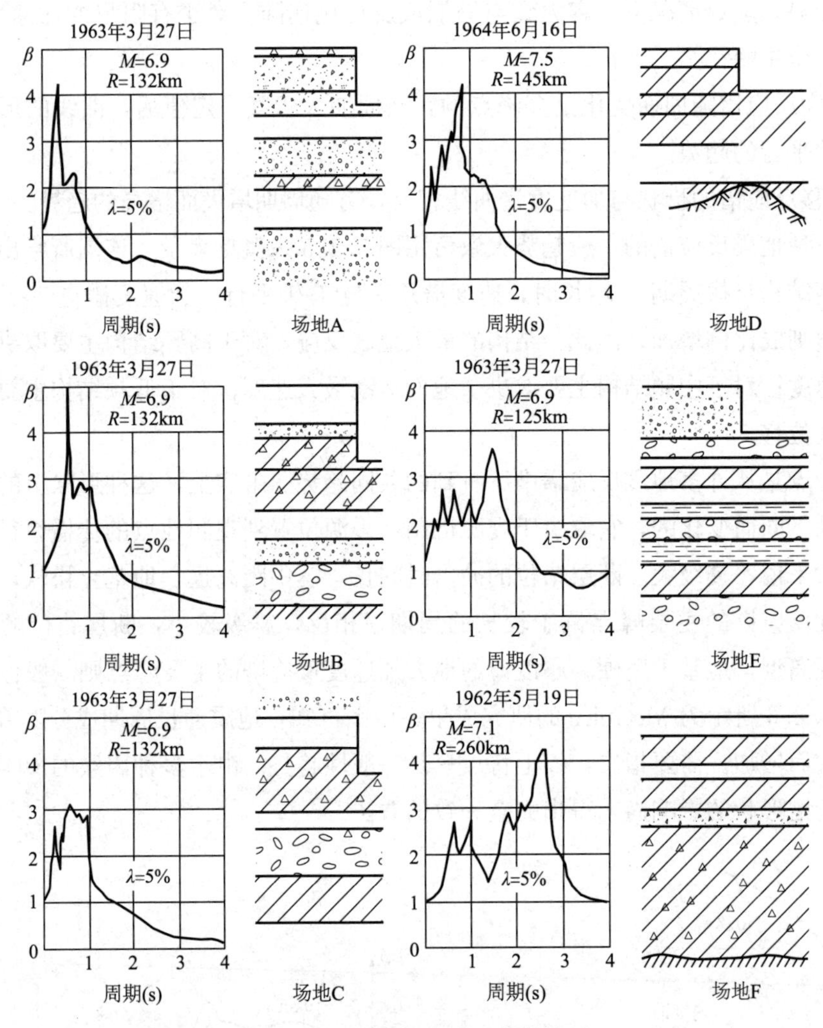

图 5.2.7　不同场地土反应谱特征

反应谱峰值处的周期　　**表 5.2.1**

场地	A	B	C	D	E	F
周期(s)	0.3	0.5	0.6	0.8	1.3	2.5

§5.3　抗震设计反应谱

水平地震作用下，单自由度弹性体系所受到的最大地震作用 F 为：

$$F = m\left|x(t) + \ddot{x}_g(t)\right|_{\max} = mS_a \tag{5.3.1}$$

同时，作用于单自由度体系的最大地震剪力 V 为：

$$V=k\left|x(t)\right|_{\max}=kS_{\mathrm{d}} \tag{5.3.2}$$

由于加速度反应谱与位移反应谱之间的近似关系是：

$$S_{\mathrm{a}}=\omega^{2}S_{\mathrm{d}}=\frac{k}{m}S_{\mathrm{d}} \tag{5.3.3}$$

将式(5.3.3)代入式(5.3.1)，可得到：

$$F=mS_{\mathrm{a}}=kS_{\mathrm{d}} \tag{5.3.4}$$

这就意味着，单自由度体系由反应谱算得的水平地震作用 F 等于其底部最大剪力 V。

上述关系对于多质点体系只是个近似。然而，这给结构抗震分析带来了极大的简化——结构所受到的水平地震作用可以转换为等效侧向力；相应地，结构在水平地震作用下的作用效应分析可以转换为等效侧向力下的作用效应分析。因此，只要解决了等效侧向力的计算，则地震作用效应的分析可以采用静力学的方法来解决。

将式(5.3.1)进一步改写为：

$$F=mS_{\mathrm{a}}=mg\frac{S_{\mathrm{a}}}{\left|\ddot{x}_{g}(t)\right|_{\max}}\cdot\frac{\left|\ddot{x}_{g}(t)\right|_{\max}}{g}=G\beta k=\alpha G \tag{5.3.5}$$

式中 G——集中于质点处的重力荷载代表值；

g——重力加速度；

β——动力系数，它是单自由度弹性体系的最大绝对加速度反应与地面运动最大加速度的比值；

k——地震系数，它是地面运动最大加速度与重力加速度的比值；

α——地震影响系数，它是动力系数与地震系数的乘积。

我国《建筑抗震设计规范》GB 50011—2010(2016 年版)采用式(5.3.5)的最后一个等式 $F=\alpha G$，即用 $\alpha=\beta k$ 来反映综合的地震影响，作出了标准的 α-T 曲线，称为地震影响系数曲线，即抗震设计反应谱。可以看出，抗震设计中的反应谱包含地震动强度(地面运动峰值加速度，对应地震系数 k)和频谱特性(对应动力系数 β)的影响。前者影响谱坐标的绝对值，后者影响谱形状。强震地面运动的谱特性决定于许多因素，例如震源机制、传播途径特征、地震波的反射、散射和聚焦以及局部地震和土质条件等。

取同样场地条件下的许多加速度记录，并取阻尼比为 0.05，得到相应于该阻尼比的加速度反应谱，除以每一条加速度记录的最大加速度，进行统计分析取综合平均并结合经验判断给予平滑化得到“标准反应谱”(即动力系数 β 谱)，将标准反应谱乘以地震系数 k(即抗震设防烈度峰值加速度与重力加速度的比值)，即为我国《建筑抗震设计规范》GB 50011—2010(2016 年版)所采用的地震影响系数曲线。

我国《建筑抗震设计规范》GB 50011—2010(2016 年版)规定的地震影响系数曲线如图 5.3.1 所示。图中的特征周期 T_g 应根据场地类别和设计地震分组按表 5.3.1 采用，计算

8、9度罕遇地震作用时，特征周期应增加0.05s。水平地震影响系数的最大值 α_{max} 按表5.3.2采用。

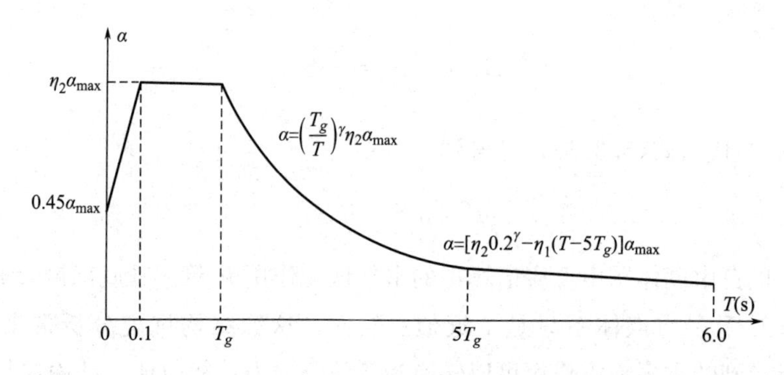

图5.3.1　地震影响系数曲线

α—地震影响系数；α_{max}—地震影响系数最大值；η_1—直线下降段的下降斜率调整系数；γ—衰减指数；T_g—特征周期；η_2—阻尼调整系数；T—结构自振周期

特征周期 T_g（单位：s）　　**表5.3.1**

设计地震分组	场地类别			
	Ⅰ	Ⅱ	Ⅲ	Ⅳ
第一组	0.25	0.35	0.45	0.65
第二组	0.30	0.40	0.55	0.75
第三组	0.35	0.45	0.65	0.90

水平地震影响系数的最大值 α_{max}　　**表5.3.2**

地震影响	6度	7度	8度	9度
多遇地震	0.04	0.08(0.12)	0.16(0.24)	0.32
罕遇地震	—	0.50(0.72)	0.90(1.20)	1.40

注：括号中数值分别用于设计基本地震加速度为0.15*g*和0.30*g*的地区。

建筑结构地震影响系数曲线(图5.3.1)的阻尼调整和形状参数应符合下列要求：

1)除有专门规定外，建筑结构的阻尼比应取0.05，地震影响系数曲线的阻尼调整系数应按1.0采用，形状参数应符合下列规定：

(1)直线上升段，周期小于0.1s的区段；

(2)水平段，周期自0.1s至特征周期 T_g 的区段，地震影响系数应取最大值(α_{max})；

(3)曲线下降段，自特征周期至5倍特征周期区段，衰减指数 γ 应取0.9；

(4)直线下降段，自5倍特征周期至6s区段，下降斜率调整系数 η_1 应取0.02。

2)当建筑结构的阻尼比按有关规定不等于0.05时，地震影响系数曲线的阻尼调整系数和形状参数应符合下列规定：

(1)曲线下降段的衰减指数应按下式确定：

$$\gamma = 0.9 + \frac{0.05 - \zeta}{0.5 + 5\zeta} \tag{5.3.6}$$

式中 γ——曲线下降段的衰减指数；

ζ——阻尼比。

(2)直线下降段的下降斜率调整系数应按下式确定：

$$\eta_1 = 0.02 + \frac{0.05 - \zeta}{8} \tag{5.3.7}$$

式中 η_1——直线下降段的下降斜率调整系数，小于零时取零。

(3)阻尼调整系数应按下式确定：

$$\eta_2 = 1 + \frac{0.05 - \zeta}{0.06 + 1.7\zeta} \tag{5.3.8}$$

式中 η_2——阻尼调整系数，当小于0.55时，应取0.55。

§5.4 振型分解反应谱法

5.4.1 基本原理

采用振型分解反应谱法求解多自由度弹性体系地震反应的基本概念是：假定结构是线弹性的多自由度体系，利用振型分解和振型正交性原理，将求解 n 个自由度弹性体系的最大地震反应，分解为求解 n 个独立的等效单自由度体系的最大地震反应，从而求得对应于每一个振型的地震作用效应，再按照一定的法则将每个振型的作用效应组合成总的地震作用效应。因此，振型分解反应谱理论的基本假定是：

(1)结构的地震反应是线弹性的，可以采用叠加原理进行振型组合；

(2)结构的基础是刚性的，所有支承处地震动完全相同；

(3)结构物最不利地震反应为其最大地震反应；

(4)地震动随机过程是平稳随机过程。

以上假设中，第(1)、(2)项实际上是振型叠加法的基本要求，第(3)项是需要采用反应谱分析法的前提，而第(4)项是振型分解反应谱理论的自身要求。

n 个自由度的结构在一维地震动作用下的运动方程为：

$$\boldsymbol{M}\ddot{\boldsymbol{x}}(t) + \boldsymbol{C}\dot{\boldsymbol{x}}(t) + \boldsymbol{K}\boldsymbol{x}(t) = -\boldsymbol{M}\boldsymbol{I}\ddot{x}_g(t) \tag{5.4.1}$$

式中 $\boldsymbol{M}$、$\boldsymbol{C}$、$\boldsymbol{K}$——分别为结构体系的质量、阻尼和刚度矩阵；

$\ddot{\boldsymbol{x}}(t)$、$\dot{\boldsymbol{x}}(t)$、$\boldsymbol{x}(t)$——分别为体系的加速度、速度和位移向量；

$\ddot{x}_g(t)$——地面运动加速度。

采用振型分解法，将多自由度体系的相对位移向量 $\boldsymbol{x}(t)$ 用振型向量表示：

$$\boldsymbol{x}(t)=\boldsymbol{\Phi q}=\sum_{j=1}^{n}\boldsymbol{\Phi}_j q_j(t) \tag{5.4.2}$$

式中　$q_j(t)$——振型幅值变化的广义坐标，反映了在时间 t 第 j 振型对体系总体运动贡献的大小；

$\boldsymbol{\Phi}_j$——体系的第 j 振型向量。

这样，将式(5.4.1)化为如下式所示的解耦的广义单自由度动力方程，即：

$$\ddot{q}_j(t)+2\zeta_j\omega_j\dot{q}_j(t)+\omega_j^2q_j(t)=-\gamma_j\ddot{x}_g(t)\quad(j=1,2,\cdots,n) \tag{5.4.3}$$

式中　ω_j、ζ_j——分别为结构体系的第 j 阶自振圆频率和振型阻尼比；

γ_j——第 j 阶振型的振型参与系数，可以认为 γ_j 是对地震作用 $\ddot{x}_g(t)$的一种分解，反映了第 j 阶振型地震反应在体系总体反应中所占比例的大小。

为把上式化成单自由度体系在地震动作用下的标准运动方程，做下面变量代换：

$$q_j(t)=\gamma_j\delta_j(t)\quad(j=1,2,\cdots,n) \tag{5.4.4}$$

将式(5.4.4)代入式(5.4.3)，得到用广义坐标 $\delta_j(t)$表示的运动方程：

$$\ddot{\delta}_j(t)+2\zeta_j\omega_j\dot{\delta}_j(t)+\omega_j^2\delta_j(t)=-\ddot{x}_g(t)\quad(j=1,2,\cdots,n) \tag{5.4.5}$$

式(5.4.5)即是自振圆频率为 ω_j、阻尼比为 ζ_j 的单自由度体系在地震动 $\ddot{x}_g(t)$作用下的标准运动方程。

将式(5.4.4)代入振型叠加公式(5.4.2)，得到用 $\delta_j(t)$表示的体系的相对位移：

$$\boldsymbol{x}(t)=\sum_{j=1}^{n}\gamma_j\boldsymbol{\Phi}_j\delta_j(t) \tag{5.4.6}$$

因此，在用式(5.4.5)求得 $\delta_j(t)$后，得到结构体系反应的一般振型叠加公式：

$$\boldsymbol{s}(t)=\sum_{j=1}^{N}\boldsymbol{s}_j(t)=\sum_{j=1}^{N}\boldsymbol{X}_j\gamma_j\delta_j(t) \tag{5.4.7}$$

式中　N——选定的振型阶数；

$\boldsymbol{s}(t)$——结构总的内力反应或相对位移反应；

$\boldsymbol{s}_j(t)$——第 j 阶振型对总反应的贡献；

$\boldsymbol{X}_j$——结构按第 j 阶振型发生变形时的结构内力或相对变位，也称为广义振型。

振型分解反应谱法的着眼点在于上述振型反应的最大值，并采用反应谱来计算这个最大值。为此，设振型反应 $\boldsymbol{s}_j(t)$的最大值为 $\boldsymbol{S}_j$，即令：

$$\boldsymbol{S}_j=|\boldsymbol{X}_j\gamma_j\delta_j(t)|_{\max}=\boldsymbol{X}_j\gamma_j|\delta_j(t)|_{\max} \tag{5.4.8}$$

由于 $\delta_j(t)$满足单自由度体系在地震动 $\ddot{x}_g(t)$作用下的标准运动方程，因此，振型反应最大值 S_j 可以用相对位移反应谱表示为：

$$\boldsymbol{S}_j=\boldsymbol{X}_j\gamma_jS_{\rm d}(\omega_j,\zeta_j) \tag{5.4.9}$$

利用相对位移反应谱 $S_{\mathrm{d}}(\omega_j, \zeta_j)$ 与绝对加速度反应谱 $S_{\mathrm{a}}(\omega_j, \zeta_j)$ 之间的关系式：

$$S_{\mathrm{d}}(\omega_j,\zeta_j)=\frac{1}{\omega^2}S_{\mathrm{a}}(\omega_j,\zeta_j) \tag{5.4.10}$$

$\boldsymbol{S}_j$ 也可以用绝对加速度反应谱表示：

$$\boldsymbol{S}_j=\boldsymbol{X}_j\gamma_j S_{\mathrm{a}}(\omega_j,\zeta_j)/\omega_j^2 \tag{5.4.11}$$

当地震动是平稳随机过程时，随机振动理论指出，结构动力反应最大值 $\boldsymbol{S}$ 与各振型反应最大值 $\boldsymbol{S}_j$ 的关系可用如下振型组合公式近似描述：

$$S=\sqrt{\sum_{i=1}^{N}\sum_{j=1}^{N}\rho_{ij}S_iS_j} \tag{5.4.12}$$

式中　S——$\boldsymbol{S}$ 的任一分量；

S_i、S_j——振型反应 $\boldsymbol{S}_i$、$\boldsymbol{S}_j$ 中相应于 S 的分量；

ρ_{ij}——振型互相关系数(或称为耦联系数)，可按式(5.4.13)近似计算。

$$\rho_{ij}=\frac{8\zeta_i\zeta_j(1+\lambda_{\mathrm{T}})\lambda_{\mathrm{T}}^{1.5}}{(1-\lambda_{\mathrm{T}}^2)^2+4\zeta_i\zeta_j(1+\lambda_{\mathrm{T}})^2\lambda_{\mathrm{T}}} \tag{5.4.13}$$

式中　λ_{T}——第 j 阶振型与第 i 阶振型的自振周期比。

通常，若体系自振圆频率满足下列关系式：

$$\omega_i<\frac{0.2}{0.2+\zeta_i+\zeta_j}\omega_j \quad (i<j) \tag{5.4.14}$$

则可以认为体系自振圆频率相隔较远，此时，可取 $\rho_{ij}=0(i\neq j)$，而振型自相关系数等于1。

于是，振型组合式(5.4.12)变为：

$$S=\sqrt{\sum_{j=1}^{N}S_j^2} \tag{5.4.15}$$

式(5.4.12)与式(5.4.15)构成了按振型分解反应谱法计算结构最大地震内力或位移的基本公式。其中式(5.4.12)称为完全二次型组合法(CQC 法)，用于振型密集结构，例如考虑平移-扭转耦联振动的线性结构体系。式(5.4.15)称为平方和开平方组合法(SRSS 法)，用于主要振型的周期均不相近的场合，例如串联多自由度体系。

5.4.2 地震作用与作用效应

实际工程中，习惯于用地震作用计算振型地震内力，这样就可以把地震作用作为一个荷载施加于结构上，然后像处理静力问题一样计算振型地震内力，最后按式(5.4.12)或式(5.4.15)加以组合，给出结构总体的最大地震内力分布。与这一做法相对应，工程实际中往往采用与平均反应谱相对应的地震影响系数 α 谱曲线作为计算地震作用的依据。地震影响系数 α 与地震动绝对加速度反应谱 S_a 之间关系为：

$$\alpha(\omega,\zeta)=S_a(\omega,\zeta)/g \tag{5.4.16}$$

根据动力学原理，地震作用等于体系质量与绝对加速度的乘积的负值，即：

$$\boldsymbol{f}(t)=-\boldsymbol{M}[\ddot{\boldsymbol{x}}(t)+\boldsymbol{I}\ddot{x}_g(t)] \tag{5.4.17}$$

将式(5.4.6)代入上式，并利用关系式：

$$\sum_{j=1}^{n}\gamma_j\boldsymbol{\Phi}_j=\boldsymbol{I}$$

可得：

$$\boldsymbol{f}(t)=-\sum_{j=1}^{n}\boldsymbol{M\Phi}_j\gamma_j[\ddot{\delta}_j(t)+\ddot{x}_g(t)] \tag{5.4.18}$$

记 $\boldsymbol{f}_j(t)$为相应于第 j 阶振型的地震作用，则可将上式写为：

$$\boldsymbol{f}(t)=-\sum_{j=1}^{n}\boldsymbol{f}_j(t) \tag{5.4.19}$$

而：

$$\boldsymbol{f}_j(t)=\boldsymbol{M\Phi}_j\gamma_j[\ddot{\delta}_j(t)+\ddot{x}_g(t)] \tag{5.4.20}$$

取 $\boldsymbol{f}_j(t)$的最大值为 $\boldsymbol{F}_j$，则：

$$\boldsymbol{F}_j=\boldsymbol{M\Phi}_j\gamma_j|\ddot{\delta}_j(t)+\ddot{x}_g(t)|_{\max}\quad(j=1,2,\cdots,n) \tag{5.4.21}$$

而$|\ddot{\delta}_j(t)+\ddot{x}_g(t)|_{\max}$等于地震动绝对加速度反应谱 $S_a(\omega_j，\zeta_j)$，再利用地震影响系数 α 谱与 S_a 之间的关系式(5.4.16)，最大振型地震作用为：

$$\boldsymbol{F}_j=\boldsymbol{G\Phi}_j\gamma_j\alpha_j\quad(j=1,2,\cdots,n) \tag{5.4.22}$$

式中 α_j——体系自振圆频率 ω_j 时对应的地震影响系数取值；

$\boldsymbol{G}$——与质量矩阵 $\boldsymbol{M}$ 相应的重量矩阵。

因此，第 j 阶振型 i 质点的地震作用标准值公式为：

$$F_{ji}=\alpha_j\gamma_j\Phi_{ji}G_i\quad(j=1,2,\cdots,n;\quad i=1,2,\cdots,n) \tag{5.4.23}$$

需要指出，对于地震作用，不存在类似于式(5.4.12)和式(5.4.15)那样的振型组合公式。这是因为对于一般情况，总的地震作用最大值与各振型地震作用最大值之间不存在这种类似关系。因此，应特别强调，振型反应谱法是针对结构体系的反应进行组合的，而不应对地震作用进行组合。应用上述地震作用求地震作用效应时，要先针对每一振型求地震作用 $\boldsymbol{F}_j$，再按静力法计算相应的地震反应 $\boldsymbol{S}_j$(内力或位移)，最后按式(5.4.12)或式

(5.4.15)进行振型组合，求出结构体系总体的最大地震反应。

5.4.3 振型组合公式的推导

不失一般性，结构在多维地震作用下的运动方程为：

$$M\ddot{U}+C\dot{U}+KU=-M\ddot{U}_g \tag{5.4.24}$$

应用振型分解法，可以得到 $3n$ 个独立的广义坐标方程：

$$\begin{aligned}\ddot{q}_i(t)+2\zeta_i\omega_i\dot{q}_i(t)+\omega_i^2q_i(t)&=-\gamma_i(x)\ddot{u}_g-\gamma_i(y)\ddot{v}_g-\gamma_i(z)\ddot{w}_g\\&=-\sum_{k=1}^{3}\gamma_i(k)\ddot{U}_{gk}(t)\quad(i=1,2,\cdots,3n)\end{aligned} \tag{5.4.25}$$

式中 $\ddot{u}_g$、$\ddot{v}_g$、$\ddot{w}_g$——分别为地面运动的三个平动分量。

$\ddot{U}_{gk}$ 的表达式为：

$$\ddot{U}_{gk}=\begin{cases}\ddot{u}_g & k=1=x\\ v_g & k=2=y\\ \ddot{w}_g & k=3=z\end{cases}$$

设结构的任意反应量 $Q(t)$(可以是位移或内力)为：

$$Q(t)=\sum_{i=1}^{3n}X_iq_i(t) \tag{5.4.26}$$

式中 X_i——广义振型。

在零初始条件下，式(5.4.25)的解为：

$$\begin{aligned}q_i&=-\sum_{k=1}^{3}\gamma_i(k)\int_0^t h_i(t-\tau)\ddot{U}_{gk}(\tau)\mathrm{d}\tau\\&=-\frac{1}{\omega_i\sqrt{1-\zeta_i^2}}\sum_{k=1}^{3}\gamma_i(k)\int_0^t\exp[-\zeta_i\omega_i(t-\tau)]\sin[\sqrt{1-\zeta_i^2}\omega_i(t-\tau)]\ddot{U}_{gk}(\tau)\mathrm{d}\tau\end{aligned} \tag{5.4.27}$$

当地震动输入是中心化的随机过程时，由式(5.4.26)和式(5.4.27)可推得反应 $Q(t)$ 的互相关函数为：

$$\begin{aligned}R_{Q_kQ_l}(t_1,t_2)&=E[Q_k(t_1)Q_l(t_2)]=E\left[\sum_{i=1}^{3n}X_i(k)q_i(t_1)\sum_{j=1}^{3n}X_j(l)q_j(t_2)\right]\\&=\sum_{p=1}^{3}\sum_{q=1}^{3}\sum_{i=1}^{3n}\sum_{j=1}^{3n}X_i(k)X_j(l)\gamma_i(p)\gamma_j(q)\cdot\int_0^{t_1}\int_0^{t_2}h_i(t_1-\tau_1)h_j(t_2-\tau_2)R_{\ddot{U}_{gpq}}(\tau_1,\tau_2)\mathrm{d}\tau_1\mathrm{d}\tau_2\end{aligned} \tag{5.4.28}$$

式中 $R_{\ddot{U}_{gpq}}$——地震动输入第 p 与第 q 加速度分量的互相关函数。

利用 Wiener-Khintchine 公式，由式(5.4.28)可得到反应 $Q(t)$ 的功率谱密度函数为：

$$S_{Q_kQ_l}(\omega)=\sum_{p=1}^{3}\sum_{q=1}^{3}\sum_{i=1}^{3n}\sum_{j=1}^{3n}\boldsymbol{X}_i(k)\boldsymbol{X}_j(l)\gamma_i(p)\gamma_j(q)H_i(\omega)H_j^*(\omega)S_{\ddot{U}_{gpq}}(\omega) \tag{5.4.29}$$

式中　$S_{\ddot{U}_{gpq}}(\omega)$——地震动输入第 p 与第 q 加速度分量的互功率谱密度函数；

$H_i(\omega)$——频响函数。

$$H_i(\omega)=\frac{1}{(\omega_i^2-\omega^2)+2\mathrm{i}\zeta_i\omega_i\omega} \tag{5.4.30}$$

$H_j^*(\omega)$ 为 $H_j(\omega)$ 的共轭。

假定地震动为平稳随机过程，结构多维地震动下任一反应分量 $Q(t)$ 的 m 阶谱矩公式可由式(5.4.29)得出：

$$\begin{aligned}\lambda_m&=\int_0^{\infty}\omega^m S_{Q_kQ_l}(\omega)\mathrm{d}\omega\\&=\sum_{p=1}^{3}\sum_{q=1}^{3}\sum_{i=1}^{3n}\sum_{j=1}^{3n}\boldsymbol{X}_i(k)\boldsymbol{X}_j(l)\gamma_i(p)\gamma_j(q)\cdot\int_0^{\infty}\omega^m H_i(\omega)H_j^*(\omega)S_{\ddot{U}_{gpq}}(\omega)\mathrm{d}\omega\\&=\sum_{p=1}^{3}\sum_{q=1}^{3}\sum_{i=1}^{3n}\sum_{j=1}^{3n}\boldsymbol{X}_i(k)\boldsymbol{X}_j(l)\gamma_i(p)\gamma_j(q)\lambda_{m,ij}^{pq}\end{aligned} \tag{5.4.31}$$

式中　p、q——地震动输入分量序号；

i、j——振型序号。

$$\lambda_{m,ij}^{pq}=\mathrm{Re}\left[\int_0^{\infty}\omega^m H_i(\omega)H_j^*(\omega)S_{\ddot{U}_{gpq}}(\omega)\mathrm{d}\omega\right] \tag{5.4.32}$$

引入：

$$\rho_{m,ij}^{pq}=\frac{\lambda_{m,ij}^{pq}}{\sqrt{\lambda_{m,ip}\lambda_{m,jq}}} \tag{5.4.33}$$

式中：

$$\lambda_{m,ip}=\int_0^{\infty}\omega^m|H_i(\omega)|^2S_{\ddot{U}_{gpq}}(\omega)\mathrm{d}\omega \tag{5.4.34}$$

将式(5.4.33)代入式(5.4.31)，并取 $m=0$，即零阶谱矩，可求得结构反应的方差为：

$$\boldsymbol{\sigma}_Q^2=\sum_{p=1}^{3}\sum_{q=1}^{3}\sum_{i=1}^{3n}\sum_{j=1}^{3n}\rho_{0,ij}^{pq}\sigma_{ip}\sigma_{jq} \tag{5.4.35}$$

式中　σ_{ip}——第 p 分量地震动输入时第 i 振型反应的均方差。

结构的最大反应 Q 和各振型的最大反应 Q_{ip} 与其相应的均方差有如下关系：

$$Q=r\boldsymbol{\sigma}_Q \tag{5.4.36a}$$

$$Q_{ip}=r_{ip}\sigma_{Q_{ip}} \tag{5.4.36b}$$

式中 r、r_{ip}——分别为体系和各振型的峰值因子。

将式(5.4.36)代入式(5.4.35)，并将 $\rho_{0,ij}^{pq}$ 简写成 ρ_{ij}^{pq}，得：

$$Q=\left(\sum_{p=1}^{3}\sum_{q=1}^{3}\sum_{i=1}^{3n}\sum_{j=1}^{3n}\frac{r^2}{r_{ip}r_{jq}}\rho_{ij}^{pq}Q_{ip}Q_{jq}\right)^{\frac{1}{2}} \tag{5.4.37}$$

考虑到体系的峰值因子是各振型峰值因子的某种加权平均，所以比值 r/r_{ip} 大体在 1 附近。若取为 1，则式(5.4.37)成为：

$$Q=\left(\sum_{p=1}^{3}\sum_{q=1}^{3}\sum_{i=1}^{3n}\sum_{j=1}^{3n}\rho_{ij}^{pq}Q_{ip}Q_{jq}\right)^{\frac{1}{2}} \tag{5.4.38}$$

上式即为多维地震作用下结构振型反应的一般组合公式。应用式(5.4.38)时要用到相关系数 ρ_{ij}^{pq}，但计算 ρ_{ij}^{pq} 是相当困难的。因此，目前计算结构在多维地震作用下的反应时往往采用近似振型组合方法，例如不考虑地震动分量相关性的平方和开平方(SRSS)法等，感兴趣的读者可以参阅相关文献。

下面简要介绍一维地震动作用下的振型组合公式(5.4.12)和式(5.4.15)的推导过程。当仅考虑结构在一维地震动输入下的振型反应时，式(5.4.38)可改写为：

$$Q=\sqrt{\sum_{i=1}^{n}\sum_{j=1}^{n}\rho_{ij}Q_iQ_j} \tag{5.4.39}$$

双和公式(5.4.39)即为完全二次型组合公式(CQC 公式)。

当忽略各振型间相关性时，则式(5.4.39)可以写成：

$$Q=\sqrt{\sum_{i=1}^{n}Q_i^2} \tag{5.4.40}$$

即平方和开平方(SRSS)法。这种组合方法在实际工程中得到了广泛的应用。

一般来说，对于给定的地震动，ρ_{ij} 可以根据式(5.4.33)计算得到，但这将是非常麻烦的。许多研究者在这方面进行了研究。Kiureghian 假定地震动为白噪声随机过程，得出式(5.4.39)中振型相关系数的表达式为：

$$\rho_{ij}=\frac{\omega_{ij}^2\sqrt{\zeta_i\zeta_j}\,(4\zeta_{ij}+\Delta\zeta_{ij}\Delta\omega_{ij}/\omega_{ij})}{\Delta\omega_{ij}^2+4\omega_{ij}^2\zeta_{ij}^2} \tag{5.4.41}$$

式中，$\omega_{ij}=(\omega_i+\omega_j)/2$；$\Delta\omega_{ij}=\omega_i-\omega_j$；$\zeta_{ij}=(\zeta_i+\zeta_j)/2$；$\Delta\zeta_{ij}=\zeta_i-\zeta_j$。

如果阻尼比均为常数，即 $\zeta_1=\zeta_2=\cdots=\zeta$，则式(5.4.41)改写为：

$$\rho_{ij}=\frac{8\zeta^2(1+r)r^{1.5}}{(1-r^2)^2+4\zeta^2r(1+r)^2} \tag{5.4.42}$$

式中，$r=\omega_j/\omega_i$。

§5.5 弹塑性反应谱

由式(5.1.1)可知，刚度 k 在计算过程中始终为常量，所得反应谱为线弹性反应谱，适用于结构小震弹性下的地震响应最大值计算与校核。然而，目前国内外主要的抗震理念都允许结构在强震作用下进入非弹性状态，通过局部区域的弹塑性损伤耗能，实现结构整体的抗震安全性与经济性相统一。因此，研究结构在地震作用下的非线性响应具有重要的实践意义。为了考虑结构的弹塑性特性，部分学者通过刚度等效与阻尼等效将弹塑性体系简化为弹性，由此获得的弹性反应谱可近似估计结构最大弹塑性响应。但有研究指出，该方法引入的误差可能超过20%。

近年来，国内外学者针对弹塑性反应谱开展了一系列研究，该反应谱表征的是非线性单自由度体系的地震响应最大值或相关参数与结构初始周期之间的关系，具体包括强度折减系数谱 R、非线性变形系数谱 C_{μ}、弹塑性加速度谱 S_{a} 与位移谱 S_{d} 等。弹塑性谱是弹性谱的扩展，其对应的恢复力模型具备非线性特性，常见的包括双线性、刚度退化三折线、旗帜形模型等。目前，工程结构基于性能的抗震设计方法正蓬勃发展，在其抗震设计与评估流程中，弹塑性反应谱较非线性动力时程分析可更高效、快速地预测结构的地震位移、延性等的需求，该方向是当下工程结构抗震领域的研究热点之一。鉴于此，本节将对弹塑性反应谱的基本原理、计算方法与结果分析等内容作简要介绍。

5.5.1 基本原理

对于非线性单自由度体系，其在地震作用下的动力平衡方程为：

$$m\ddot{x}(t)+c\dot{x}(t)+F_{\mathrm{s}}(t)=-m\ddot{x}_{g}(t) \tag{5.5.1}$$

式中 $F_{\mathrm{s}}(t)$——弹塑性结构体系的恢复力。

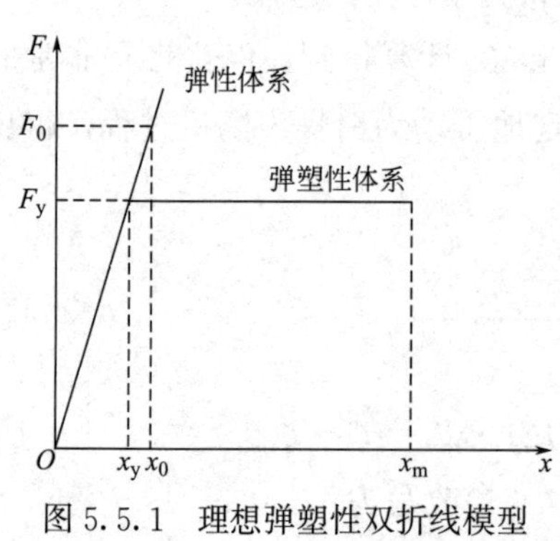

图5.5.1 理想弹塑性双折线模型

众所周知，若结构在地震作用下发生弹塑性变形，其地震力较结构处于完全弹性的小，结构实际所需强度低，有助于降低工程成本。将地震动引起的单自由度弹性体系最大地震力与相应的弹塑性体系的最大地震力之比定义为强度折减系数 R。以理想弹塑性双折线模型为例，由图5.5.1可知：

$$R=\frac{F_{0}}{F_{\mathrm{y}}}=\frac{x_{0}}{x_{\mathrm{y}}}=\frac{A_{0}}{A_{\mathrm{y}}} \tag{5.5.2}$$

式中 F_{0}、x_{0}、A_{0}——分别为弹性体系的恢复力、位移以及加速度谱值；

F_{y}、x_{y}、A_{y}——分别为弹塑性体系的屈服力、屈服位移以及对应的弹性加速度谱值。

图5.5.1中 x_{m} 为弹塑性体系的最大非线性位移响应，并可定义单自由度弹塑性体系

的延性系数 μ 为弹塑性体系在地震作用下的最大位移响应与其屈服位移的比值。

$$\mu=\frac{x_{\mathrm{m}}}{x_{\mathrm{y}}} \tag{5.5.3}$$

将式(5.3.3)、式(5.5.2)代入式(5.5.3)可得：

$$x_{\mathrm{m}}=\mu x_{\mathrm{y}}=\mu\left(\frac{T}{2\pi}\right)^{2}A_{\mathrm{y}}=\frac{\mu}{R}\left(\frac{T}{2\pi}\right)^{2}A_{0}=C_{\mu}\left(\frac{T}{2\pi}\right)^{2}A_{0}=C_{\mu}x_{0} \tag{5.5.4}$$

式中 T——初始弹性刚度对应的自振周期；

C_{μ}——非线性变形系数。

$$C_{\mu}=\frac{\mu}{R}=\frac{x_{\mathrm{m}}}{x_{0}} \tag{5.5.5}$$

由该式可知，C_{μ} 为弹塑性体系在地震作用下的最大弹塑性位移响应与其对应的线弹性体系的最大弹性位移之比。若已知该值，而最大弹性位移计算较为简单，则结构最大弹塑性位移也可方便获知。

5.5.2 计算方法

式(5.5.2)、式(5.5.4)反映了弹塑性谱与弹性谱之间的理论关系。对于单条地震波而言，基于数值积分方法求解式(5.5.1)即可获得遍历周期 T 的强度折减系数谱 R、非线性变形系数谱 C_{μ}，抑或是弹塑性加速度谱 S_{a} 与位移谱 S_{d}。由于在计算过程中 R 与 μ 同时在变化，求解该二阶微分方程时，通常需控制其一不变。本节往后的计算分析中均首先设置目标延性系数 μ，即计算的单自由度体系具有相同的延性系数，所得弹塑性谱为等延性系数反应谱。

1. 强度折减系数谱 R

若单自由度弹塑性体系的初始弹性振动周期、阻尼比、恢复力模型均已知，求解式(5.5.1)并非难事。该过程可编程实现，商业软件如 Bispec、Seismo 系列等也可计算特定滞回模型的弹塑性反应谱。以强度折减系数谱为例，一种可行的计算分析流程如图 5.5.2 所示。

在上述分析流程中，由于恢复力 $F_{\mathrm{s}}(t)$ 的非线性特性，式(5.5.1)需转变为增量形式的平衡方程，即根据 i 时刻与 $i+1$ 时刻的平衡方程，可得：

$$m\Delta\ddot{x}_{i+1}+c\Delta\dot{x}_{i+1}+\Delta F_{\mathrm{s}(i+1)}=-m\Delta\ddot{x}_{g(i+1)} \tag{5.5.6}$$

当数值积分的时间步长 Δt 足够小时，如取 0.01s 或 0.005s，可认为结构在此时间间隔内的恢复力增量 $\Delta F_{\mathrm{s}(i+1)}$ 近似等于结构体系的当前刚度 k_i 与位移增量 Δx 之间的乘积，而 k_i 由 i 时刻对应的恢复力模型上的点的切线刚度确定。有关数值积分的更详细的理论推导与计算过程，以及恢复力模型的数学描述可参考本书第 6 章、第 8 章的相关内容。

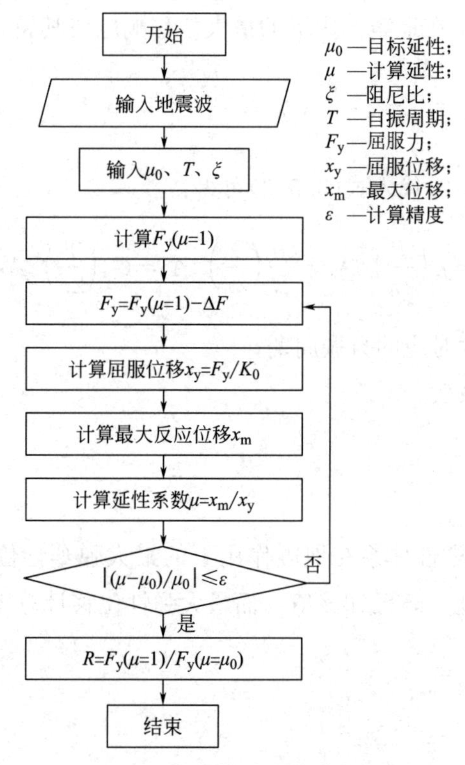

图 5.5.2　强度折减系数谱分析流程

2. 弹塑性位移谱 S_d

在图 5.5.2 所示分析流程中，计算收敛后同样可以输出其他变量，如弹塑性加速度或位移响应时程，并可于其中取最值形成弹塑性加速度谱或位移谱。此处给出求解弹塑性谱的另一种可行方法，以位移谱为例，分析流程如图 5.5.3 所示。在该图所示迭代计算过程中，通过 $x_y(i)=x_m/\mu_0$ 更新屈服位移，能显著提高收敛速度，并采用二分法避免数值计算的跳跃震荡。

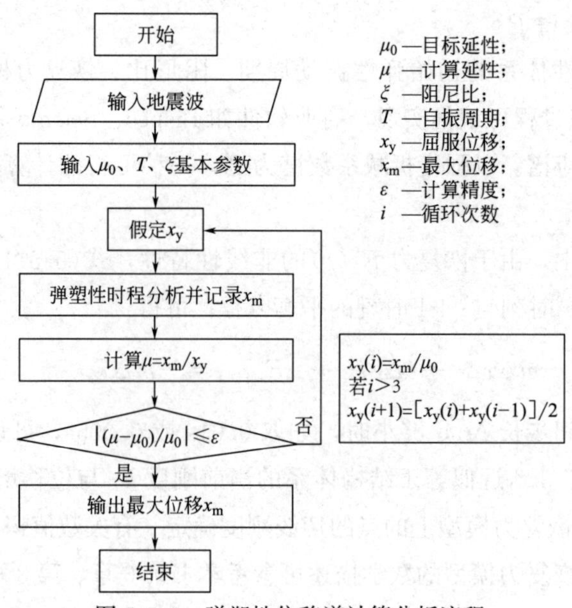

图 5.5.3　弹塑性位移谱计算分析流程

5.5.3 结果分析

基于以上分析方法，单条地震波即可获得相应的弹塑性反应谱，由于不同地震波所得结果离散性大，可取统计平均值。此处分别选取一、二、三类场地土的 288 条、704 条、418 条地震动记录，计算了适用于单自由度隔震体系的高延性系数强度折减系数谱，延性系数取值范围为 10～80，恢复力滞回模型为双折线模型。讨论的反应谱影响因素包括周期 T、延性系数 μ、场地土类别、屈服后刚度、地震动特性 PGA/PGV 比值等。篇幅所限，此处仅展示二类场地土上地震波的 PGA/PGV 比值对强度折减系数影响规律的结果，如图 5.5.4 所示。

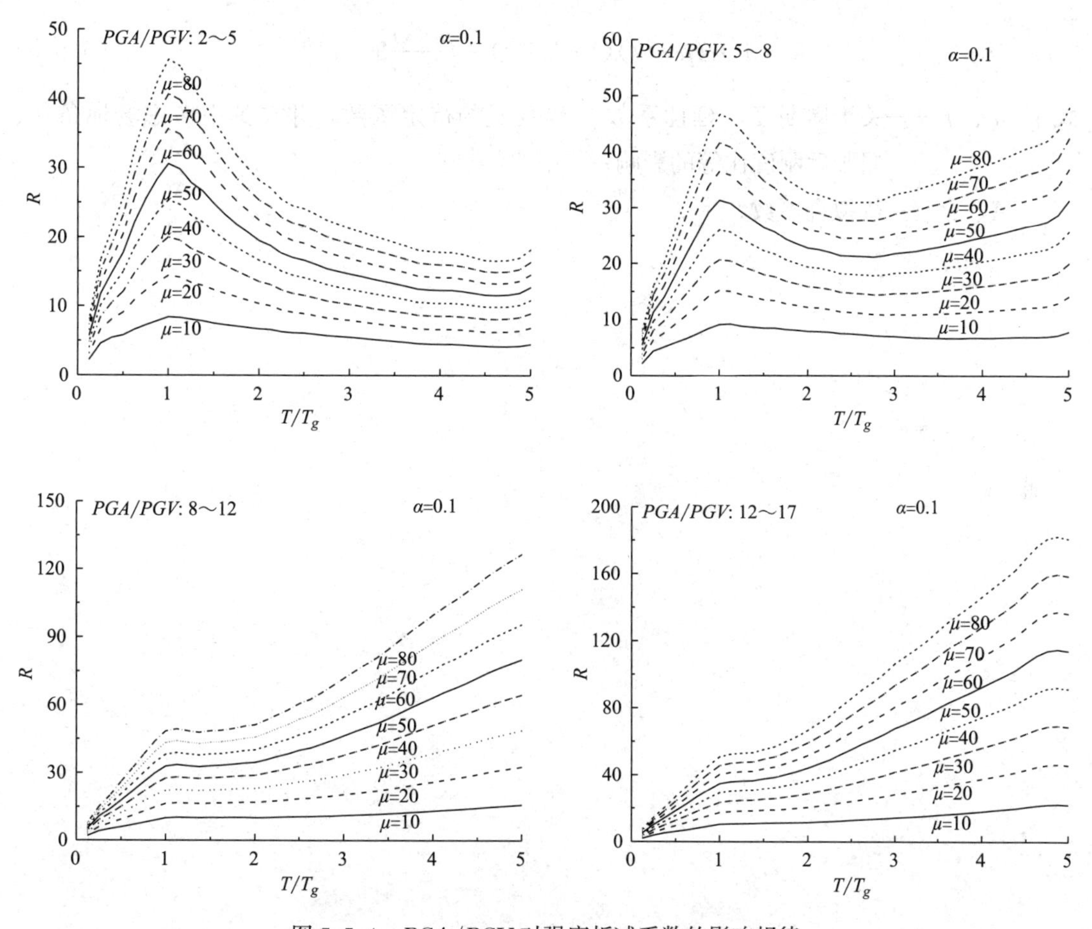

图 5.5.4 PGA/PGV 对强度折减系数的影响规律

图 5.5.4 表明，强度折减系数 R 与延性系数 μ 正相关；在 T/T_g 小于 1 时，地震动特性参数 PGA/PGV 比值对强度折减系数的影响小，R 均随周期增加近似线性增加；其后显然有该比值越小，强度折减系数越小，也即相同弹塑性体系其折减后的地震响应越大，不同 PGA/PGV 比值在 T/T_g 较大时，其折减系数可相差数倍。

进一步地，若能建立强度折减系数谱的理论或经验函数形式，即可通过式(5.5.2)快速确定弹塑性加速度反应谱用于结构抗震设计。早期，研究人员主要关注强度折减系数R与地震延性系数μ以及初始弹性自振周期T之间的关系，即建立合理实用的R-μ-T关系式。根据以往的研究成果，对于单自由度自振系统，若周期很短，显然有$R=1$；中等周期体系符合等能量原则，$R=\sqrt{2\mu-1}$；长周期体系符合等位移原则，$R=\mu$。随着地震动记录的不断丰富，近二十年来，诸多学者基于大量的地震动记录开展了单自由度弹塑性体系的反应谱分析，并对计算结果进行了统计分析与拟合回归。相应地，考虑地震动特性(震级、震中距等)、场地条件、滞回模型等其他因素对强度折减系数谱影响的研究也逐渐增加。目前，有关强度折减系数R的拟合公式较多，部分公式形式如下：

$$R=[c(\mu-1)+1]^{1/c} \tag{5.5.7}$$

$$R=1+(\mu-1)(1-e^{-AT})+\frac{\mu-1}{f(\mu)}T\cdot e^{-BT} \tag{5.5.8}$$

式中　c、f——关于周期T、延性系数μ等变量的待定函数，并在其中考虑场地条件、屈服后刚度比等的影响；

A、B——待拟合参数。

第6章 弹性时程分析法

§6.1 概述

时程分析法是对结构动力方程直接进行逐步积分求解的一种动力分析方法。采用时程分析法可以得到地震作用下各质点随时间变化的位移、速度和加速度反应，进而可以计算出构件内力和变形的时程变化。由于此法是对结构动力方程直接求解，又称直接动力分析法。

采用时程分析法对结构进行地震反应分析是在静力法和反应谱法两阶段之后发展起来的。从表征地震动的振幅、频谱和持时三要素来看，抗震设计理论的静力阶段考虑了结构高频振动的振幅最大值；反应谱阶段虽然同时考虑了结构各频段振动振幅的最大值和频谱两个要素，而“持时”却始终未能在设计理论中得到明确的反映。1971年美国圣费南多地震的震害使人们清楚地认识到“反应谱理论只说出了问题的一大半，而地震动持时对结构破坏程度的重要影响没有得到考虑”。经过多次震害分析，人们发现采用反应谱法进行抗震设计不能正确解释一些结构破坏现象，甚至有时不能保证某些结构的安全。概括起来，反应谱法存在以下不足之处：

(1)反应谱虽然考虑了结构动力特性所产生的共振效应，然而在设计中仍然把地震动按照静力对待。所以，反应谱理论只能是一种准动力理论。

(2)表征地震动三要素是振幅、频谱和持时。在制作反应谱过程中虽然考虑了其中的前两个要素，但始终未能反映地震动持续时间对结构破坏程度的影响。

(3)反应谱是根据弹性结构地震反应绘制的，引用反映结构延性的结构影响系数后，也只能笼统地给出结构进入弹塑性状态的整体最大地震反应，不能给出结构地震反应的全过程，更不能给出地震过程中各构件进入弹塑性变形阶段的内力和变形状态，因而无法找出结构的薄弱环节。

因此，自20世纪60年代以来，许多地震工程学者致力于时程分析法的研究。时程分析法将地震波按时段进行数值化后，输入结构体系的振动微分方程，采用直接积分法计算出结构在整个强震时域中的振动状态全过程，给出各个时刻各个杆件的内力和变形。时程分析法分为弹性时程分析法和弹塑性时程分析法两类。我国《建筑抗震设计规范》GB 50011—2010(2016年版)规定，第一阶段抗震计算(“小震不坏”)中，采用时程分析法进行补充计算，这时计算所采用的结构刚度矩阵和阻尼矩阵在地震作用过程中保持不变，称为弹性时程分析；在第二阶段抗震计算(“大震不倒”)中，采用时程分析法进行弹塑性变形计算，这时结构刚度矩阵和阻尼矩阵随结构及其构件所处的非线性状态，在不同时刻可能取不同的数值，称为弹塑性时程分析。弹塑性时程分析能够描述结构在强震作用下在弹性和非线性阶段的内力、变形，以及结构构件逐步开裂、屈服、破坏甚至倒塌的全过程。

本章介绍弹性时程分析法的基本原理，主要包括直接积分法、振型叠加时程分析法和地震波的选取，重点介绍如何采用直接积分法求解结构动力方程的地震反应。以一维地震动输入为例，多自由度体系在地震作用下的运动方程为：

$$\boldsymbol{M}\ddot{\boldsymbol{x}}(t)+\boldsymbol{C}\dot{\boldsymbol{x}}(t)+\boldsymbol{K}\boldsymbol{x}(t)=-\boldsymbol{M}\boldsymbol{I}\ddot{x}_g(t) \tag{6.1.1}$$

式中 $\boldsymbol{M}$、$\boldsymbol{C}$、$\boldsymbol{K}$——分别为结构体系的质量、阻尼和刚度矩阵；

$\ddot{\boldsymbol{x}}(t)$、$\dot{\boldsymbol{x}}(t)$、$\boldsymbol{x}(t)$——分别为体系的加速度、速度和位移向量。

在求解结构体系的瞬态反应时，还应给出初始条件：

$$\begin{cases}\dot{\boldsymbol{x}}(0)=\dot{\boldsymbol{x}}_0\\ \boldsymbol{x}(0)=\boldsymbol{x}_0\end{cases} \tag{6.1.2}$$

式中 $\dot{\boldsymbol{x}}_0$、$\boldsymbol{x}_0$——常向量，它们表示初始时刻体系的速度和位移，对于结构地震反应问题，一般为零初始条件。

式(6.1.1)和式(6.1.2)构成典型的微分方程组的初值问题。式(6.1.1)为二阶常微分方程组，目前人们已经发展了一系列有效的时域直接积分法求解。所谓直接积分法是指不通过坐标变换，直接用数值方法积分动力平衡方程式(6.1.1)。这类方法的实质是基于以下两点：①将本来在任何时刻都应满足动力平衡方程的位移 $\boldsymbol{x}(t)$，代之以仅在有限个离散时刻 t_0、t_1、t_2……满足这一方程的位移 $\boldsymbol{x}(t)$，从而获得有限个时刻上的近似动力平衡方程；②在时间间隔 $\Delta t=t_{i+1}-t_i$ 内，以假设的位移、速度和加速度的变化规律来代替实际未知的情况，所以真实解与近似解之间总有某种程度的差异，误差决定于积分每一步所产生的截断误差和舍入误差以及这些误差在以后各步计算中的传播情况。前者决定了解的收敛性，后者则与算法本身的数值稳定性有关。

综上，采用时程分析法时将地面运动时间分割成许多微小的时段，相隔时间步长 Δt，然后在每个时间间隔 Δt 内把结构体系当成线性体系来计算，逐步求出体系在各个时刻的反应。运动方程式(6.1.1)也可以写成增量的形式，先列出 t 和 $t+\Delta t$ 时刻的运动方程，然后将两时刻的公式相减可得：

$$\boldsymbol{M}\Delta\ddot{\boldsymbol{x}}+\boldsymbol{C}\Delta\dot{\boldsymbol{x}}+\boldsymbol{K}\Delta\boldsymbol{x}=-\boldsymbol{M}\boldsymbol{I}\Delta\ddot{x}_g \tag{6.1.3}$$

求上式时，认为质量矩阵 $\boldsymbol{K}$ 和阻尼矩阵 $\boldsymbol{C}$ 在此时间间隔内为常量，先求出时间步长 Δt 内的增量 $\Delta\boldsymbol{x}$、$\Delta\dot{\boldsymbol{x}}$ 和 $\Delta\ddot{\boldsymbol{x}}$，然后与该时间步长的初始值相加，即得到时间步长 Δt 的末端值。

常见的直接积分法有中心差分法、线性加速度法、Wilson-θ 法、Newmark-β 法和 Houbolt 方法等。本章主要介绍最常用的三种方法：线性加速度法、Wilson-θ 法和 Newmark-β 法。

§6.2 线性加速度法

假设在时间步长 Δt 内，质点的运动加速度是线性变化的(图 6.2.1)，即：

$$\ddot{\boldsymbol{x}}(\tau)=\ddot{\boldsymbol{x}}_i+\frac{\ddot{\boldsymbol{x}}_{i+1}-\ddot{\boldsymbol{x}}_i}{\Delta t}\tau \tag{6.2.1a}$$

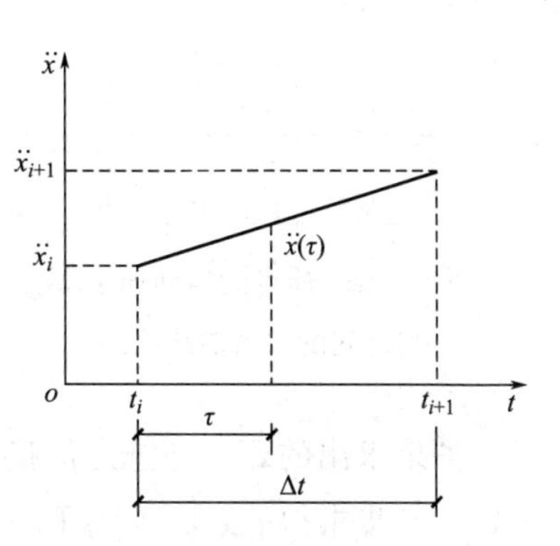

图 6.2.1 质点的运动加速度与时间的关系曲线(一)

式中 $\ddot{\boldsymbol{x}}_i$——时间步长 Δt 开始时的加速度向量；

$\ddot{\boldsymbol{x}}_{i+1}$——时间步长 Δt 结束时的加速度向量；

$\ddot{\boldsymbol{x}}(\tau)$——时间步长内，任意时刻 τ 时的加速度向量。

将上式对 τ 积分，得：

$$\dot{\boldsymbol{x}}(\tau)=\dot{\boldsymbol{x}}_i+\ddot{\boldsymbol{x}}_i\tau+\frac{\ddot{\boldsymbol{x}}_{i+1}-\ddot{\boldsymbol{x}}_i}{\Delta t}\cdot\frac{\tau^2}{2} \tag{6.2.1b}$$

再对 τ 积分一次，得：

$$\boldsymbol{x}(\tau)=\boldsymbol{x}_i+\dot{\boldsymbol{x}}_i\tau+\ddot{\boldsymbol{x}}_i\frac{\tau^2}{2}+\frac{\ddot{\boldsymbol{x}}_{i+1}-\ddot{\boldsymbol{x}}_i}{\Delta t}\frac{\tau^3}{6} \tag{6.2.1c}$$

式中 $\dot{\boldsymbol{x}}_i$——时间步长 Δt 开始时的速度向量；

$\boldsymbol{x}_i$——时间步长 Δt 开始时的位移向量。

在式(6.2.1b)、式(6.2.2c)中，令 $\tau=\Delta t$，即得：

$$\dot{\boldsymbol{x}}_{i+1}=\dot{\boldsymbol{x}}_i+\frac{1}{2}\ddot{\boldsymbol{x}}_i\Delta t+\frac{1}{2}\ddot{\boldsymbol{x}}_{i+1}\Delta t \tag{6.2.2}$$

$$\boldsymbol{x}_{i+1}=\boldsymbol{x}_i+\dot{\boldsymbol{x}}_i\Delta t+\frac{1}{3}\ddot{\boldsymbol{x}}_i\Delta t^2+\frac{1}{6}\ddot{\boldsymbol{x}}_{i+1}\Delta t^2 \tag{6.2.3}$$

有了$\dot{\boldsymbol{x}}_{i+1}$ 和$\boldsymbol{x}_{i+1}$，则$\ddot{\boldsymbol{x}}_{i+1}$ 可由振动方程式(6.1.1)求出，为：

$$\ddot{\boldsymbol{x}}_{i+1}=-(\boldsymbol{M}^{-1}\boldsymbol{C}_{i+1}\dot{\boldsymbol{x}}_{i+1}+\boldsymbol{M}^{-1}\boldsymbol{K}_{i+1}\boldsymbol{x}_{i+1}+\ddot{x}_{g,i+1}) \tag{6.2.4}$$

式中 $\boldsymbol{x}_{i+1}$、$\dot{\boldsymbol{x}}_{i+1}$——时间步长 Δt 结束时的位移向量和速度向量；

$\boldsymbol{K}_{i+1}$、$\boldsymbol{C}_{i+1}$——按 i 结束时刻取值的刚度矩阵和阻尼矩阵，都是已知值；

$\ddot{x}_{g,i+1}$——同样情况，也是已知值。

在式(6.2.2)～式(6.2.4)中，$\boldsymbol{x}_i$、$\dot{\boldsymbol{x}}_i$ 和$\ddot{\boldsymbol{x}}_i$ 为前一时间步长已经求出的位移、速度和加速度向量，即本时间步长的起始值；$\boldsymbol{x}_{i+1}$、$\dot{\boldsymbol{x}}_{i+1}$ 和$\ddot{\boldsymbol{x}}_{i+1}$ 是待求的本时间步长结束时的位

移、速度和加速度向量。三组方程式解三组未知量，就可以求解。

实际计算时，可以采用迭代法求解。具体步骤如下：

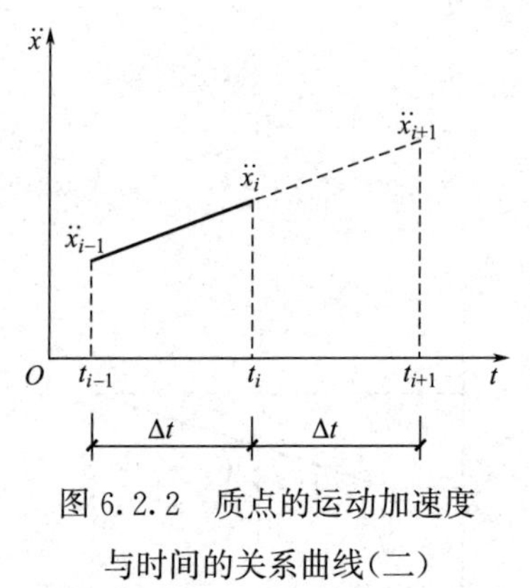

图 6.2.2 质点的运动加速度与时间的关系曲线(二)

(1)先选定$\ddot{\boldsymbol{x}}_{i+1}$。如图 6.2.2 所示，可在 t_{i-1} 及 t_i 时段的延长线上取：

$$\frac{\ddot{\boldsymbol{x}}_{i+1}-\ddot{\boldsymbol{x}}_i}{\Delta t}=\frac{\ddot{\boldsymbol{x}}_i-\ddot{\boldsymbol{x}}_{i-1}}{\Delta t}$$

由此得初值：

$$\ddot{\boldsymbol{x}}_{i+1}=2\ddot{\boldsymbol{x}}_i-\ddot{\boldsymbol{x}}_{i-1}$$

(2)将选定的$\ddot{\boldsymbol{x}}_{i+1}$ 代入式(6.2.2)和式(6.2.3)，求出$\dot{\boldsymbol{x}}_{i+1}$ 和$\boldsymbol{x}_{i+1}$。

(3)将$\dot{\boldsymbol{x}}_{i+1}$ 和$\boldsymbol{x}_{i+1}$ 代入式(6.2.4)，求出$\ddot{\boldsymbol{x}}_{i+1}$。

如果求出的$\ddot{\boldsymbol{x}}_{i+1}$ 与选定值接近并小于某一允许误差，可以认为已求得满意的结果。否则，将(3)步求得的$\ddot{\boldsymbol{x}}_{i+1}$ 作为下一轮的选定值，重复(2)、(3)两步骤直到满意为止。一般情况下只要几次循环即可求得足够精确的数值。

当体系自振周期较短而计算步长较大时，线性加速度法有可能出现计算过程发散的情况，即计算的反应数值越来越大，直至溢出。对于多自由度系统，其最小的结构自振周期可能很小，此时，时间步长 Δt 必须取得很小才能保证计算不发散。因此，线性加速度法是一种条件收敛的算法。

§ 6.3 Wilson-θ 法

为了得到无条件稳定的线性加速度法，威尔逊(Wilson)提出了一个简单而有效的方法。方法的要点是：将 Δt 延伸到$\theta\Delta t$，用线性加速度法求出对应于 $\theta\Delta t$ 的结果，然后再线性内插(即除以 θ)，得到对应于 Δt 的结果(图 6.3.1)。

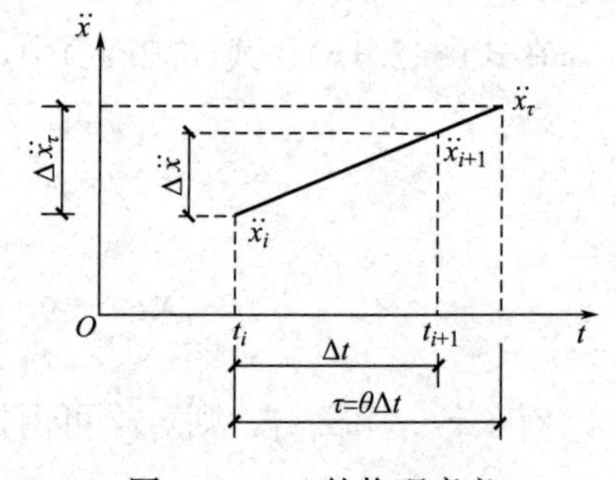

图 6.3.1 θ 的物理意义

因假定加速度反应$\ddot{\boldsymbol{x}}$ 为如图 6.3.1 所描述的线性变化，则 $\dddot{\boldsymbol{x}}$ 为常数，更高阶微分均为 0。

可得：

$$\dddot{\boldsymbol{x}}_i=\frac{\ddot{\boldsymbol{x}}_{i+1}-\ddot{\boldsymbol{x}}_i}{\Delta t} \tag{6.3.1}$$

由泰勒(Taylor)公式展开$\boldsymbol{x}_{i+1}$ 和$\dot{\boldsymbol{x}}_{i+1}$：

$$\boldsymbol{x}_{i+1}=\boldsymbol{x}_i+\dot{\boldsymbol{x}}_i\Delta t+\ddot{\boldsymbol{x}}_i\frac{\Delta t^2}{2}+\dddot{\boldsymbol{x}}_i\frac{\Delta t^3}{6} \tag{6.3.2}$$

$$\dot{\boldsymbol{x}}_{i+1}=\dot{\boldsymbol{x}}_i+\ddot{\boldsymbol{x}}_i\Delta t+\ddot{\boldsymbol{x}}_i\frac{\Delta t^2}{2} \tag{6.3.3}$$

将式(6.3.1)分别代入式(6.3.2)和式(6.3.3)，可得：

$$\boldsymbol{x}_{i+1}=\boldsymbol{x}_i+\dot{\boldsymbol{x}}_i\Delta t+\ddot{\boldsymbol{x}}_i\frac{\Delta t^2}{3}+\ddot{\boldsymbol{x}}_{i+1}\frac{\Delta t^3}{6} \tag{6.3.4}$$

$$\dot{\boldsymbol{x}}_{i+1}=\dot{\boldsymbol{x}}_i+\ddot{\boldsymbol{x}}_i\frac{\Delta t}{2}+\ddot{\boldsymbol{x}}_{i+1}\frac{\Delta t}{2} \tag{6.3.5}$$

令 $\tau=\theta\Delta t$，以 τ 代替 Δt，则式(6.3.4)和式(6.3.5)改写为：

$$\boldsymbol{x}_\tau=\boldsymbol{x}_i+\tau\dot{\boldsymbol{x}}_i+\frac{\tau^2}{3}\ddot{\boldsymbol{x}}_i+\frac{\tau^2}{6}\ddot{\boldsymbol{x}}_\tau \tag{6.3.6}$$

$$\dot{\boldsymbol{x}}_\tau=\dot{\boldsymbol{x}}_i+\ddot{\boldsymbol{x}}_i\frac{\tau}{2}+\frac{\tau}{2}\ddot{\boldsymbol{x}}_\tau \tag{6.3.7}$$

则$\ddot{\boldsymbol{x}}_\tau$可由振动方程(6.1.1)求出，为：

$$\ddot{\boldsymbol{x}}_\tau=-(\boldsymbol{M}^{-1}\boldsymbol{C}_\tau\dot{\boldsymbol{x}}_\tau+\boldsymbol{M}^{-1}\boldsymbol{K}_\tau\boldsymbol{x}_\tau+\ddot{x}_{g,\tau}) \tag{6.3.8}$$

将式(6.3.6)及式(6.3.7)代入式(6.3.8)，可得：

$$\ddot{\boldsymbol{x}}_\tau=-\boldsymbol{A}_1^{-1}(\boldsymbol{A}_2\boldsymbol{x}_i+\boldsymbol{A}_3\dot{\boldsymbol{x}}_i+\boldsymbol{A}_4\ddot{\boldsymbol{x}}_i+\ddot{x}_{g,\tau}) \tag{6.3.9}$$

式中，$\boldsymbol{A}_1=\frac{\tau}{2}\boldsymbol{M}^{-1}(\boldsymbol{C}_\tau+\frac{\tau}{3}\boldsymbol{K}_\tau)+\boldsymbol{I}$；$\boldsymbol{A}_2=\boldsymbol{M}^{-1}\boldsymbol{K}_\tau$；$\boldsymbol{A}_3=\boldsymbol{M}^{-1}(\boldsymbol{C}_\tau+\tau\boldsymbol{K}_\tau)$；$\boldsymbol{A}_4=\frac{\tau}{6}\boldsymbol{M}^{-1}(3\boldsymbol{C}_\tau+2\tau\boldsymbol{K}_\tau)$；$\boldsymbol{I}$ 为单位矩阵。

然后，用内插法求出在 $i+1$ 时的加速度：

$$\ddot{\boldsymbol{x}}_{i+1}=\ddot{\boldsymbol{x}}_i+\frac{1}{\theta}(\ddot{\boldsymbol{x}}_\tau-\ddot{\boldsymbol{x}}_i) \tag{6.3.10}$$

将式(6.3.9)代入式(6.3.10)即可求出 $i+1$ 时候的$\ddot{\boldsymbol{x}}_{i+1}$，再由式(6.3.4)、式(6.3.5)即可求出$\boldsymbol{x}_{i+1}$、$\dot{\boldsymbol{x}}_{i+1}$。

本方法的计算步骤综合如下：

(1)形成刚度矩阵 $\boldsymbol{K}$，质量矩阵 $\boldsymbol{M}$ 和阻尼矩阵 $\boldsymbol{C}$。

(2)选择时间步长 Δt 和计算积分常数 $\boldsymbol{A}_1\sim\boldsymbol{A}_4$。

(3)根据初始值(前一时间步长的末端值)，由式(6.3.9)计算$\ddot{\boldsymbol{x}}_\tau$。

(4)由式(6.3.10)、式(6.3.4)、式(6.3.5)计算$\ddot{\boldsymbol{x}}_{i+1}$、$\dot{\boldsymbol{x}}_{i+1}$、$\boldsymbol{x}_{i+1}$。

重复上述步骤可求得整个反应过程。

本方法当 $\theta\geqslant1.37$ 时是无条件稳定(并没有给出严格的数学上证明)。当 θ 取得大时，虽然从计算方法上讲是无条件稳定的，但误差增大。故一般只取 θ 略大于 1.37，即取 $\theta=1.37\sim1.4$。

§6.4　Newmark-β 法

Newmark-β 法在线性加速度法的基础上，引入两个参数，即令：

$$\dot{\boldsymbol{x}}_{i+1}=\dot{\boldsymbol{x}}_i+(1-\gamma)\ddot{\boldsymbol{x}}_i\Delta t+\gamma\ddot{\boldsymbol{x}}_{i+1}\Delta t \tag{6.4.1}$$

$$\boldsymbol{x}_{i+1}=\boldsymbol{x}_i+\dot{\boldsymbol{x}}_i\Delta t+\left(\frac{1}{2}-\beta\right)\ddot{\boldsymbol{x}}_i\Delta t^2+\beta\ddot{\boldsymbol{x}}_{i+1}\Delta t^2 \tag{6.4.2}$$

式中　γ、β——引入的参数。

γ 和 β 参数的选取对积分的稳定性有很大的关系。纽马克建议一般取 $\gamma=1/2$。此时式(6.4.1)变为：

$$\dot{\boldsymbol{x}}_{i+1}=\dot{\boldsymbol{x}}_i+\frac{1}{2}\ddot{\boldsymbol{x}}_i\Delta t+\frac{1}{2}\ddot{\boldsymbol{x}}_{i+1}\Delta t \tag{6.4.3}$$

此式即为线性加速度法中的式(6.2.2)。

为使此法的解稳定、收敛，β 应在 1/8～1/4 间取值。当 $\beta=1/4$ 时，为无条件稳定法，计算的精度也较好。

应指出的是，当 $\beta=1/4$ 时，式(6.4.2)变为：

$$\boldsymbol{x}_{i+1}=\boldsymbol{x}_i+\dot{\boldsymbol{x}}_i\Delta t+\frac{1}{2}\left(\frac{\ddot{\boldsymbol{x}}_i+\ddot{\boldsymbol{x}}_{i+1}}{2}\right)\Delta t^2 \tag{6.4.4}$$

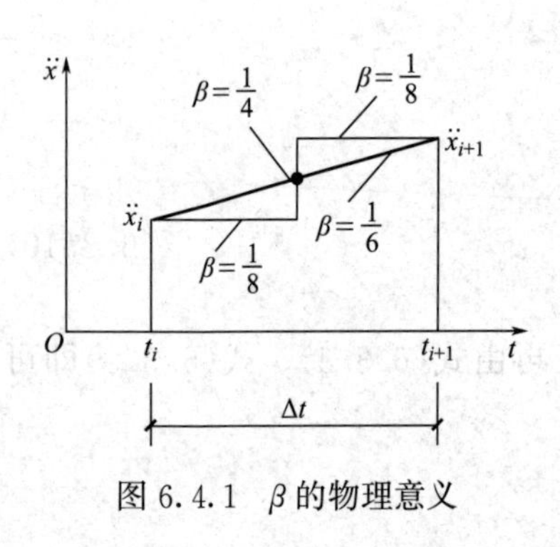

图 6.4.1　β 的物理意义

上式实际上是一种取时间间隔中点加速度值为代表值的中点加速度法(图 6.4.1)。当 $\beta=1/6$ 时，即为线性加速度法；$\beta=1/8$ 为在实际间隔内用阶形变化的加速度图形(图 6.4.1)。

当选定 β 值后，一般可用迭代法求解。即先假定一组 $\ddot{\boldsymbol{x}}_{i+1}$ 值，由式(6.4.2)、式(6.4.3)计算位移和速度。再由振动方程式(6.1.1)求出下一时刻的 $\ddot{\boldsymbol{x}}_{i+1}$。

也可以将式(6.4.1)、式(6.4.2)代入振动方程式(6.1.1)，并加以整理得：

$$\ddot{\boldsymbol{x}}_{i+1}=-\boldsymbol{B}_1^{-1}(\boldsymbol{B}_2\ddot{\boldsymbol{x}}_i+\boldsymbol{B}_3\dot{\boldsymbol{x}}_i+\boldsymbol{B}_4\boldsymbol{x}_i+\boldsymbol{MI}\ddot{x}_{g,i+1}) \tag{6.4.5}$$

式中，$\boldsymbol{B}_1=\boldsymbol{M}+\gamma\Delta t\,\boldsymbol{C}_{i+1}+\beta\boldsymbol{K}_{i+1}\Delta t^2$；$\boldsymbol{B}_2=(1-\gamma)\Delta t\,\boldsymbol{C}_{i+1}+\left(\frac{1}{2}-\beta\right)\Delta t^2\,\boldsymbol{K}_{i+1}$；$\boldsymbol{B}_3=\boldsymbol{C}_{i+1}+\Delta t\,\boldsymbol{K}_{i+1}$；$\boldsymbol{B}_4=\boldsymbol{K}_{i+1}$。

由式(6.4.5)计算 $\ddot{\boldsymbol{x}}_{i+1}$，再由式(6.4.1)、式(6.4.2)计算 $\dot{\boldsymbol{x}}_{i+1}$、$\boldsymbol{x}_{i+1}$，并以此作为下一步计算的初值，重复上述计算可求得整个反应过程。

§6.5 增量积分方程的拟静力法

以上讨论了动力全量方程的数值积分方法。对于非线性结构，动力方程用增量的形式表示，应用比较方便，下面我们就讨论增量方程的积分方法。假设在足够小的时间的区间$[t_i, t_{i+1}]$内，认为$\boldsymbol{K}$和$\boldsymbol{C}$在此时间间隔内为常量，即$\boldsymbol{K}(t+\Delta t)=\boldsymbol{k}(t)$，$\boldsymbol{C}(t+\Delta t)=\boldsymbol{C}(t)$。由此先列出$t$和$t+\Delta t$时刻的振动方程，将两时刻的公式相减可得：

$$\boldsymbol{M}\Delta\ddot{\boldsymbol{x}}+\boldsymbol{C}\Delta\dot{\boldsymbol{x}}+\boldsymbol{K}\Delta\boldsymbol{x}=-\boldsymbol{MI}\Delta\ddot{\boldsymbol{x}}_g \tag{6.5.1}$$

式中，$\Delta\ddot{\boldsymbol{x}}=\ddot{\boldsymbol{x}}(t+\Delta t)-\ddot{\boldsymbol{x}}(t)=\ddot{\boldsymbol{x}}_{i+1}-\ddot{\boldsymbol{x}}_i$；$\Delta\dot{\boldsymbol{x}}=\dot{\boldsymbol{x}}(t+\Delta t)-\dot{\boldsymbol{x}}(t)=\dot{\boldsymbol{x}}_{i+1}-\dot{\boldsymbol{x}}_i$；$\Delta\boldsymbol{x}=\boldsymbol{x}(t+\Delta t)-\boldsymbol{x}(t)=\boldsymbol{x}_{i+1}-\boldsymbol{x}_i$；$\Delta\ddot{x}_g=\ddot{x}_g(t+\Delta t)-\ddot{x}_g(t)=\ddot{x}_{g,i+1}-\ddot{x}_{g,i}$

1. 线性加速度法

本方法仍是线性加速度法，但用求增量的形式，也就是先求出时间步长Δt内的增量$\Delta\boldsymbol{x}$、$\Delta\dot{\boldsymbol{x}}$和$\Delta\ddot{\boldsymbol{x}}$；然后与该时间步长的初始值相加，即得其对应得末端值。

由式(6.5.1)中关系及式(6.2.2)、式(6.2.3)，可得：

$$\Delta\dot{\boldsymbol{x}}=\ddot{\boldsymbol{x}}_i\Delta t+\frac{1}{2}\Delta\ddot{\boldsymbol{x}}\Delta t \tag{6.5.2}$$

$$\Delta\boldsymbol{x}=\dot{\boldsymbol{x}}_i\Delta t+\frac{1}{2}\ddot{\boldsymbol{x}}_i\Delta t^2+\frac{1}{6}\Delta\ddot{\boldsymbol{x}}\Delta t^2 \tag{6.5.3}$$

为方便起见，以$\Delta\boldsymbol{x}$为基本变量，由式(6.5.3)求出：

$$\Delta\ddot{\boldsymbol{x}}=\frac{6}{\Delta t^2}\left[\Delta\boldsymbol{x}-\dot{\boldsymbol{x}}_i\Delta t-\frac{1}{2}\ddot{\boldsymbol{x}}_i\Delta t^2\right] \tag{6.5.4}$$

将式(6.5.4)代入式(6.5.2)，可得：

$$\Delta\dot{\boldsymbol{x}}=\frac{3}{\Delta t}\left[\Delta\boldsymbol{x}-\dot{\boldsymbol{x}}_i\Delta t-\frac{1}{6}\ddot{\boldsymbol{x}}_i\Delta t^2\right] \tag{6.5.5}$$

将式(6.5.4)、式(6.5.5)代入式(6.5.1)，可得：

$$\widetilde{\boldsymbol{K}}\Delta\boldsymbol{x}=\Delta\widetilde{\boldsymbol{P}} \tag{6.5.6}$$

式中：

$$\widetilde{\boldsymbol{K}}=\boldsymbol{K}+\frac{6}{\Delta t^2}\boldsymbol{M}+\frac{3}{\Delta t}\boldsymbol{C} \tag{6.5.7a}$$

$$\Delta\widetilde{\boldsymbol{P}}=\left(-\boldsymbol{I}\Delta\ddot{x}_g+\frac{6}{\Delta t}\dot{\boldsymbol{x}}_i+3\ddot{\boldsymbol{x}}_i\right)\boldsymbol{M}+\left(3\dot{\boldsymbol{x}}_i+\frac{1}{2}\ddot{\boldsymbol{x}}_i\Delta t\right)\boldsymbol{C} \tag{6.5.7b}$$

式(6.5.6)在形式上与静力法方程类似，即位移增量向量$\Delta\boldsymbol{x}$前乘拟静力刚度矩阵$\widetilde{\boldsymbol{K}}$等于拟静力荷载增量向量$\Delta\widetilde{\boldsymbol{P}}$，故本方法称为拟静力法。特别注意到，拟静力刚度不仅与$\boldsymbol{K}$有关，而且与质量和阻尼有关，这一点在结构动力反应分析中具有很重要的意义。

由式(6.5.6)求出 $\Delta \boldsymbol{x}$ 后，即可由式(6.5.5)求出 $\Delta \dot{\boldsymbol{x}}$，然后再由下式计算位移向量和速度向量：

$$\boldsymbol{x}_{i+1} = \boldsymbol{x}_i + \Delta \boldsymbol{x}\,;\ \dot{\boldsymbol{x}}_{i+1} = \dot{\boldsymbol{x}}_i + \Delta \dot{\boldsymbol{x}} \tag{6.5.8}$$

这里需要指出，本法也同前述方法一样，不由式(6.5.4)计算 $\Delta \ddot{\boldsymbol{x}}$，而直接由振动方程式(6.1.1)计算 $\ddot{\boldsymbol{x}}_{i+1}$，即：

$$\ddot{\boldsymbol{x}}_{i+1} = -(\boldsymbol{M}^{-1}\boldsymbol{C}_{i+1}\dot{\boldsymbol{x}}_{i+1} + \boldsymbol{M}^{-1}\boldsymbol{K}_{i+1}\boldsymbol{x}_{i+1} + \ddot{x}_{g,i+1}) \tag{6.5.9}$$

其所以不由式(6.5.4)计算 $\Delta \ddot{\boldsymbol{x}}$，而直接由运动方程计算 $\ddot{\boldsymbol{x}}_{i+1}$，目的是每一个时间步长通过满足一次振动方程而消除误差积累。上述方法是有条件稳定的方法，一般应取 $\Delta t \leqslant 0.02\text{s}$。当 Δt 较大时，可能得到发散的结果。

2. Wilson-θ 法

仍用上段求增量的形式表示，推导过程也类似。

求时间 $\tau = \theta \Delta t$ 后，位移增量的拟静力方程为：

$$\widetilde{\boldsymbol{K}}_{\tau}\Delta \boldsymbol{x}_{\tau} = \Delta \widetilde{\boldsymbol{P}}_{\tau} \tag{6.5.10}$$

式中：

$$\widetilde{\boldsymbol{K}}_{\tau} = \boldsymbol{K} + \frac{6}{\tau^2}\boldsymbol{M} + \frac{3}{\tau}\boldsymbol{C} \tag{6.5.11a}$$

$$\Delta \widetilde{\boldsymbol{P}}_{\tau} = (-\boldsymbol{I}\Delta \ddot{\boldsymbol{x}}_{g,\tau} + \frac{6}{\tau}\dot{\boldsymbol{x}}_i + 3\ddot{\boldsymbol{x}}_i)\boldsymbol{M} + (3\dot{\boldsymbol{x}}_i + \frac{1}{2}\ddot{\boldsymbol{x}}_i\tau)\boldsymbol{C} \tag{6.5.11b}$$

式(6.5.10)、式(6.5.11)与前段拟静力法中的式(6.5.6)、式(6.5.7)是相似的，仅仅是时间间隔由 Δt 变为 $\tau = \theta \Delta t$。

由式(6.5.10)求出 $\Delta \boldsymbol{x}_{\tau}$ 后，可以按下式求 $\ddot{\boldsymbol{x}}_{\tau}$：

$$\Delta \ddot{\boldsymbol{x}}_{\tau} = \frac{6}{\tau^2}[\Delta \boldsymbol{x}_{\tau} - \dot{\boldsymbol{x}}_i\tau - \frac{1}{2}\ddot{\boldsymbol{x}}_i\tau^2] \tag{6.5.12}$$

上式是将上段式(6.5.4)中的 Δt 换为 τ 得到的。

有了 $\Delta \ddot{\boldsymbol{x}}_{\tau}$ 后，再用内插求 Δt 时的 $\Delta \ddot{\boldsymbol{x}}$，即将上式的结果除以 θ，得：

$$\Delta \ddot{\boldsymbol{x}} = \frac{1}{\theta}\Delta \ddot{\boldsymbol{x}}_{\tau} = \frac{6}{\theta\tau^2}[\Delta \boldsymbol{x}_{\tau} - \dot{\boldsymbol{x}}_i\tau - \frac{1}{2}\ddot{\boldsymbol{x}}_i\tau^2] \tag{6.5.13}$$

有了 $\Delta \ddot{\boldsymbol{x}}$ 后，其余步骤同上段。

本方法的计算步骤可归纳如下：

(1)根据初始值(前一时间步长的末端值)，由式(6.5.10)计算 $\Delta \boldsymbol{x}_{\tau}$。

(2)由式(6.5.13)计算 $\Delta \ddot{\boldsymbol{x}}$。

(3)由式(6.5.2)和式(6.5.3)计算 $\Delta\dot{\boldsymbol{x}}$ 和 $\Delta\boldsymbol{x}$。

(4)由式(6.5.8)和式(6.5.9)计算$\boldsymbol{x}_{i+1}$、$\dot{\boldsymbol{x}}_{i+1}$、$\ddot{\boldsymbol{x}}_{i+1}$。

重复上述步骤可求得整个反应的过程。

3. Newmark-β 法

下面将 Newmark-β 法改为增量的形式。由式(6.4.2)、式(6.4.3)可得：

$$\Delta\dot{\boldsymbol{x}}=\ddot{\boldsymbol{x}}_i\Delta t+\frac{1}{2}\Delta\ddot{\boldsymbol{x}}\Delta t \tag{6.5.14}$$

$$\Delta\boldsymbol{x}=\dot{\boldsymbol{x}}_i\Delta t+\frac{1}{2}\ddot{\boldsymbol{x}}_i\Delta t^2+\beta\Delta\ddot{\boldsymbol{x}}\Delta t^2 \tag{6.5.15}$$

从式(6.5.15)解出：

$$\Delta\ddot{\boldsymbol{x}}=\frac{1}{\beta\Delta t^2}[\Delta\boldsymbol{x}-\dot{\boldsymbol{x}}_i\Delta t-\frac{1}{2}\ddot{\boldsymbol{x}}_i\Delta t^2] \tag{6.5.16}$$

代入式(6.5.14)，得：

$$\Delta\dot{\boldsymbol{x}}=\frac{1}{2\beta\Delta t}[\Delta\boldsymbol{x}-\dot{\boldsymbol{x}}_i\Delta t-\frac{1-4\beta}{2}\ddot{\boldsymbol{x}}_i\Delta t^2] \tag{6.5.17}$$

将式(6.5.16)、式(6.5.17)代入用增量表示的振动方程式(6.5.1)，也可得到：

$$\widetilde{\boldsymbol{K}}\Delta\boldsymbol{x}=\Delta\widetilde{\boldsymbol{P}} \tag{6.5.18}$$

式中：

$$\widetilde{\boldsymbol{K}}=\boldsymbol{K}+\frac{1}{\beta\Delta t^2}\boldsymbol{M}+\frac{1}{2\beta\Delta t}\boldsymbol{C} \tag{6.5.19a}$$

$$\Delta\widetilde{\boldsymbol{P}}=(-\boldsymbol{I}\Delta\ddot{x}_g+\frac{1}{\beta\Delta t}\dot{\boldsymbol{x}}_i+\frac{1}{2\beta}\ddot{\boldsymbol{x}}_i)\boldsymbol{M}+(\frac{1}{2\beta}\dot{\boldsymbol{x}}_i+\frac{1-4\beta}{4\beta}\ddot{\boldsymbol{x}}_i\Delta t)\boldsymbol{C} \tag{6.5.19b}$$

由式(6.5.17)求出 $\Delta\boldsymbol{x}$ 后，按照式(6.5.17)求 $\Delta\dot{\boldsymbol{x}}$，然后由式(6.5.8)和式(6.5.9)求 $\boldsymbol{x}_{i+1}$、$\dot{\boldsymbol{x}}_{i+1}$、$\ddot{\boldsymbol{x}}_{i+1}$。

§6.6　算法的精度

一种算法，在任意给定的初始条件下，排除由于运动方程本身所引起的计算发散外，如果对于任何一个时间步长，都不会由于算法本身而造成解的发散(即解的无限增长)，这个算法便称为无条件稳定的。如果只有当 Δt 小于某值时，上述结论才成立，即称算法为条件稳定的。实际上在分析大型复杂结构时，必然要产生计算累积误差，积分过程的精度总是取决于时间步长的大小。对于无条件稳定的算法，也要按照所希望的精度来选择步长，而不能盲目增大步长。特别在地震反应分析中，地震记录的主要周期范围在 0.2～

0.6s 之间，在基岩一类场地土的地震记录周期范围更小。时间步长的选择主要根据加速度时程曲线(包括强震记录及人工地震波)的周期范围以及结构自振周期范围等综合确定。通常有两种参考建议确定时间步长的选择：①时间步长一般可选择 $\Delta t=(1/10\sim1/5)T_g$，$T_g$ 为加速度时程曲线的主要周期(算法包括无条件稳定及条件稳定的)。其中一类场地土可取 1/5，其他场地土可取 1/10；②时间步长的选取应满足 $\Delta t=\min\{1/6T_s，1/2T_e，\Delta T_0\}$，$T_s$ 为有意义的结构最低周期；T_e 为地震波有意义的最低周期分量；ΔT_0 为地震波时程的数值化时间间隔。此外，根据计算经验，《高层建筑混凝土结构技术规程》JGJ 3—2010 规定地震波的时间间距取为 0.01s 或 0.02s 是合适的，一般结构取 0.02s 就可以得到较好的计算精度。时间步长取得过大，必然大量遗失加速度时程曲线中的峰值，带来较大的计算误差。

如上所述，逐步积分法积分过程的精度总是取决于时间步长的大小，反之，时间步长决定后，人们希望知道算法的精度如何？对大型复杂结构，计算结果的精度与荷载历史、结构计算简图、阻尼等多种因素有关。一种算法用来计算单自由度体系的无阻尼自由振动，常能清楚地看出它的精度。对于单自由度无阻尼自由振动：

$$\ddot{x}+\omega^2x=0$$
$$x_0=1.0;\dot{x}_0=0.0$$

其精确解是 $x=\cos\omega t$。在这种情况下，可以从两个方面来估计算法的误差。这两个方面就是振动周期的增加和振幅的减小。因为如果没有算法的误差，振动周期和振幅应该是稳定不变的。用 Newmark-β 法和 Wilson-θ 法算得的结果和精确解比较，其振动周期的增加(周期伸长的百分率)和振幅的减小(振幅衰减的百分率)对 $\Delta t/T$ 的变化关系，表示在图 6.6.1 和图 6.6.2 中。由图 6.6.2 看出，Newmark-β 法($\gamma=1/2$，$\beta=1/4$)，没有算法阻尼。Wilson-θ 法($\theta=1.4$)，当 $\Delta t/T<0.02$ 时，误差可以忽略；但当 $\Delta t/T>0.1$ 时，误差

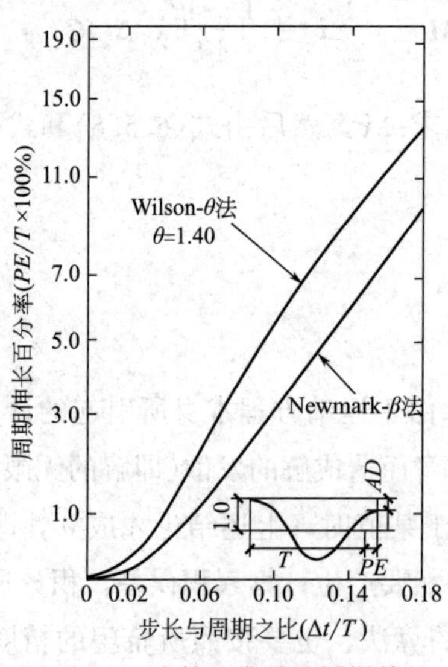

图 6.6.1　由算法产生的周期伸长

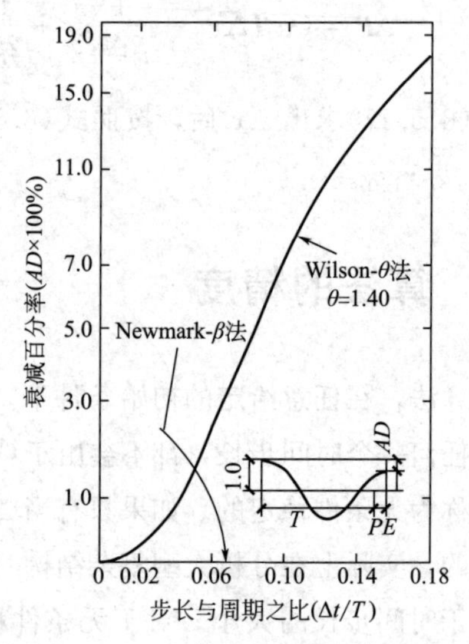

图 6.6.2　由算法产生的振幅衰减

就比较大，约7%的振幅衰减。在单自由度有阻尼自由振动中，大约1.2%的临界阻尼引起7%的振幅衰减。因此，当$\Delta t/T<0.1$时，Wilson-θ法($\theta=1.4$)产生的计算阻尼应小于1.2%。至于算法引起的周期伸长，两种算法都存在这方面的问题，但差别不大。当积分时间步长Δt取0.02s以下时，对一般的建筑结构$\Delta t/T$都小于0.02，因此这方面误差也是可以忽略的。

§6.7 振型叠加时程分析法

利用振型分解原理，将耦合的运动方程转化为解耦的等效单自由度体系的运动方程，在此基础上采用时程分析法计算等效单自由度体系的地震反应，然后将各振型反应叠加起来，获得体系的总动力反应，这就是振型叠加时程分析法。

我们知道，根据广义坐标的时间特性，在不同的时刻，同一振型对总运动贡献的大小是不一样的。一般来说，由于高阶振型的振幅依次低于较低振型的振幅，因此，在体系的整个运动过程中，具有较低自振频率的几个振型所起的贡献较大，在不同时刻，前几个低阶振型的运动将在总运动中依次占主导地位。因此，在用振型叠加法求解线性结构的地震反应时，要首先确定选取多少个振型参与叠加。对于大量的较低的一般性建筑或动力自由度较少的问题，一般选取前3阶振型分析即够用，对于高层建筑或动力自由度较多的问题，一般可选取前9～15阶振型，而对于大跨度桥梁或者大跨空间结构，由于结构自振频率密集，则需要采用更多的振型。在采用有限元法分析时，由于可能存在对结构整体动力反应影响不大、自振频率又相对不高的局部振型，也需要采用更多的振型分析，以保证在分析中有数目足够的低阶整体振型。

不失一般性，下面以多维地震动输入时的动力方程式(4.3.22)为例，说明振型叠加时程分析法的基本原理。严格来说，对一般六维地震动输入的动力方程式(4.3.19)，振型叠加法是不适用的。其原因不仅在于方程中的科氏耦合矩阵与振型矩阵不正交，更重要的是由于方程式(4.3.19)中存在科氏耦合项及与各转动分量有关的耦合项，使得各运动分量独立作用下的结构的反应之和不等于各运动分量同时作用下的结构反应。因此，结构地震反应不再是各地震动分量单独作用下反应的叠加，即振型叠加原理不再适用。但是，在不考虑地面转动角速度和转动角位移时，对线性结构各地震分量作用的叠加原理和振型叠加方法仍然适用。重列式(4.3.22)：

$$\boldsymbol{M}\ddot{\boldsymbol{U}}+\boldsymbol{C}\dot{\boldsymbol{U}}+\boldsymbol{K}\boldsymbol{U}=-\boldsymbol{M}\ddot{\boldsymbol{U}}_g \tag{6.7.1}$$

将位移反应按振型分解：

$$\boldsymbol{U}=\boldsymbol{\Phi}\boldsymbol{q}=\sum_{j=1}^{3n}\boldsymbol{\Phi}_j q_j(t) \tag{6.7.2}$$

由于考虑三维空间中的振动，因此有$3n$个振型。将式(6.7.2)及其导数代入式

(6.7.1)，并将所得方程左乘 $\boldsymbol{\Phi}^{\mathrm{T}}$，则有：

$$\boldsymbol{\Phi}^{\mathrm{T}}\boldsymbol{M}\boldsymbol{\Phi}\ddot{\boldsymbol{q}}+\boldsymbol{\Phi}^{\mathrm{T}}\boldsymbol{C}\boldsymbol{\Phi}\dot{\boldsymbol{q}}+\boldsymbol{\Phi}^{\mathrm{T}}\boldsymbol{K}\boldsymbol{\Phi}\boldsymbol{q}=-\boldsymbol{\Phi}^{\mathrm{T}}\boldsymbol{M}\ddot{\boldsymbol{U}}_{g} \tag{6.7.3}$$

假定阻尼矩阵 $\boldsymbol{C}$ 满足振型正交性条件，则由振型正交性可得到 $3n$ 个独立的解耦广义单自由度方程：

$$\ddot{q}_j+2\xi_j\omega_j\dot{q}_j+\omega_j^2q_j=-(\gamma_{j(x)}\ddot{u}_g+\gamma_{j(y)}\ddot{v}_g+\gamma_{j(z)}\ddot{w}_g)\quad(j=1,2,\cdots,3n) \tag{6.7.4}$$

$$\gamma_{j(h)}=\frac{\boldsymbol{\Phi}_{j(h)}^{\mathrm{T}}\boldsymbol{M}\boldsymbol{I}}{\boldsymbol{\Phi}_{j(h)}^{\mathrm{T}}\boldsymbol{M}\boldsymbol{\Phi}_{j(h)}}\quad(h=x,y,z) \tag{6.7.5}$$

式中　$\gamma_{j(h)}$——第 j 振型 h 方向的振型参与系数。

上述广义单自由度方程的解答可以采用本章前述的直接积分法得到，然后按式(6.7.2)叠加各振型位移反应给出总体地震反应。

§6.8　地震波的选取

我国《建筑抗震设计规范》GB 50011—2010(2016年版)第5.1.2条第3款规定，对于特别不规则的建筑、甲类建筑和超过一定高度的高层建筑，应采用时程分析法进行多遇地震作用下的补充计算。此外，计算罕遇地震下结构的变形，一般应采用弹塑性时程分析法。已有研究工作表明，随意选用一条或几条地震记录进行结构地震反应分析是不恰当的，由此所获得的计算结果直接应用于结构抗震设计也是不妥的。因此，如何正确选择地震波成为使用时程分析法的关键问题之一。

1. 波的条数

由于地震的不确定性，很难预测建筑物会遭遇到什么样的地震波。在工程实际应用中经常出现对同一个建筑结构采用时程分析法时，由于输入地震波的不同造成计算结果的数倍乃至数十倍之差。为了充分估计未来地震作用下的最大反应，以确保结构的安全，采用时程分析法时应选用不少于二组的实际强震记录和一组人工模拟的加速度时程曲线作为设计用地震波，分别对结构进行地震反应计算，然后取其平均值或最大值作为结构抗震设计依据。

2. 波的频谱特性

输入的地震波，无论是实际强震记录或是人工地震波，其频谱特性可采用地震影响系数曲线表征，并且依据建筑物所处的场地类别和设计地震分组确定。《建筑抗震设计规范》GB 50011—2010(2016年版)规定，多条输入地震加速度记录的平均地震影响系数曲线与振型分解反应谱法所用的地震影响系数曲线相比，在各个周期点上相差不大于20%。这样做既能达到工程上计算精度的要求，又不致要求进行大量的运算。

3. 波的幅值特性

现有的实际强震记录，其峰值加速度多半与建筑物所在场地的基本烈度不相对应。因而不能直接应用，需要按照建筑物的抗震设防烈度对地震波的强度进行全面调整。调整地震波强调的方法有两种：

(1)以加速度为标准，即采用相应于建筑设防烈度的基准峰值加速度与强震记录峰值加速度的比值，对整个加速度时程曲线的振幅进行全面调整，作为设计用地震波。

(2)以速度为标准，即采用相应于建筑设防烈度的基准峰值速度与强震记录峰值速度的比值，对整个加速度时程曲线的振幅进行全面调整，作为设计用地震波。

大量时程分析结果表明，对于长周期成分较丰富的地震波，地震波强度以加速度为标准进行调幅，结构对不同波形的反应离散性较大；以速度为标准进行调幅时，结构对不同波形的反应离散性较小。我国《建筑抗震设计规范》GB 50011—2010(2016 年版)推荐采用第一种方法，其加速度时程的最大值可按表 6.8.1 采用。当结构采用三维空间模型等需要双向(二个水平向)或三向(二个水平向和竖向)地震波输入时，其加速度最大值通常按 1(水平 1)：0.85(水平 2)：0.65(竖向)的比例调整。

地震加速度时程曲线的最大值(cm/s^2)　　表 6.8.1

地震影响	6 度	7 度	8 度	9 度
多遇地震	18	35(55)	70(110)	140
罕遇地震	—	220(310)	400(510)	620

注：括号内数值分别用于设计基本地震加速度为 0.15g 和 0.30g 的地区。

4. 波的持续时间

地震动加速度时程曲线不是一个确定的函数，采用时程分析法对结构的基本振动方程进行数值积分，从而计算出各时段分点的质点系位移、速度和加速度。一般常取 $\Delta t=0.01\sim0.02s$，即地震记录的每一秒钟求解振动方程 50～100 次，可见计算工作量是很大的。所以，持续时间不能取得过长，但持续时间过短会导致较大的计算误差。这是因为地震动持时对结构反应的影响，同时存在于非线性体系的最大反应和能量损耗积累这两种反应之中。为此，我国《建筑抗震设计规范》GB 50011—2010(2016 年版)规定，输入的地震加速度时程曲线的持续时间一般为结构基本周期的 5～10 倍。

需要指出，正确选择输入的地震动加速度时程曲线，除了要满足地震动三要素的要求，即有效加速度峰值、频谱特性和持续时间的要求，还与结构的动力特性(主要是结构的基本周期)有关。我国《建筑抗震设计规范》GB 50011—2010(2016 年版)规定，进行结构弹性时程分析时，计算结果的平均底部剪力值不应小于振型分解反应谱法计算结果的 80%，每条地震波输入的计算结果不应小于 65%。这是判别所选地震波正确与否的基本依据。

第7章　反复荷载作用下的结构材料及构件的性能

§7.1　结构抗震试验方法概述

结构抗震试验一般可以分为结构抗震静力试验和结构抗震动力试验两大类，其中结构抗震静力试验分为伪静力试验(低周反复荷载试验)和拟动力试验；结构抗震动力试验分为模拟地震振动台试验和建筑物强震观测试验。本节简要介绍伪静力试验、拟动力试验和振动台试验。

7.1.1　结构伪静力试验

结构伪静力试验方法一般以试件的荷载值或位移值作为控制量，在正、反两个方向对试件进行反复加载和卸载。在伪静力试验中，加载过程的周期远大于结构的基本周期，因此，伪静力试验的实质是用静力加载方法来近似模拟地震荷载的作用，故又称为低周反复荷载试验。由于其所需设备和试验条件相对简单，甚至可以用普通的静力试验用的加载设备来进行伪静力试验，目前为国内外大量的结构抗震试验所采用。

伪静力试验通常是取结构的一部分，例如梁、柱构件和节点，或者框架和剪力墙的局部等进行试验。如图7.1.1所示，试件按照一定的比例制作，施加的荷载可参照实际受力状况确定，通常是先施加轴力N，并维持恒定，然后按等增量(ΔP)施加往复作用的横向力P；当结构(钢筋)屈服后，改为由正、负向变形(位移)增量($\Delta\Delta$)控制横向加载，直至构件破坏并丧失承载力为止。

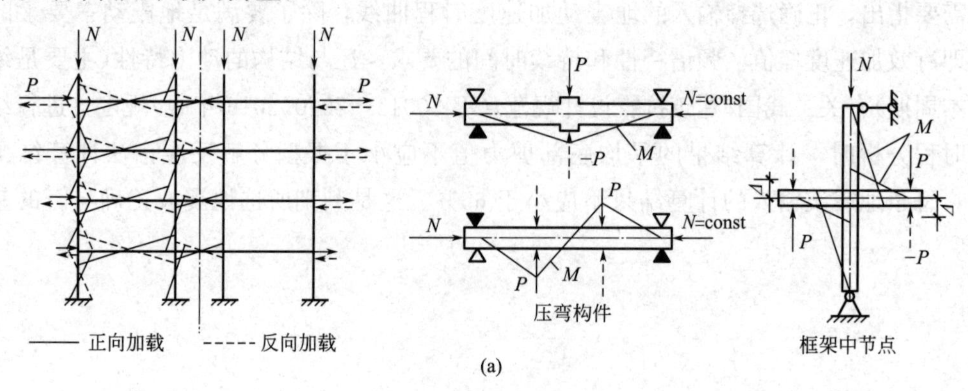

图7.1.1　低周反复荷载试验(一)

(a)框架结构的荷载和内力

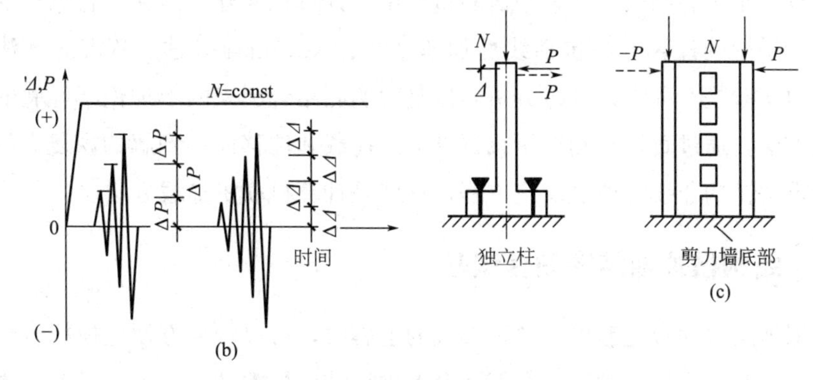

图 7.1.1　低周反复荷载试验(二)

(b)加载程序；(c)构件和节点试验

7.1.2　结构拟动力试验

拟动力试验是指计算机与加载机联机，对试件进行加载试验。拟动力试验的原理如图 7.1.2 所示，图中的计算机系统用于采集结构反应的各种参数，并根据这些参数进行非线性地震反应分析计算，通过 D/A 转换，向加载器发出下一步指令。当试件受到加载器作用后，产生反应，计算机再次采集试件反应的各种参数，并进行计算，向加载器发出指

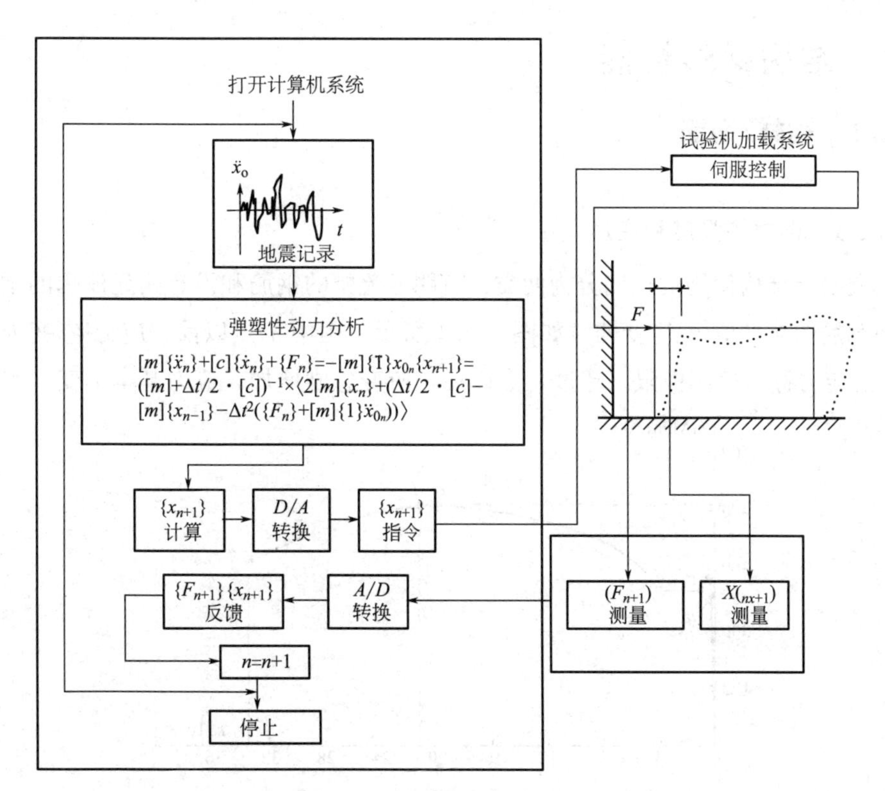

图 7.1.2　拟动力试验原理图

令，周而往复直至试验结束。在整个试验过程中，计算机实际上是在进行结构的地震反应时程分析，所采用的计算方法包括线性加速度法、Newmark-β 法、Wilson-θ 法等。可以看出，拟动力试验是一种将计算机分析与恢复力实测结合起来的半理论半经验的非线性地震反应分析方法，通过直接量测作用在试件上的荷载和位移而得到解的恢复力特性，再通过计算机来求解结构非线性地震反应方程，这就是计算机联机加载方法。

7.1.3　结构模拟地震振动台试验

结构模拟地震振动台能够再现各种形式的地震波，可以较为方便地模拟若干次地震现象的初震、主震及余震的全过程。在振动台上进行结构抗震试验，可以了解结构在地震反应各个阶段的力学性能，直观地了解地震对结构产生的破坏现象，极大地促进了结构抗震研究的发展。

20 世纪 70 年代以来，国内外先后建立起了一些大型的模拟地震台，模拟地震振动台与先进的测试仪器及数据采集分析系统的配合，使结构动力试验的水平得到了很大的发展与提高。模拟地震台在抗震研究中的作用主要有：①研究结构的动力特性、破坏机理和震害原因；②验证抗震计算机理论和计算模型的正确性；③研究动力相似理论，为模型试验提供依据；④检验产品质量，提高抗震性能；⑤为结构抗震静力试验提供依据。

§ 7.2　结构材料性能

7.2.1　钢材/钢筋

7.2.1.1　钢材的强度和变形

钢筋混凝土结构使用的钢筋分为两类：有明显流幅的钢筋和没有明显流幅的钢筋。有明显流幅钢筋的典型应力-应变曲线如图 7.2.1 所示。图中 a 点以前，应力-应变为直线关系，a 点的应力称为比例极限。超过 a 点以后，应变急剧增加，应力基本不变，到达 b 点

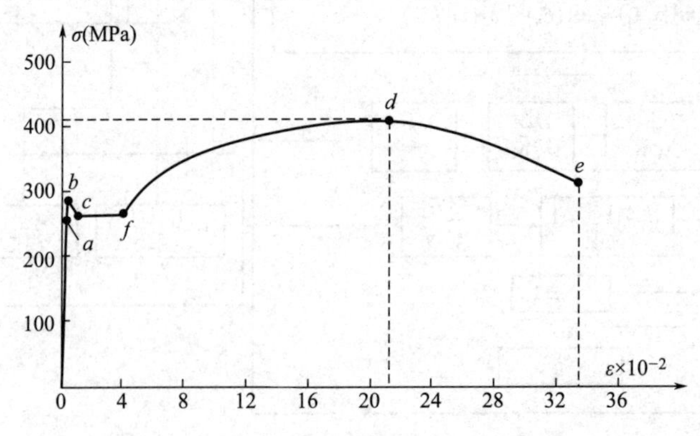

图 7.2.1　有明显流幅钢筋的应力-应变曲线

进入屈服阶段，b 点为屈服上限。应力达到屈服下限 c 点时，应力保持稳定不变，应变增长形成屈服平台或流幅(cf)。由于屈服上限一般是不稳定的，因此以屈服下限 c 点的应力作为钢筋的屈服强度。超过 f 点后，进入强化阶段，应力-应变关系表现为上升的曲线。达到 d 点后，钢筋产生颈缩现象，应力开始下降，应变则继续增长，到 e 点钢筋被拉断。d 点称为抗拉强度或极限强度。在钢筋混凝土结构计算中，一般取屈服点作为钢筋强度的设计依据。

含碳量高的钢筋没有明显的流幅，它的强度比低碳钢筋高，但塑性性能明显降低。通常取相应于残余应变为 0.2%的应力作为明显流幅钢筋的假定屈服强度，或条件流限。需要指出，塑性好的钢筋，能给出拉断前的预兆，属于延性破坏；塑性差的钢筋，拉断前缺乏足够的预兆，破坏是突然的，具有脆性的特征。对于抗震结构，设计中要求结构在强震下“裂而不倒”，应具有足够的延性，因此，钢筋需具有良好的塑性。

7.2.1.2 应变速率对钢筋强度和变形的影响

钢材的屈服强度随着应变速率的提高而提高，但随着钢材设计强度的提高，其提高值则逐渐减少，钢材的弹性模量及塑性性能(例如屈服台阶长短、极限延伸率等)则变化不大。图 7.2.2 表示了Ⅰ级热轧钢(A_3)和合金钢($35Si_2Ti$)的应力-应变曲线随应变速率的变化。图中，t_s 表示应变速率，即从开始加载到屈服的时间。从图中可以看出，A_3 屈服强度提高 50%，$35Si_2Ti$ 提高 17%，而两种钢材的极限强度和延伸率变化不大。图 7.2.3 表示了应变速率不同对不同屈服强度钢筋的影响。图中，K_c 表示不同应变速率时钢筋屈服强度与标准静载下钢筋屈服强度之比，它反映出同样的强度提高规律。

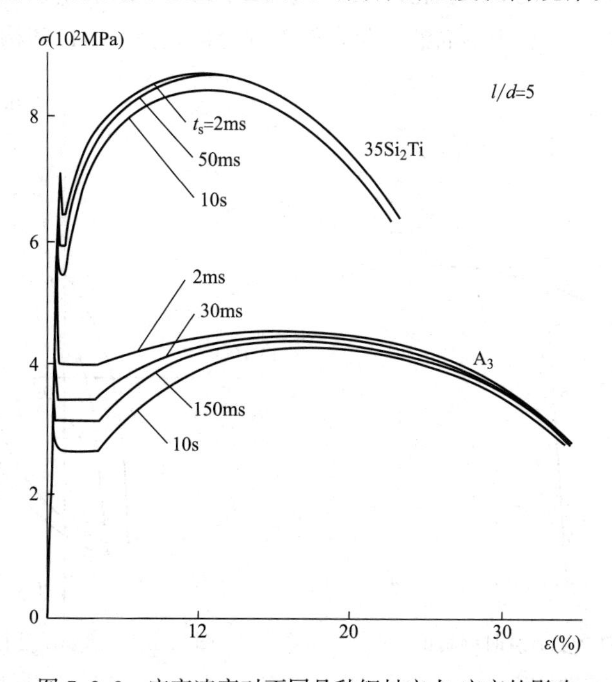

图 7.2.2 应变速率对不同品种钢材应力-应变的影响

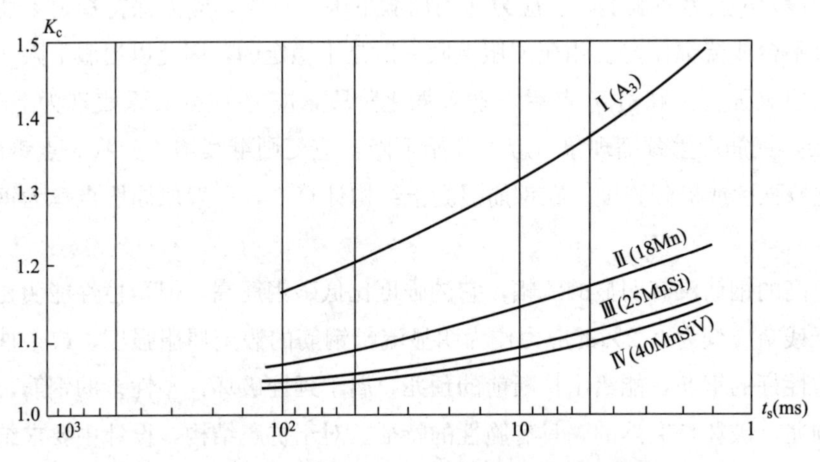

图 7.2.3　应变速率对不同屈服强度钢筋的影响

7.2.1.3　钢筋的应力软化

单轴受拉或受压构件，如果只承受单向重复荷载，其加载、卸载在破坏前的应力-应变曲线，如图 7.2.4 所示。卸载时应力-应变曲线为直线，与加载时弹性的应力-应变直线相平行，而再加载时，则沿着卸载时的直线上升，然后沿单调加载下的骨架线前进。

受循环反复荷载作用的钢材，当应力达到塑性阶段时，其反复荷载下的应力-应变曲线如图 7.2.5 所示。当应力超过弹性变形 A 到 B 时卸载，卸载曲线平行于 OA 线，再反向加载时，达 C 点即发生塑性变形，此时的弹性极限较单调加载的弹性极限低，反映了在循环反复荷载作用下钢材出现应力软化现象，称为包辛格(Bauschinger)效应。需要指出，配置塑性性能良好的钢筋，利用钢筋的软化，即塑性变形能力，可以使构件吸收大量的地震

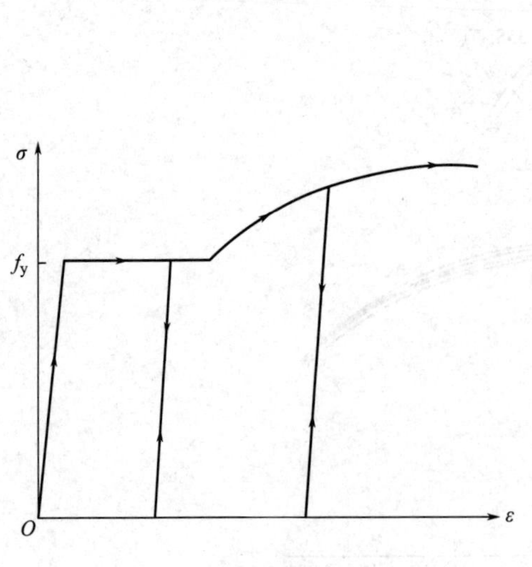

图 7.2.4　承受单向重复荷载时钢材的应力-应变曲线

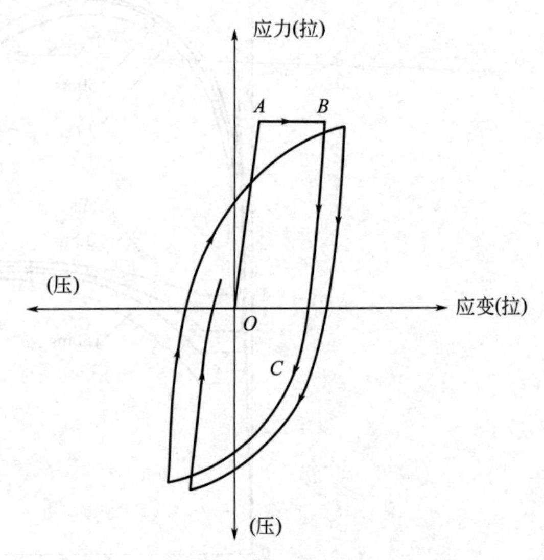

图 7.2.5　承受反复拉压荷载时钢筋的应力-应变曲线

能量。但从另一方面看，因为钢筋塑性变形的不可恢复性，使得钢筋混凝土构件的裂缝不断开展，造成结构地震破坏后修复的困难。

7.2.2 混凝土

7.2.2.1 混凝土的应力-应变曲线

混凝土受压的应力-应变曲线，通常采用 $h/b=3\sim4$ 的柱体试件来测定。图 7.2.6 为混凝土应力-应变全过程曲线，其中峰值应力为 f_c。当 $\sigma\leqslant f_c/3$ 时应力-应变曲线接近于直线关系(0A)，混凝土处于弹性工作阶段。当应力 $\sigma>f_c/3$ 后，随应力的增大，应力-应变曲线越来越偏离直线。此时，任一点的应变 ε 可分为弹性应变和塑性应变两部分。当应力达到$(0.7\sim0.9)f_c$(B 点)后，塑性变形显著增大，应力-应变曲线急剧减小。当应力达到峰值应力 f_c 时(C 点)，应力-应变曲线的斜率接近水平，相应的峰值应变 ε_0 可在$(1.5\sim2.5)\times10^{-3}$ 之间波动，通常取平均值约为 2×10^{-3}。当应力超过峰值应力 f_c 后，混凝土的强度并不完全丧失，而是随着应变的增长逐渐减小。当下降到反弯点 D，应力-应变曲线的斜率变号。当应变为$(4\sim6)\times10^{-3}$ 时，应力下降缓慢进入收敛阶段，最后趋向于稳定，保持一定的残余应力。

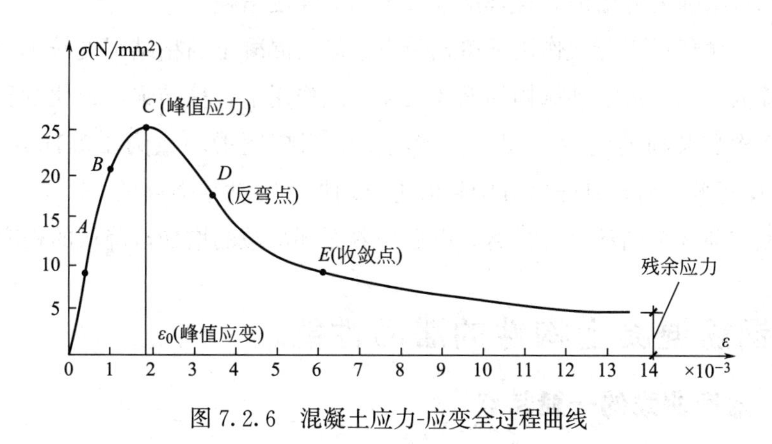

图 7.2.6 混凝土应力-应变全过程曲线

7.2.2.2 应变速率对峰值应力及应变的影响

图 7.2.7 表示了 C25～C40 混凝土的抗压强度和抗拉强度随应变速率的变化规律。图中，K_c 表示快速加载下混凝土强度与其静载强度之比值，t_m 表示应变速率。从图中可以看出，应变速率对混凝土抗压强度无明显影响，当 t_m 由 400ms 加快到 3ms，K_c 抗压强度的提高系数仅由 1.1 提高到 1.3。与抗压强度相比，抗拉强度提高的幅度更大，当 t_m 由 100ms 加快到 10ms，抗拉强度的提高系数则由 1.2 增大到 1.45。此外，试验表明，抗压峰值应变和抗拉峰值应变的变化不大。

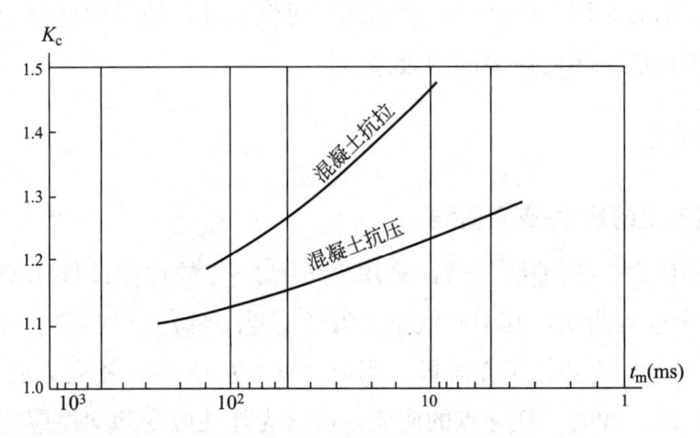

图 7.2.7 混凝土抗压强度和抗拉强度的变化

7.2.2.3 应变速率及循环反复荷载对钢筋与混凝土粘结强度的影响

试验表明，应变速率对单向受力钢筋与混凝土粘结强度的影响与钢筋的外形特征有关。应变速率对光圆钢筋粘结强度影响很小，可以不计。相反，应变速率对变形钢筋的粘结强度影响较大，并且与混凝土强度等级有关。一般而言，随着应变速率的提高，变形钢筋与混凝土的粘结强度将增加并且其增幅大于钢筋强度增幅。

试验表明，循环反复荷载作用下单轴受力钢筋与混凝土的粘结强度较单调加载时的粘结强度明显降低。在给定滑动振幅的循环反复荷载作用下，粘结强度退化的程度与控制的滑动量、循环次数及横向约束作用等因素有关。当控制滑动量为±0.1mm 及±0.5mm 时，经 10 次反复循环后粘结强度分别降低为单调加载时粘结强度的 55%和 35%，并且粘结强度的降低在前 3 个循环最为显著，以后随着循环次数的增加，降低的程度逐渐减小。

§7.3 钢筋混凝土构件的滞回性能

7.3.1 滞回曲线的一般特点

单轴受力构件在循环反复荷载作用下的力-变形曲线称为构件的单轴滞回曲线，简称为滞回曲线。图 7.3.1 所示为钢筋混凝土压弯构件的实测滞回曲线，正向和反向加卸载的次序分别以奇数和偶数表示。从滞回曲线的形状可以分析构件的抗震滞回性能。钢筋屈服之前，构件虽然已经出现了裂缝和混凝土的塑性应变，但加载曲线的斜率变化小，卸载后的残余变形也小，正反向加卸载各一次所形成的滞回环不明显。构件的受拉钢筋屈服以后，荷载继续地往复作用，混凝土受拉裂缝不断地开展和延伸，钢筋的拉应变和混凝土压应变逐渐地积累增大，总变形持续地增加，而承载能力变化不大。此时构件的正反向加卸载曲线具有以下特点：

(1)加载曲线。每一次加载过程中，曲线的斜率随着荷载的增大而减小，且减小的程度加快，说明了反复荷载下构件的刚度退化；数次反复加载以后，加载曲线上出现反弯点

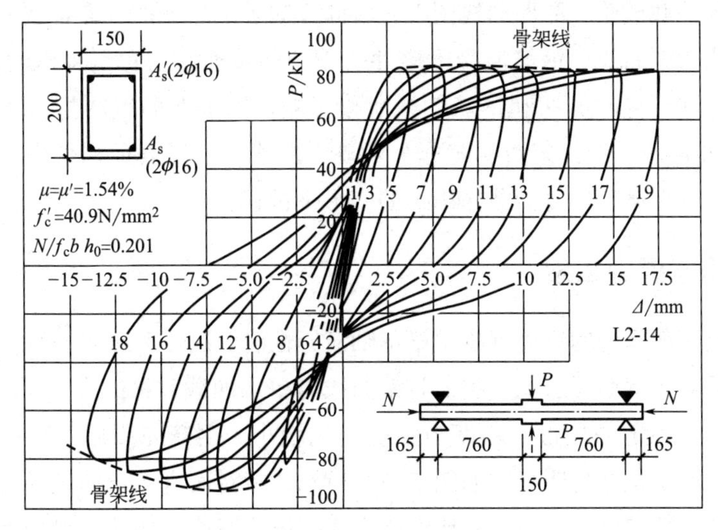

图 7.3.1 压弯构件的滞回曲线

(拐点)，形成“捏拢”现象，而且“捏拢”程度逐渐增大。

(2)卸载曲线。刚开始卸载时曲线陡峭，恢复变形很小。荷载减小后曲线趋向平稳，恢复变形逐渐加快，称为恢复变形滞回现象。曲线的斜率随反复加卸载次数而减小，表明构件卸载刚度的退化。全部卸载后，构件留有残余变形，其值随反复加卸载次数不断地积累增大。

构件在正、反各一次加卸载后所构成的滞回曲线具有三种典型类型：弓形、梭形和倒S形，如图7.3.2所示。梭形形状饱满圆滑，代表无剪切破坏机制的情况。一般正截面破坏的受弯构件、无滑移的偏压和压弯构件以及无剪切破坏的弯剪构件均属此类。弓形中部内凹，存在“捏拢”现象，代表受一定的剪力以及钢筋粘结滑移影响的构件。倒S形存在严重的“捏拢”现象，表明存在较大的剪力和滑移影响。滞回环对角线的斜率反映构件的总体刚度，滞回环包围的面积则是荷载正反交变一周时构件吸收的能量，表征构件的耗能能力。在三种典型滞回曲线中，梭形耗能能力最强，弓形次之，倒S形最差。

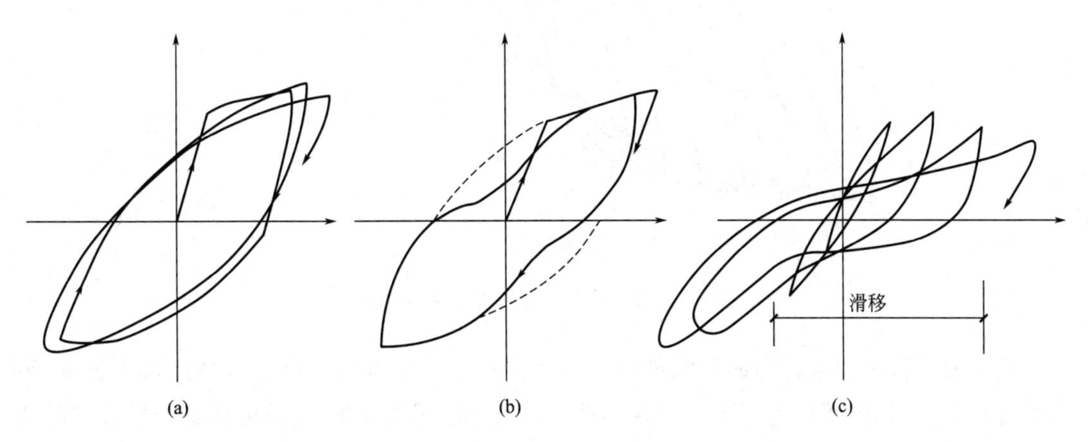

图 7.3.2 典型滞回曲线

(a)梭形；(b)弓形；(c)倒S形

在构件反复荷载试验的滞回曲线图上，将同方向各次加载的峰点依次相连得到的滞回环外包络线称为骨架曲线。钢筋混凝土构件的骨架曲线通常与单调加载时的力-变形曲线相近，但如果存在严重的剪切和钢筋粘结滑移影响，则骨架曲线明显低于单调加载时的力-变形曲线。滞回曲线和骨架曲线统称为恢复力曲线，用以表征构件中恢复力与变形的关系，或表征构件在循环反复荷载作用下的变形全过程。

7.3.2 钢筋混凝土梁

受循环反复荷载作用的钢筋混凝土梁单轴滞回性能取决于其破坏特性。试验表明，对发生弯曲破坏的梁，钢筋屈服前，梁的骨架曲线与单调加载时梁的力-变形曲线基本重合，其滞回曲线基本呈稳定的梭形，刚度与强度退化较小。钢筋屈服后，其滞回曲线将出现“捏拢”现象，刚度退化渐趋明显，如图 7.3.3 所示。相对而言，弯曲破坏的梁滞回形状饱满，具有较大的延性和耗能能力。对比试验表明，影响弯曲破坏的梁滞回性能的主要因素是纵向配筋。对称配筋梁具有较好的延性，耗能能力较非对称梁为好。此外，带翼缘 T 形梁的耗能能力比条件相同的矩形梁大。

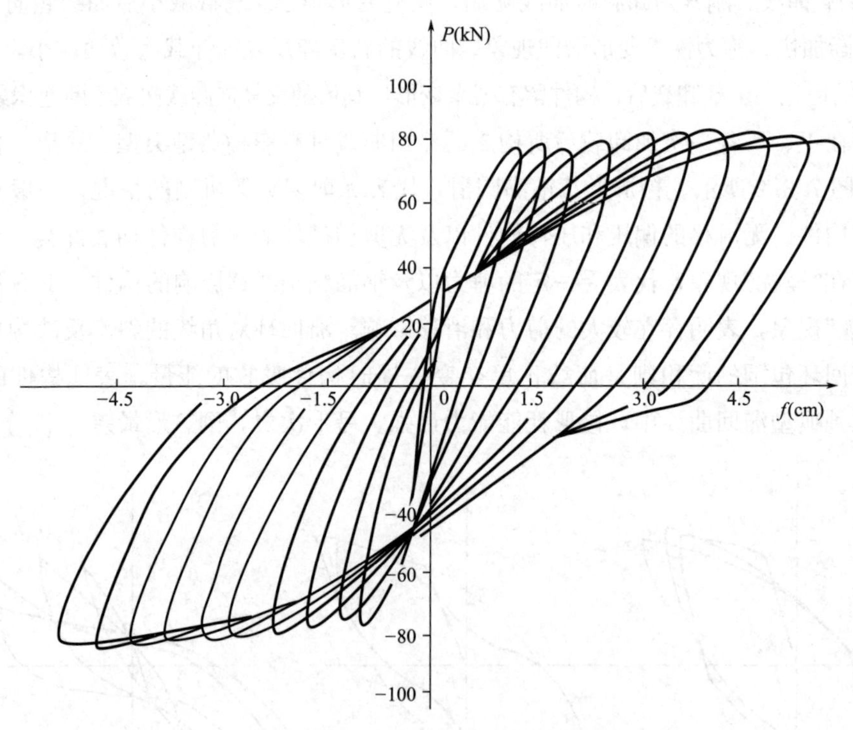

图 7.3.3　弯曲破坏梁的滞回曲线

发生剪切破坏的梁其滞回曲线如图 7.3.4 所示。可以看出，对于剪跨比较小的梁(剪力相对较大)，其滞回环为弓形，呈现出明显的“捏拢”现象，刚度退化严重。延性和耗能能力较弯曲破坏梁显著降低(试验数据表明，在第 50～52 次循环中，剪切破坏梁的滞回性能仅为弯曲破坏梁的 62%)。

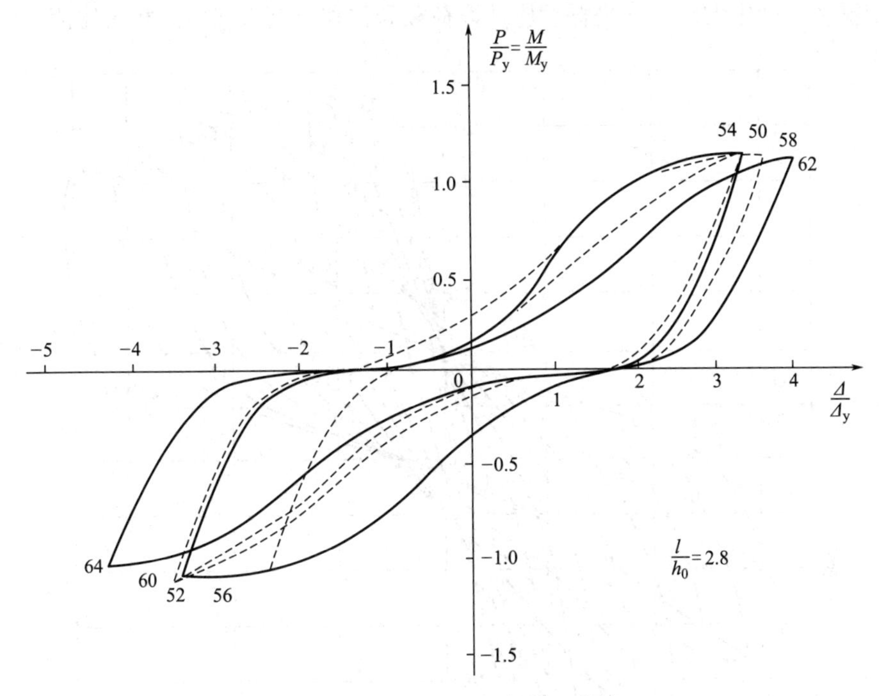

图 7.3.4　剪切破坏梁的滞回曲线

试验表明，加密箍筋可以明显提高梁的耗能能力，但不能完全消除“捏拢”现象。同时，配箍量的提高有一定的限制。超限后梁将发生剪切破坏，使滞回性能变得更差。

7.3.3　钢筋混凝土柱

钢筋混凝土柱主要承受轴力和弯矩，同时也有剪力的作用。钢筋混凝土柱的剪切破坏和小偏心受压破坏具有脆性破坏的特点而使构件的延性大为降低。大偏心受压下柱的弯曲破坏则出现与双面适筋梁类似的破坏形态，柱受拉一侧钢筋首先屈服，然后受压侧钢筋屈服，混凝土压碎，具有塑性破坏的性质。

根据柱长度与截面高度之比(l/h)的不同，钢筋混凝土柱分为长柱($l/h>4$)和短柱($l/h\leqslant4$)两种类型。长柱为压弯构件，剪力影响较小；短柱则为压、剪起控制作用。相应地，柱滞回曲线特性也随柱之长短而异。

7.3.3.1　长柱

轴压比是影响长柱滞回特性的重要因素。图 7.3.5 表示了在不同轴压比条件下，试件 L2-22 和 L2-21 的荷载-位移滞回曲线，其相应的轴压比 N/bh_0f_c 为 0.266 和 0.459。可以看出，随着轴压比的提高，滞回环呈现“捏拢”现象，与受弯构件相比，长柱在钢筋屈服后呈现更显著的强度与刚度退化现象。但由于对称配筋的关系，即使受压区混凝土已发展到破坏的情况下，构件的强度仍未表现出有下降的趋势，具有较高的承载力和较好的延性。作为比较，图 7.3.6 表示了不同轴压比对单个滞回环的影响。所对比的构件具有相同的配筋率和配箍率。图中的纵、横坐标相应地取荷载和位移与其极限值的相对比值。

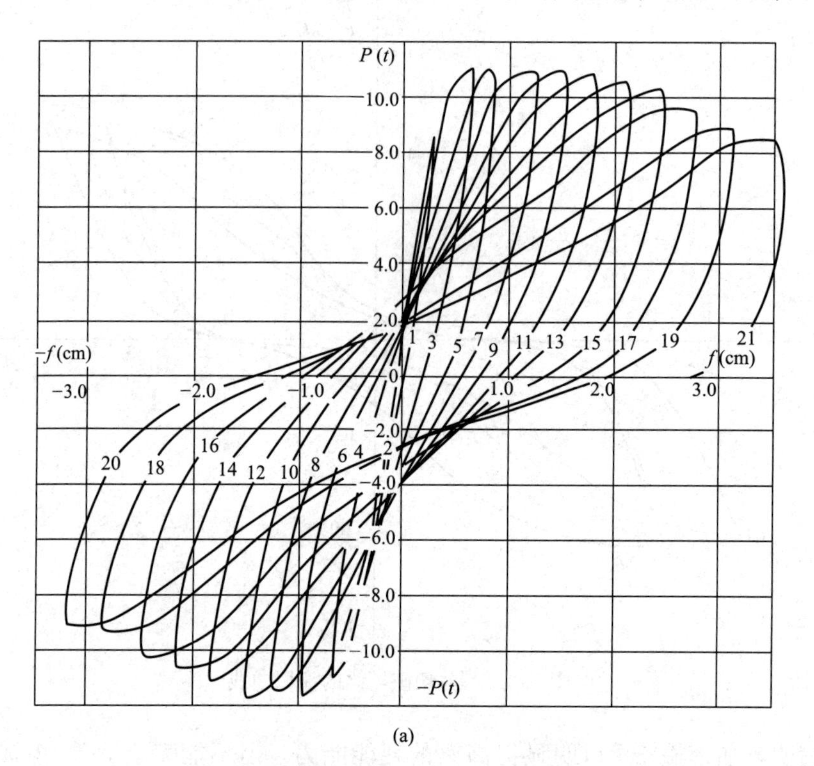

(a)

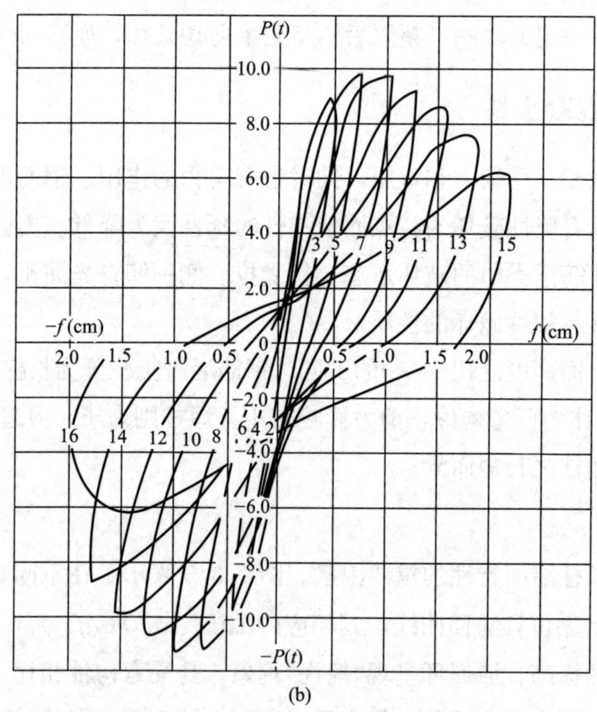

(b)

图 7.3.5　荷载-位移滞回曲线

(a)试件 L2-22，N=176kN；(b)试件 L2-21，N=291kN

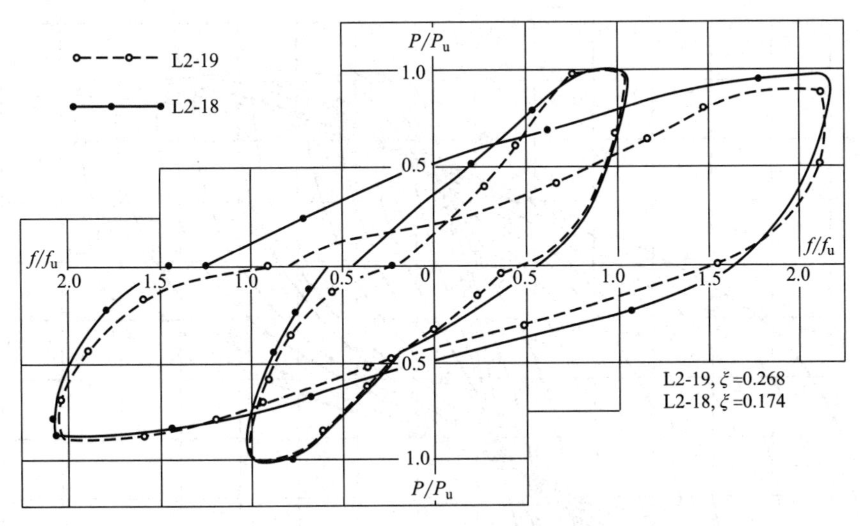

图 7.3.6　轴压比对滞回曲线的影响

长柱的纵筋配筋率对其滞回特性也有明显的影响。柱纵筋配筋率的提高，不但提高了柱的承载力，而且耗能能力也有提高。图 7.3.7 表示了不同纵向钢筋配筋率下，荷载与柱端位移的滞回曲线。试件 L2-3 与 L2-18 的单面纵筋配筋率分别为 0.467%和 2.540%。可以看出，柱极限荷载由 54kN 提高到 83kN，相应的滞回环由明显的捏拢型变为丰满型。图 7.3.8 给出了不同纵筋配筋率对滞回环的影响。图中纵、横坐标相应地取荷载和位移与极限值的相对比值。

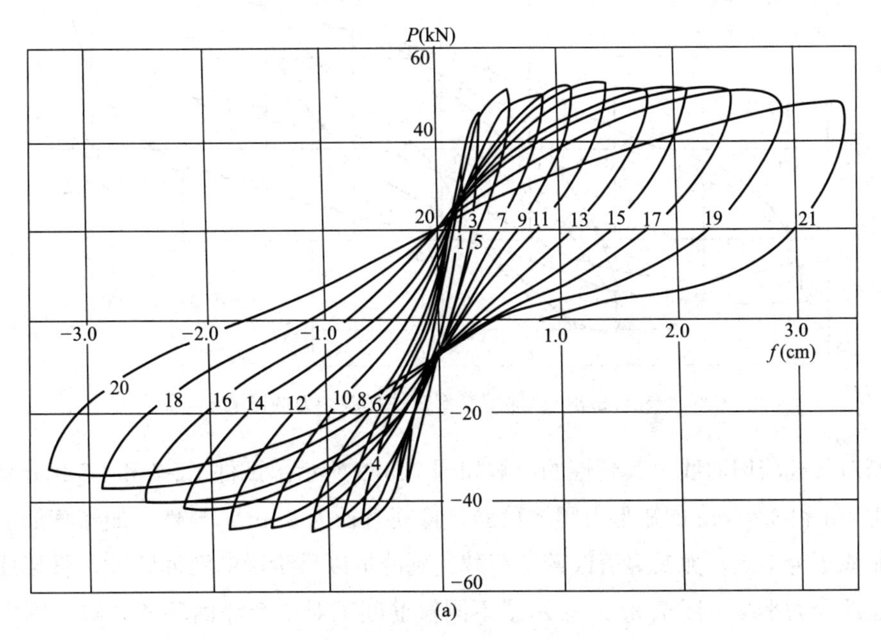

图 7.3.7　纵筋配筋率对柱滞回曲线的影响(一)

(a)L2-3，$\mu=\mu'=0.467\%$

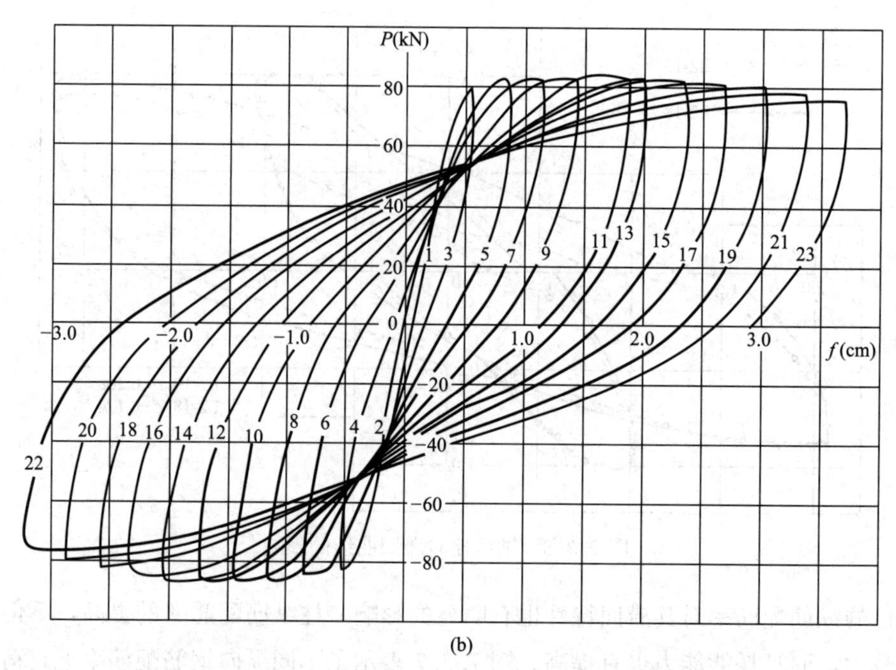

图 7.3.7　纵筋配筋率对柱滞回曲线的影响(二)

(b)L2-18，$\mu=\mu'=2.54\%$

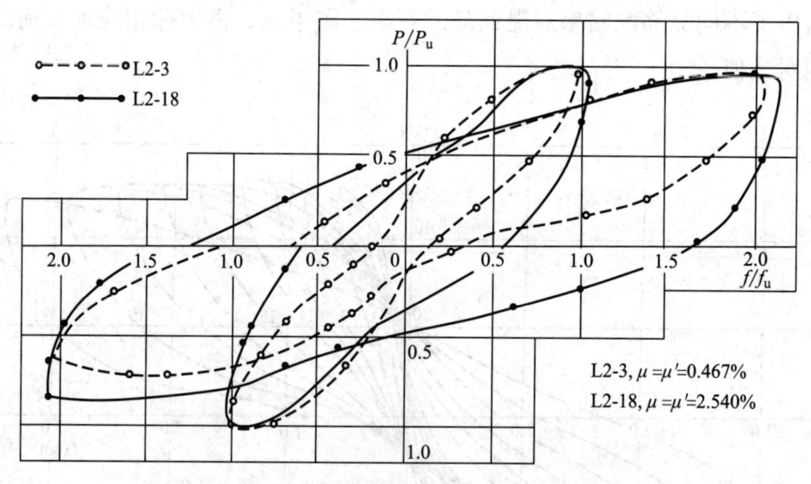

图 7.3.8　纵筋配筋率对柱耗能能力的影响

箍筋对长柱滞回曲线及其延性的影响如图 7.3.9 所示。试件 L2-7 和 L2-9 分别配置了间距为 15cm 和 3.75cm 的矩形封闭式箍筋，箍筋直径为 6mm。显然，加密箍筋后，长柱的滞回曲线更为丰满，尤其显著改善了荷载达到峰值以后阶段的滞回特性，骨架曲线的下降段明显地变为平缓。图 7.3.10 表示了不同箍筋间距对单个滞回环的影响。图中坐标同样采取了相对值。

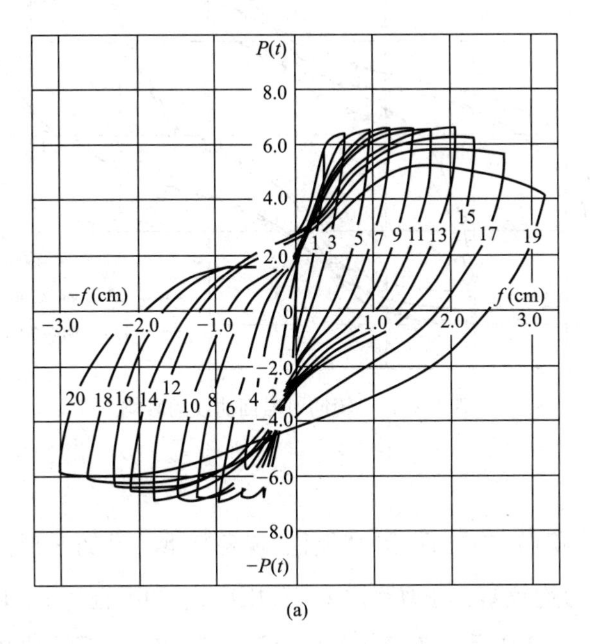

(a)

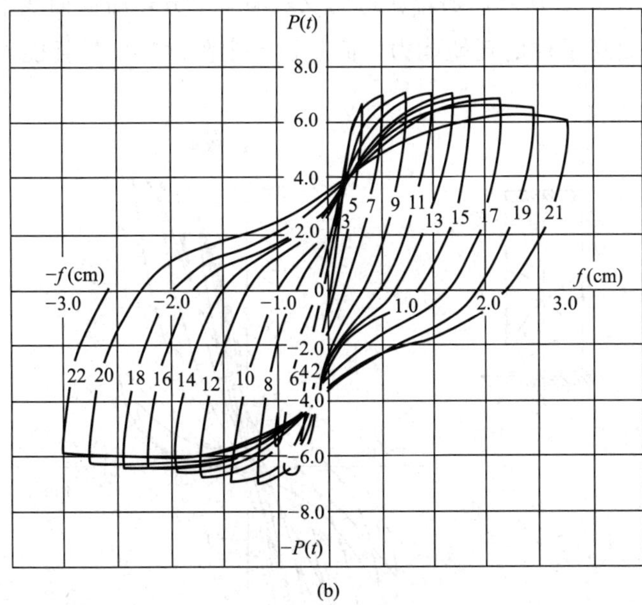

(b)

图 7.3.9 荷载-位移滞回曲线

(a)试件 L2-7，箍筋间距 15cm；(b)试件 L2-9，箍筋间距 3.75cm

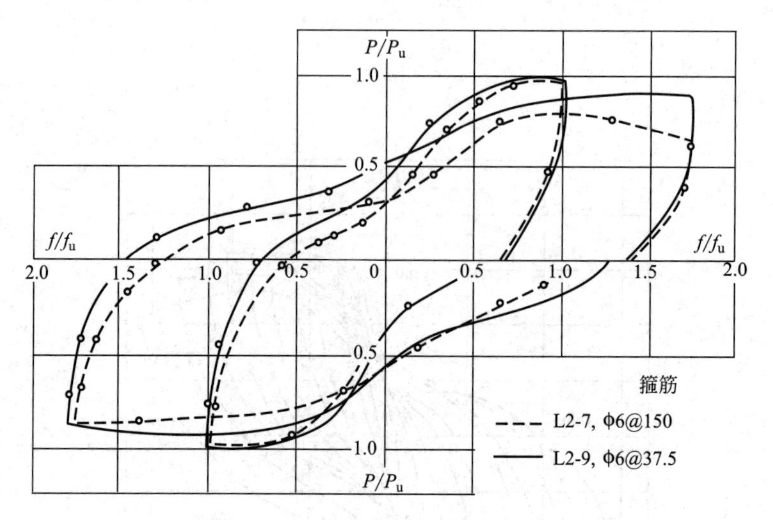

图 7.3.10　箍筋对滞回曲线的影响

7.3.3.2　短柱

短柱的滞回曲线如图 7.3.11 所示。"捏拢"现象严重，呈倒 S 形，其刚度与强度退化严重，延性及耗能能力均较差。柱剪跨比 λ、轴压比 n_0 和配箍率 ρ_{sv} 是影响短柱滞回性能的主要因素。如图 7.3.12 所示，随着剪跨比及配箍率上升，滞回曲线丰满程度增大。轴压力在一定程度上提高了柱的耗能能力，但超过一定限度后，柱耗能能力反而更差，如图 7.3.13 所示。

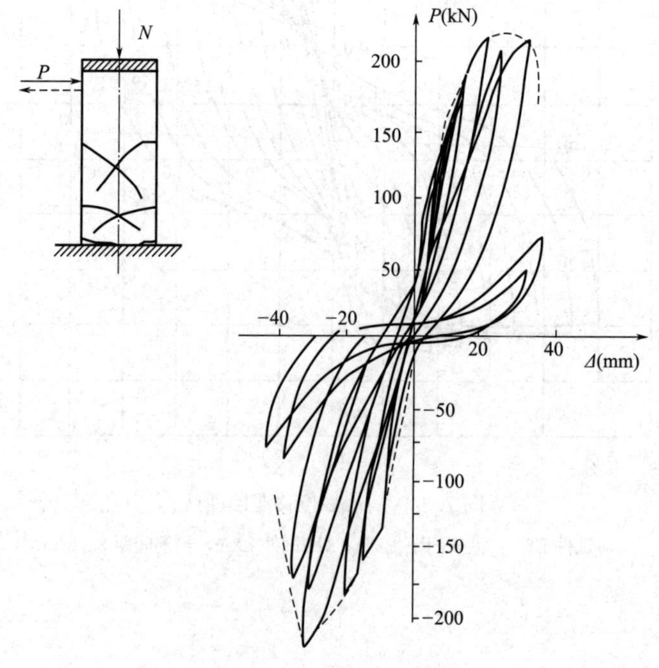

图 7.3.11　短柱剪切破坏

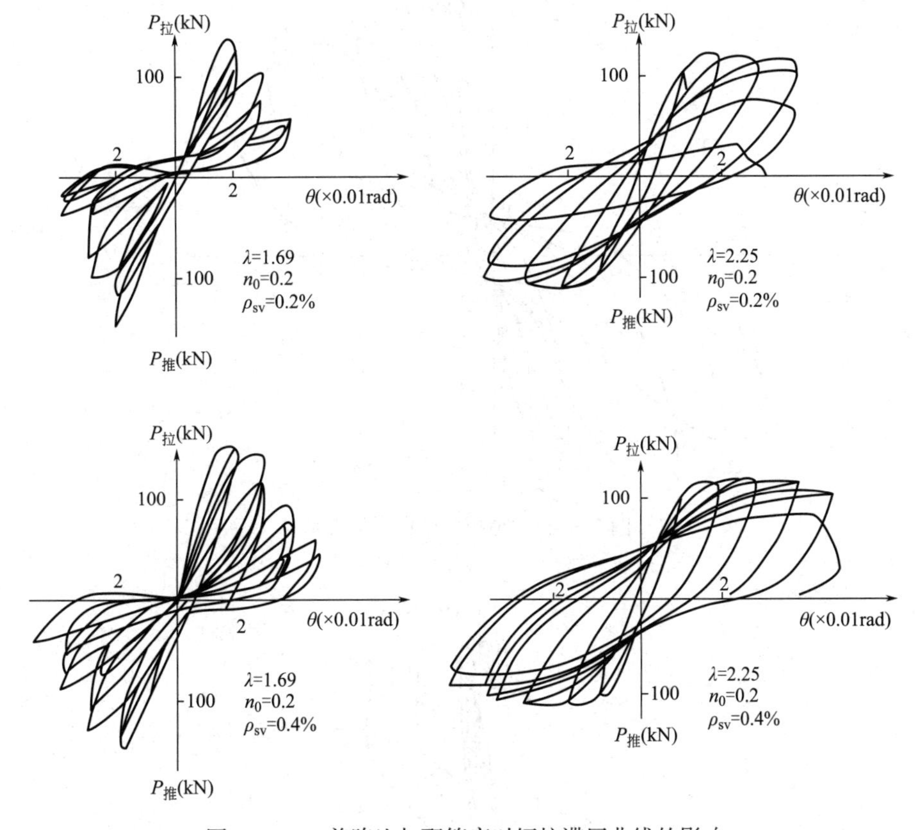

图 7.3.12 剪跨比与配箍率对短柱滞回曲线的影响

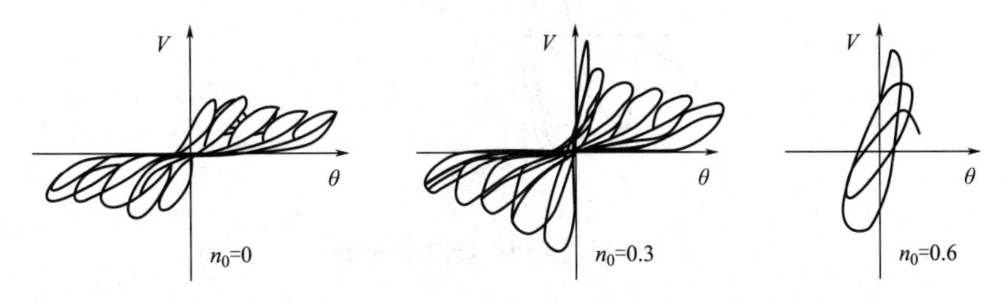

图 7.3.13 轴压比对短柱滞回曲线的影响

7.3.4 钢筋混凝土受扭构件

纯扭和压扭构件的循环反复荷载试验研究较少。有限的试验表明，扭矩循环反复作用下钢筋混凝土梁的斜裂缝开展趋势与扭矩单调加载梁相似。纯扭构件的滞回曲线呈现反 S 形，压扭构件的滞回曲线则相对丰满，如图 7.3.14 和图 7.3.15 所示。循环反复的扭矩作用极易导致钢筋与混凝土的粘结破坏，强度与刚度退化现象显著。与单调受扭相似，循环反复荷载下的极限抗扭能力略有降低。

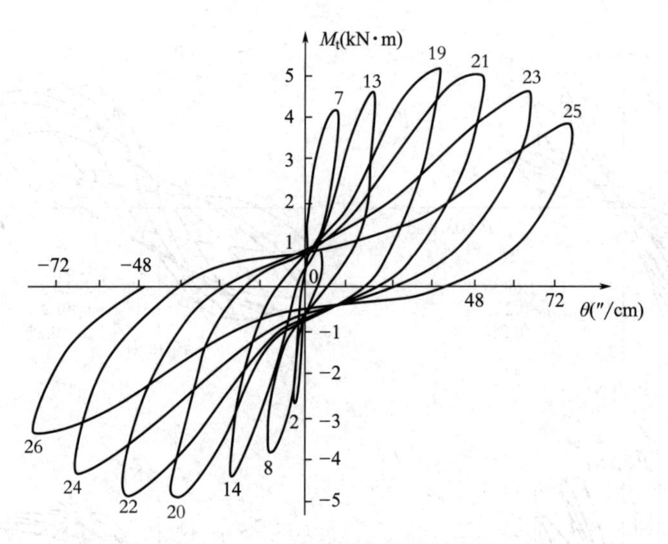

图 7.3.14　纯扭构件的滞回曲线

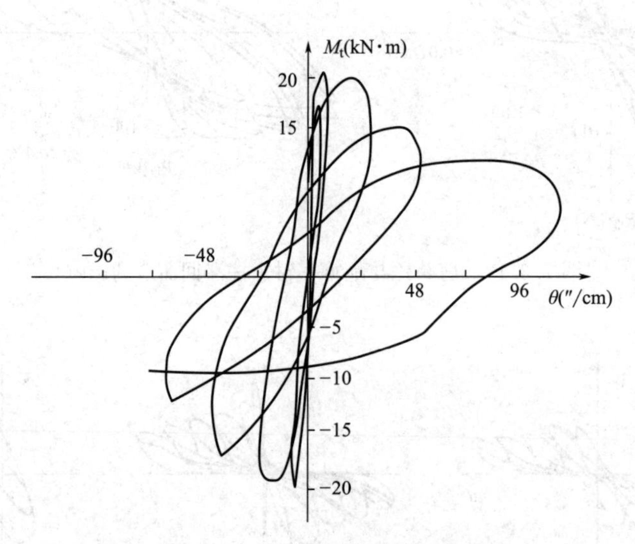

图 7.3.15　压扭构件的滞回曲线

7.3.5　钢筋混凝土梁、柱节点

循环反复荷载作用下梁柱节点受到梁传来的剪力和弯矩以及柱传来的轴力、剪力和弯矩的共同作用，受力状态较为复杂。图 7.3.16 给出了外力与节点区剪应变的滞回关系。可以看出，梁柱节点的滞回曲线由初始的梭形迅速发展为反 S 形的曲线，其耗能能力及延性都相对较差。梁柱节点较差的抗震性能与梁纵筋在节点区内的滑移密切相关。试验表明，在循环反复荷载作用下，节点核心区存在较大的粘结应力，容易导致粘结破坏，并使梁筋受压一边也迅速转为受拉，导致梁纵筋在节点核心区贯通滑移，破坏了节点核心区剪力的正常传递，从而使核心区抗剪强度降低，同时也明显降低了节点区的刚度和耗能能力。

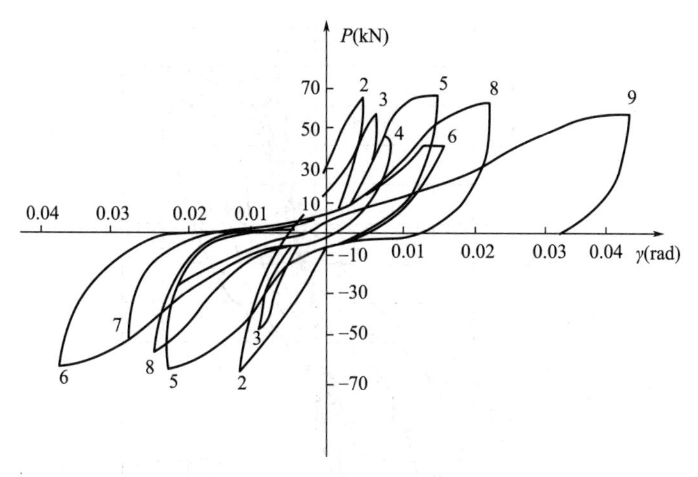

图 7.3.16 节点核心区的荷载-剪应变滞回曲线

7.3.6 钢筋混凝土剪力墙

钢筋混凝土剪力墙的滞回曲线一般与钢筋混凝土柱的滞回曲线类似。在加载初期为梭形，继而出现“捏拢”现象，最终形成弓形曲线。剪跨比对剪力墙破坏形态有着较大的影响。一般情况下，剪跨比大于 2 时，呈现弯曲破坏形态，延性较好；剪跨比小于 1.5 时，则呈现剪切破坏形态，延性较差。图 7.3.17 是两个开洞剪力墙的顶部水平荷载-侧向位移的滞回曲线。试件 S-9(2)的剪跨比较大，在墙顶水平荷载的反复作用下，首先在连系梁端出现弯曲裂缝，然后在墙肢自下而上地出现水平弯曲裂缝。当墙肢受拉钢筋屈服，墙底形成塑性铰后，骨架曲线趋向平缓，结构延性较好。另一试件 S-1D 剪跨比较小，试件加载后，底层的墙肢首先出现水平方向的弯曲受拉裂缝，钢筋屈服，后因受压墙肢出现斜裂缝而突然剪坏，结构延性较差。

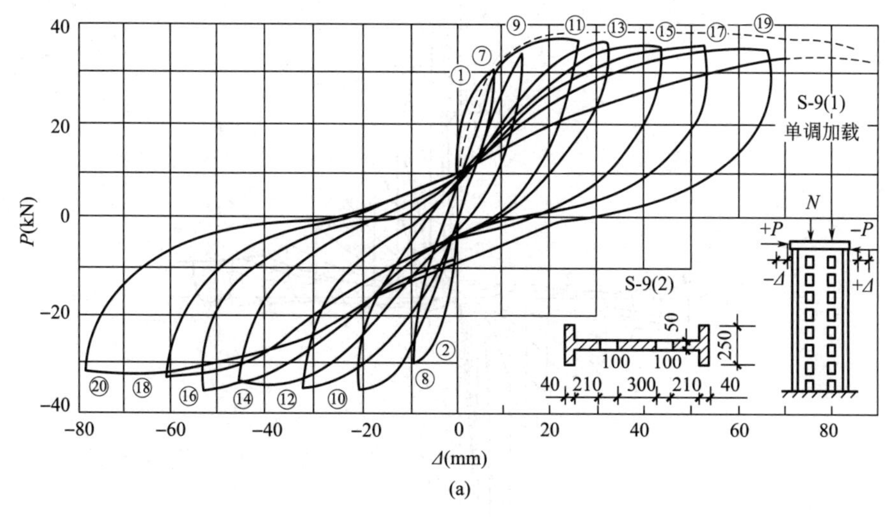

图 7.3.17 开洞剪力墙的滞回曲线(一)

(a)弯曲破坏

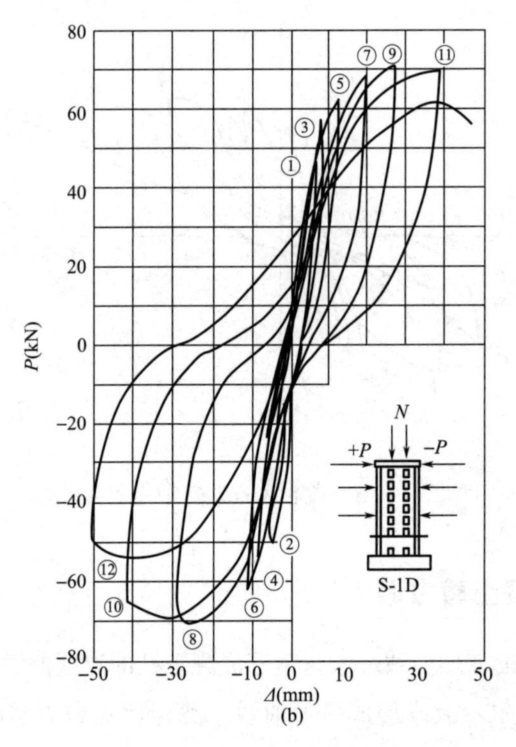

图 7.3.17　开洞剪力墙的滞回曲线(二)

(b)弯剪破坏

7.3.7　钢筋与混凝土的粘结-滑移

钢筋混凝土构件在循环反复荷载作用下，其内部钢筋将承受拉、压力的反复作用。粘结钢筋拉、压力反复卸载试验测得的粘结应力-滑移滞回曲线如图 7.3.18 所示，其骨架曲

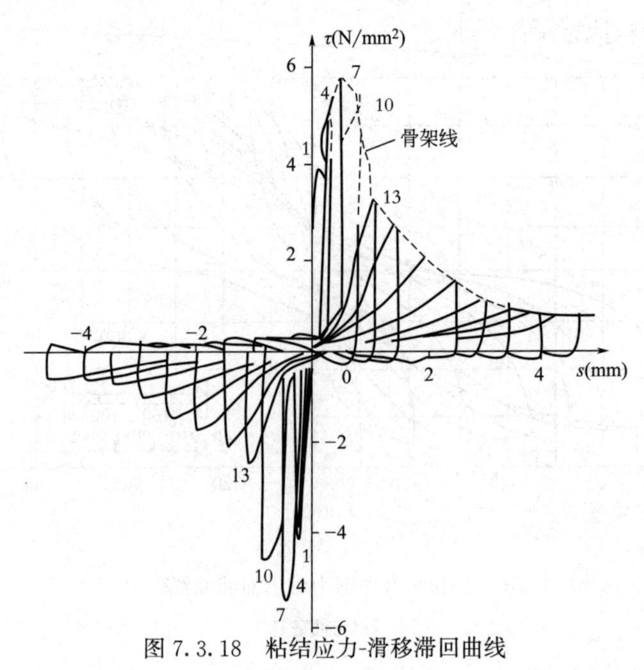

图 7.3.18　粘结应力-滑移滞回曲线

线与单调加载试验结果相似，但变形钢筋的平均粘结强度降低约 14%，光圆钢筋降低得更多，不宜在工程中采用。从图 7.3.18 可以看出，钢筋、混凝土间粘结-滑移滞回曲线的形状较一般钢筋混凝土构件的"捏拢"现象更为严重，卸载线与纵轴几乎平行，即使是全部卸载，恢复变形仍极小；反向加载时，在应力约为 $0.2\tau_{max}$ 处出现一个长平台，残余滑移全部恢复，并发生很大的反向滑移，随后反向加载线才继续上升。

§7.4　钢构件的滞回性能

7.4.1　钢梁

钢梁是受弯构件，由于钢材具有良好的塑性变形能力，因此在地震反复荷载作用下，钢梁的截面弯矩-曲率/转角滞回曲线饱满，表明构件具有良好的抗震滞回耗能能力。图 7.4.1 展示了一个两端简支钢梁在跨中集中力反复作用下的跨中弯矩-梁端转角变形试验曲线，可见：在跨中梁截面首次屈服后，由于截面翼缘材料发生应变硬化，使得后续屈服弯矩随着转角增加而增大。需要注意的是，只有避免钢梁构件发生局部失稳和整体失稳过早发生，上述强化现象才会发生。

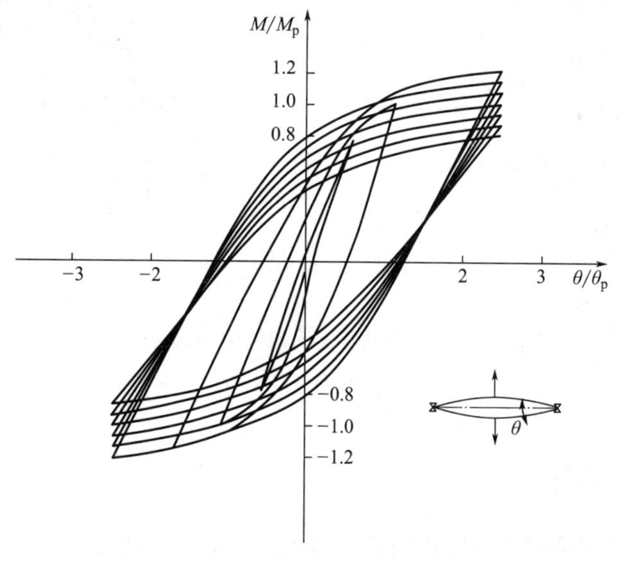

图 7.4.1　钢梁构件的滞回曲线

同时，钢梁在各加载循环中发生卸载时，卸载开始点的斜率大致与加载开始点的斜率相同，随后不断减小，即卸载刚度小于初始加载刚度，这是由于钢材料的包辛格效应所致。而在屈服后，当同一塑性变形下多次循环加载后，其弯矩幅值将明显下降。这通常是由于钢梁翼缘或腹板弹塑性局部失稳引起截面性能劣化所致。

7.4.2　钢柱

钢柱是压弯构件，若构件长细比足够小而不发生弯曲平面外的弯扭失稳，则在地震反复水平荷载作用下，构件承载力取决于计入轴力影响之后的截面极限弯矩。当轴力较小时，由于材料的强化效应，屈服后的承载力可以随着水平位移增大而继续上升，直至板件发生弹塑性局部失稳，构件承载力则开始下降；当轴力增加到一定程度时，材料强化效应引起的屈服后承载力上升将被轴力引起二阶效应所抵消，承载力将更早进入退化；当轴力较大时，构件一旦屈服，则承载力会立即退化。因此，若要保证钢柱构件具有良好的塑性变形能力，应注意限制构件长细比和板件宽厚比以防止构件发生整体失稳和局部失稳，同时有效控制柱轴压力的大小。

图 7.4.2 展示了轴力较小和较大的两个钢悬臂柱构件在柱顶反复水平荷载作用下的力-位移滞回曲线，可见，由于上述轴压力的影响机理，导致两者滞回曲线所围面积相差较大，轴压力小的钢柱滞回耗能能力明显优于轴压力大的构件。

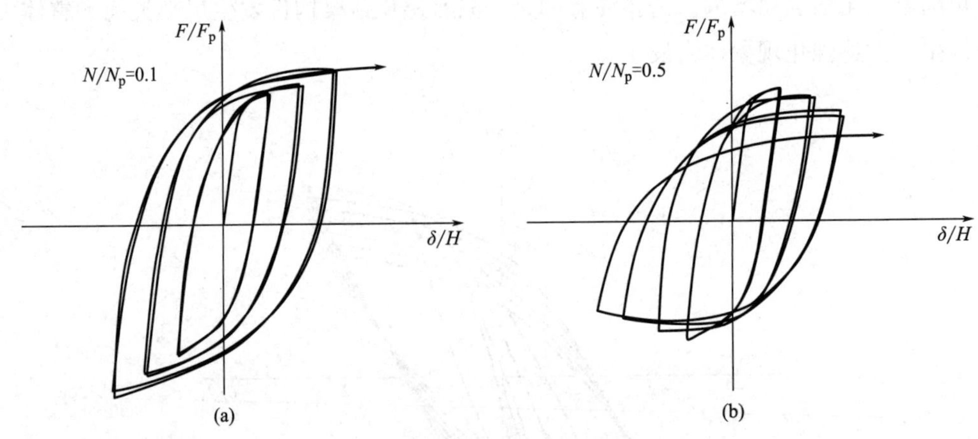

图 7.4.2　不同轴压比下钢柱构件的滞回曲线

(a)$N/N_p=0.1$；(b)$N/N_p=0.5$

7.4.3　梁柱节点

对于钢框架结构中采用刚性连接的梁柱节点，其滞回性能受到节点域钢板厚度的影响，若节点域钢板很薄，就易于发生剪切变形，导致节点域承载力降低。因此增大节点域钢板的厚度或设置加劲肋，有助于提高抗弯节点域的刚度、承载力和稳定性。同时，节点滞回性能还受到节点域周围梁柱构件翼缘、腹板及加劲肋的约束影响，相关约束越强，则节点域刚度和承载力越高。此外，不同的连接方式对于梁柱节点的滞回性能也有影响。对于梁翼缘、腹板均采用全焊接或翼缘焊接、腹板用高强螺栓连接时，节点域滞回曲线呈稳定的纺锤形；而当翼缘、腹板都用角钢连接时，由于螺栓的相对滑移以及连接板或角钢的变形，滞回曲线将呈现捏拢现象。图 7.4.3 分别展示了上述两种不同连接方式的节点滞回曲线。

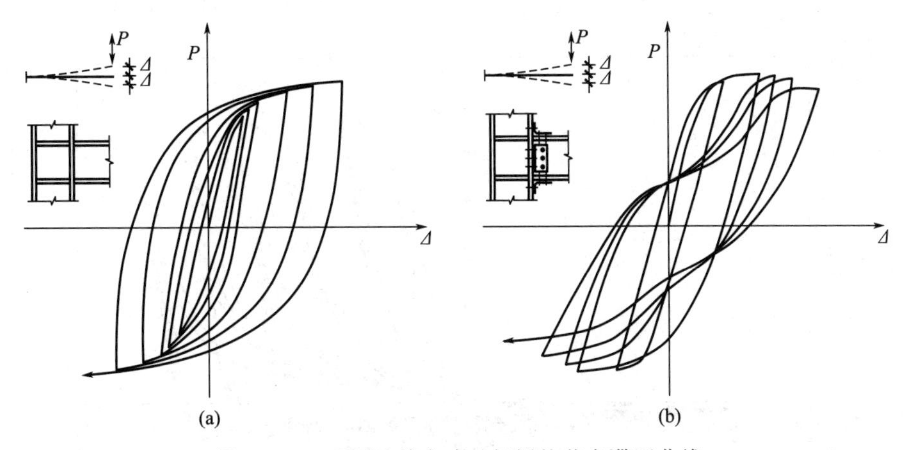

图 7.4.3 不同连接方式的钢梁柱节点滞回曲线

(a)梁翼缘、腹板均采用全焊接或翼缘焊接、腹板用高强度螺栓连接；(b)翼缘、腹板都用角钢连接

7.4.4 钢支撑

普通钢支撑在地震往复荷载作用下，反复受到轴拉力和轴压力交替变化的作用。对于具有中等长细比的钢支撑构件，当构件在轴压力作用下，将发生失稳，随着轴压变形继续增大，截面逐渐进入弹塑性，抗压承载力随之下降。当地震力反向，构件受压卸载并进入受拉加载，刚度有所恢复，直至达到受拉屈服。因此构件滞回曲线上的受压承载力低于受拉承载力，而且在往复加载过程中，后续再次受压失稳的临界荷载相对于首次失稳，会逐渐降低。

对于长细比较大的钢支撑构件，其受压失稳的临界荷载很小，因此滞回曲线上的受压承载力显著地低于受拉承载力。图 7.4.4 分别展示了具有中等长细比和长细比较大的两根钢支撑的轴向加载滞回曲线。

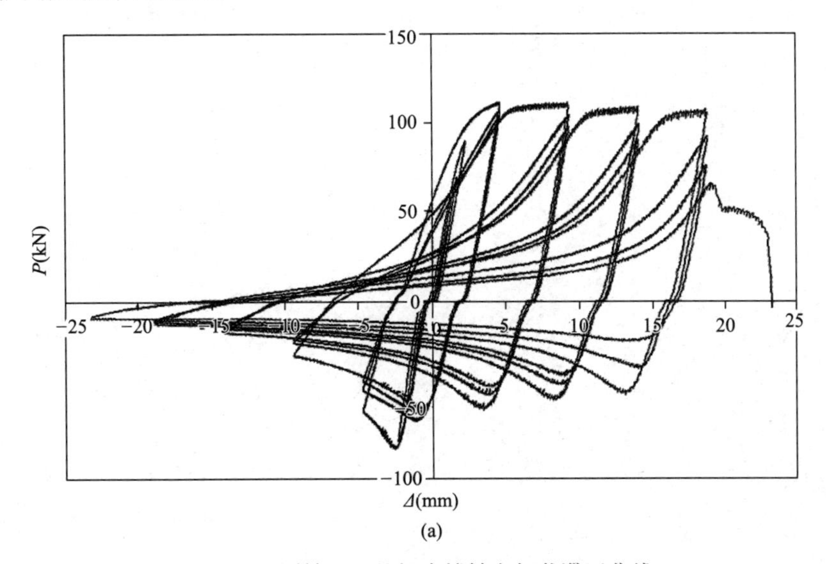

图 7.4.4 不同轴压比的钢支撑轴向加载滞回曲线(一)

(a)中等长细比

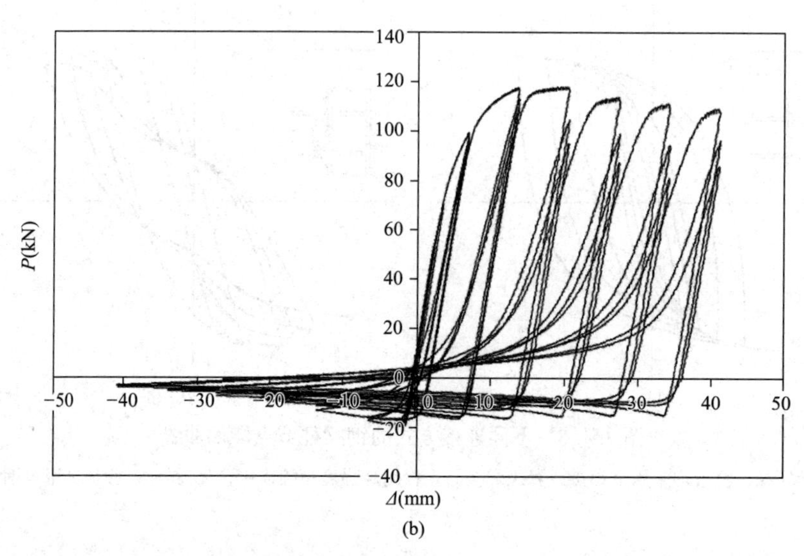

(b)

图 7.4.4　不同轴压比的钢支撑轴向加载滞回曲线(二)

(b)较大长细比

第 8 章　弹塑性时程分析法

§8.1　恢复力模型

8.1.1　单轴恢复力模型

弹塑性本构关系模型是弹塑性时程分析的核心，其重点是确定合理的恢复力模型，即提供弹塑性地震反应分析用的恢复力-变形关系的数学模型。恢复力模型概括了钢筋混凝土结构或构件的刚度、强度、延性、耗能能力等力学特性，是结构弹塑性时程分析的重要依据，也是决定弹塑性时程分析精度的主要因素。

8.1.1.1　双线型模型

双线型模型采用两段斜率不同的直线描述正、反向加载恢复力骨架曲线。钢筋混凝土结构或构件考虑其退化性质通常采用刚度退化双线型模型，并根据是否考虑结构或构件屈服后的硬化状况，分为坡顶退化双线型模型和平顶退化双线型模型，如图 8.1.1 和图 8.1.2 所示。图中，k_1 和 k_2 分别表示结构或构件的弹性刚度与弹塑性刚度。P_y 为屈服荷载，U_y 为与 P_y 相应的变形。

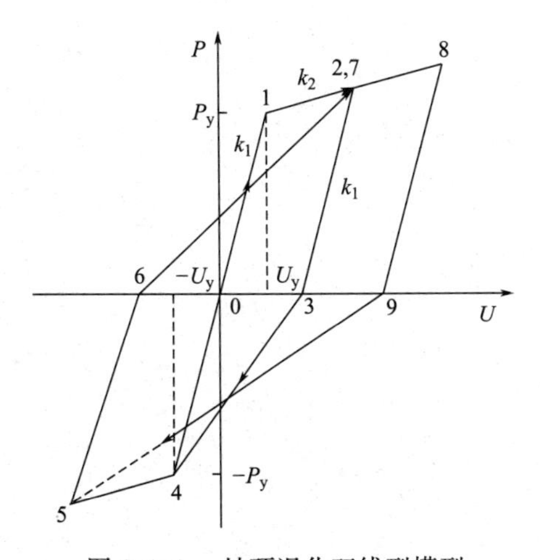

图 8.1.1　坡顶退化双线型模型

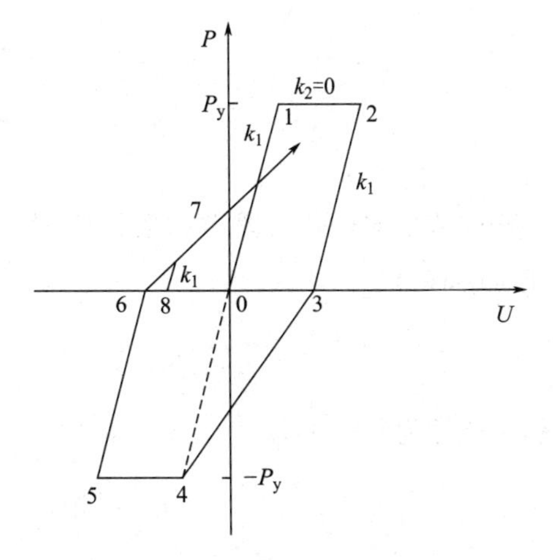

图 8.1.2　平顶退化双线型模型

1. 主要特点

(1)第一个折点为屈服点，相应的力与变形为 P_y 和 U_y。

(2)卸载无刚度退化，卸载刚度仍为 k_1。卸载至零反向再加载时刚度退化。

(3)非弹性阶段卸载至零第一次反向加载时直线指向反向屈服点，后续反向加载时直线指向所经历过的最大位移点。

(4)中途卸载时，卸载刚度取 k_1。

2. 数学描述

设 $P(U_i)$、U_i 表示 t_i 时刻结构的恢复力与变形，则在 t_{i+1} 时刻刚度退化双线型的恢复力 $P(U_{i+1})$ 与变形 U_{i+1} 关系可表示为：

$$P(U_{i+1})=P(U_i)+\alpha k_1(U_{i+1}-U_i) \tag{8.1.1}$$

式中　α——刚度降低系数，其取值随着恢复力模型直线段的不同而变化；

k_1——弹性刚度。

根据式(8.1.1)，坡顶退化双线型模型(图 8.1.1)各典型阶段的力-变形关系式简述如下。

1)正向或反向弹性阶段(01 段或 04 段)

此阶段有：

$$\dot{U}>0，U<U_y；或\dot{U}<0，U>-U_y$$

初始条件为：

$$U_0=0，P(U_0)=0$$

刚度降低系数为：

$$\alpha=1$$

故：

$$P(U_{i+1})=k_1U_{i+1},k_1=\frac{P_y}{U_y} \tag{8.1.2}$$

2)正向或反向硬化阶段(12 段或 45 段)

此阶段有：

$$\dot{U}>0，U>U_y；或\dot{U}<0，U<-U_y$$

初始条件为：

$$U_i=\pm U_y，P(U_i)=\pm P_y$$

刚度降低系数为：

$$\alpha=\frac{k_2}{k_1}<1$$

故：

$$P(U_{i+1})=\pm P_y\pm\alpha k_1(U_{i+1}\mp U_y) \tag{8.1.3}$$

3)正向硬化阶段卸载(23 段)

此阶段有：

$$\dot{U}<0,\ U<U_2$$

初始条件为：

$$U_i=U_2,\ P(U_i)=P(U_2)$$

刚度降低系数为：

$$\alpha=1$$

故：

$$P(U_{i+1})=P(U_2)+k_1(U_{i+1}-U_2) \tag{8.1.4}$$

4)正向硬化阶段卸载至零且第一次反向加载(34 段)

此阶段有：

$$\dot{U}<0,\ U<U_3$$

初始条件为：

$$U_i=U_3,\ P(U_i)=P(U_3)=0$$

刚度降低系数为：

$$\alpha=\frac{P_y}{(U_3+U_y)k_1}$$

故：

$$P(U_{i+1})=\frac{P_y}{U_3+U_y}(U_{i+1}-U_3) \tag{8.1.5}$$

5)反向硬化阶段加载(56 段)

此阶段有：

$$\dot{U}>0,\ U>-U_5$$

初始条件为：

$$U_i=-U_5,\ P(U_i)=-P(U_5)$$

刚度降低系数为：

$$\alpha=1$$

故：

$$P(U_{i+1})=-P(U_5)+k_1(U_{i+1}+U_5) \tag{8.1.6}$$

6)反向硬化阶段卸载至零再正向加载(62 段)

此阶段有：

$$\dot{U}>0,\ U>-U_6$$

初始条件为：

$$U_i=-U_6,\ P(U_i)=-P(U_6)=0$$

刚度降低系数为：

$$\alpha=\frac{P(U_2)}{(U_2+U_6)k_1}$$

故：

$$P(U_{i+1})=\frac{P(U_2)}{U_2+U_6}(U_{i+1}+U_6) \tag{8.1.7}$$

需要指出，式(8.1.2)～式(8.1.7)中，U_2、$P(U_2)$、U_3、U_5、$P(U_5)$和 U_6 分别表示与点 2、3、5、6 对应的恢复力与变形的绝对值。

8.1.1.2　三线型模型

对钢筋混凝土结构而言，由于有出现裂缝和逐步形成塑性区(或多个塑性阶段)的过程，一般多采用三线型模型作为恢复力模型。该模型较刚度退化二线型模型更能细致地描述钢筋混凝土结构或构件的实际恢复力特性。与刚度退化二线型模型类似，根据否考虑结构或构件屈服后的硬化状况，刚度退化三线型模型可分为两类：考虑硬化状况的坡顶退化三线型模型和不考虑硬化状况的平顶退化三线型模型，如图 8.1.3 和图 8.1.4 所示。

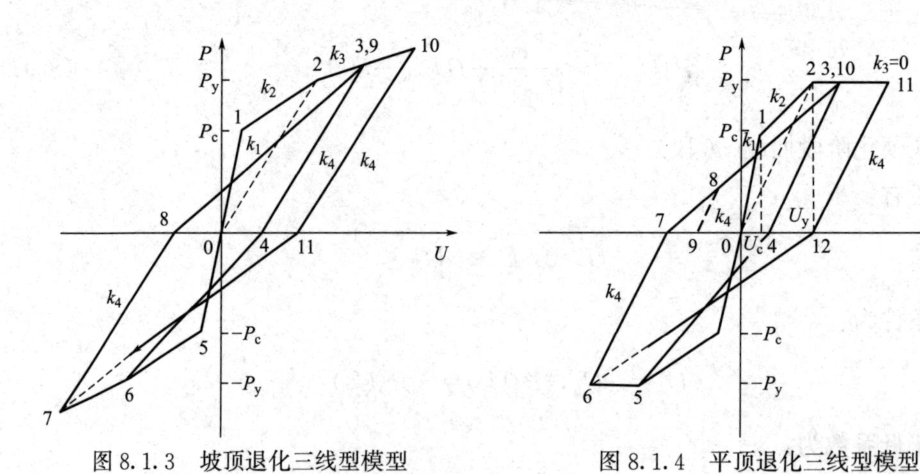

图 8.1.3　坡顶退化三线型模型　　　　图 8.1.4　平顶退化三线型模型

1. 主要特点

(1)三折线的第一段表示线弹性阶段，此阶段刚度为 k_1，点 1 表示开裂点。第二段折线表示开裂至屈服的阶段，此阶段刚度为 k_2，点 2 表示屈服点。第三段折线为屈服后阶段，其刚度为 k_3。

(2)若在开裂至屈服阶段卸载，则卸载刚度为 k_1。若屈服后卸载，则卸载刚度取割线 02 的刚度 k_4。

(3)中途卸载时，卸载刚度取 k_4。

(4)12(23 段)卸载至零第一次反向加载时直线指向反向开裂点(屈服点)，后续反向加载时直线指向所经历过的最大位移点。

2. 数学描述

根据式(8.1.1)，坡顶退化三线型模型(图 8.1.3)各典型阶段的力-变形关系式简述如下。

1)正向或反向弹性阶段(01 段或 05 段)

此阶段有：

$$\dot{U}>0,\ U<U_c;\ 或\dot{U}<0,\ U>-U_c$$

初始条件为：

$$U_0=0,\ P(U_0)=0$$

刚度降低系数为：

$$\alpha=1$$

故：

$$P(U_{i+1})=k_1U_{i+1},k_1=\frac{P_c}{U_c} \tag{8.1.8}$$

2)正向或反向弹塑性阶段(12 段或 56 段)

此阶段有：

$$\dot{U}>0,\ U_c<U<U_y;\ 或\dot{U}<0,\ -U_c>U>-U_y$$

初始条件为：

$$U_i=\pm U_c,\ P(U_i)=\pm P_c$$

刚度降低系数为：

$$\alpha=\alpha_1=\frac{k_2}{k_1}<1$$

故：

$$P(U_{i+1})=\pm P_c\pm\alpha_1k_1(U_{i+1}\mp U_c) \tag{8.1.9}$$

3)正向或反向硬化段(23段或67段)

此阶段有：

$$\dot{U}>0,\ U>U_y;\ 或\dot{U}<0,\ U<-U_y$$

初始条件为：

$$U_i=\pm U_y,\ P(U_i)=\pm P_y$$

刚度降低系数为：

$$\alpha=\alpha_2=\frac{k_3}{k_1}<1$$

故：

$$P(U_{i+1})=\pm P_y\pm\alpha_2 k_1(U_{i+1}\mp U_y) \tag{8.1.10}$$

4)正向或反向硬化段卸载(34段或78段)

此阶段有：

$$\dot{U}<0,\ U<U_3;\ 或\dot{U}>0,\ U>-U_7$$

初始条件为：

$$U_i=U_3,\ P(U_i)=P(U_3)或U_i=-U_7,\ P(U_i)=-P(U_7)$$

刚度降低系数为：

$$\alpha=\alpha_4=\frac{k_4}{k_1}=\frac{P_y}{U_y k_1}$$

故：

$$P(U_{i+1})=\begin{cases}P(U_3)+\dfrac{P_y}{U_y}(U_{i+1}-U_3)\\-P(U_7)+\dfrac{P_y}{U_y}(U_{i+1}+U_7)\end{cases} \tag{8.1.11}$$

5)正向硬化阶段卸载至零且第一次反向加载(46段)

此阶段有：

$$\dot{U}<0,\ U<U_4$$

初始条件为：

$$U_i=U_4,\ P(U_i)=P(U_4)=0$$

刚度降低系数为：

$$\alpha=\frac{P_y}{(U_4+U_y)k_1}$$

故：

$$P(U_{i+1})=\frac{P_y}{U_4+U_y}(U_{i+1}-U_4) \tag{8.1.12}$$

6)负向硬化段卸载至零再正向加载(83 段)

此阶段有：

$$\dot{U}>0,\ U>-U_8$$

初始条件为：

$$U_i=-U_8,\ P(U_i)=-P(U_8)=0$$

刚度降低系数为：

$$\alpha=\frac{P(U_3)}{(U_3+U_8)k_1}$$

故：

$$P(U_{i+1})=\frac{P(U_3)}{U_3+U_8}(U_{i+1}+U_8) \tag{8.1.13}$$

需要指出，式(8.1.8)～式(8.1.13)中，U_3、$P(U_3)$、U_4、U_7、$P(U_7)$和U_8 分别表示与点 3、4、7、8 对应的恢复力与变形的绝对值。

8.1.1.3 曲线型模型

钢筋混凝土结构典型的曲线型模型有谷资信提出的标准特征滞回曲线(Normalized Characteristic Loop，NCL)模型。NCL 模型由骨架曲线和标准滞回曲线组成。常用的骨架曲线表达式有以下几种：

$$p(x)=\frac{2}{\pi}Q_x\arctan\frac{x}{(2/\pi)Q_x} \tag{8.1.14a}$$

$$p(x)=\frac{Q_x x}{\sqrt{x^2+Q_x^2}} \tag{8.1.14b}$$

$$p(x)=\frac{2}{\pi}(Q_x-x_y)\arctan\frac{x-x_y}{(2/\pi)(Q_x-x_y)}+x_y \tag{8.1.14c}$$

$$p(x)=\frac{(Q_x-x_y)(x-x_y)}{\sqrt{(Q_x-x_y)^2+(x-x_y)^2}}+x_y \tag{8.1.14d}$$

式中 Q_x——由材料极限强度决定的参数。

标准滞回曲线的表达式为：

$$p(x)=\mp Ax^4+Bx^3+(1-B)x\pm A \tag{8.1.15}$$

式中　A——与标准滞回曲线面积有关的参数；

　　　B——与标准滞回曲线形状有关的参数。

不同的 A 和 B 值代表的滞回曲线形式如图 8.1.5 所示，上式中，正号代表滞回曲线的上半部分，负号代表滞回曲线的下半部分。从图中可以看出，NCL 恢复力模型的滞回曲线形状与试验结果相近，相比分段直线型恢复力模型更能准确地反映钢筋混凝土结构的恢复力特性。

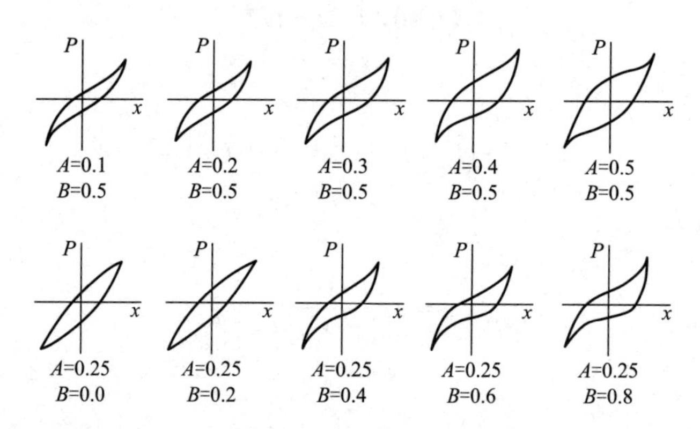

图 8.1.5　不同的 A 和 B 值代表的滞回曲线形式

8.1.2　双轴恢复力模型

利用塑性理论中的正交流动法则和 Mroz 硬化规则，将单轴的恢复力模型扩展成双轴的恢复力模型，并且考虑两轴间恢复力特性的相互耦合影响。假定截面任一主轴方向的弯矩-曲率骨架曲线为三折线型，则在加载过程中，构件截面有三种状态：弹性状态、开裂状态和屈服状态，如图 8.1.6 所示，这三种受力状态分别对应于卸载、反向再加载和沿骨架曲线加载。假定杆件轴力为常量，则上述三种受力状态可以利用双轴弯矩空间中的开裂加载曲面和屈服加载曲面来表示。若加载点位于开裂面内，则截面处于弹性状态；若加载点位于开裂面上，则截面处于开裂状态；若加载点位于屈服面上，则截面处于屈服状态。

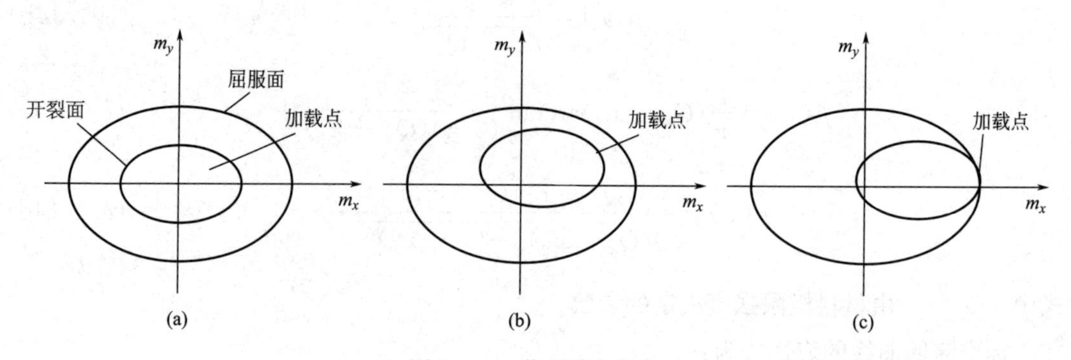

图 8.1.6　截面受力状态

(a)弹性状态；(b)开裂状态；(c)屈服状态

1. 加载曲面函数

1)屈服加载曲面函数

$$F_{\mathrm{y}}=\left(\frac{|m_x-m_x^{\mathrm{y}}|}{m_{0x}^{\mathrm{y}}}\right)^n+\left(\frac{|m_y-m_y^{\mathrm{y}}|}{m_{0y}^{\mathrm{y}}}\right)^n-1=0 \tag{8.1.16}$$

式中 m_x、m_y——分别为 x 轴和 y 轴的弯矩；

m_x^{y}、m_y^{y}——分别为屈服加载曲面中心坐标，随屈服加载曲面的移动而改变；

m_{0x}^{y}、m_{0y}^{y}——分别为单轴加载时 x 轴和 y 轴的屈服弯矩；

n——曲面指数。

2)开裂加载曲面函数

$$F_{\mathrm{c}}=\left(\frac{|m_x-m_x^{\mathrm{c}}|}{m_{0x}^{\mathrm{c}}}\right)^n+\left(\frac{|m_y-m_y^{\mathrm{c}}|}{m_{0y}^{\mathrm{c}}}\right)^n-1=0 \tag{8.1.17}$$

式中 m_x、m_y——分别为 x 轴和 y 轴的弯矩；

m_x^{c}、m_y^{c}——分别为开裂加载曲面中心坐标，随开裂加载曲面的移动而改变；

m_{0x}^{c}、m_{0y}^{c}——分别为单轴加载时 x 轴和 y 轴的开裂弯矩；

n——曲面指数。

考虑到开裂面的实际作用是控制弹性卸载范围，故实用中通常取：

$$m_{0x}^{\mathrm{c}}=\frac{1}{3}m_{0x}^{\mathrm{y}};m_{0y}^{\mathrm{c}}=\frac{1}{3}m_{0y}^{\mathrm{y}} \tag{8.1.18}$$

2. 加载曲面的移动规则

当加载点位于开裂加载曲面内时，截面处于弹性受力状态。当加载点到达开裂加载曲面上时，截面开始开裂。若继续加载，开裂曲面与加载点一起运动。当加载点到达屈服面时，截面发生屈服。此式，开裂曲面内切于加载点处。如果继续加载，则两个曲面与加载点一起运动。

加载曲面的运动服从随动硬化规则，即加载曲面运动时，它的形状和大小不发生变化，仅发生移动，随动硬化规则能够较好地模拟包辛格效应。为了定义截面变形和钢筋粘结滑移的硬化性能，根据 Mroz 硬化规则可以得到以下加载曲面中心移动增量向量表达式：

$$\mathrm{d}\boldsymbol{M}_{\mathrm{y}}=\frac{(\boldsymbol{M}-\boldsymbol{M}_{\mathrm{y}})\dfrac{\partial F_{\mathrm{y}}}{\partial \boldsymbol{M}}\mathrm{d}\boldsymbol{M}}{\left(\dfrac{\partial F_{\mathrm{y}}}{\partial \boldsymbol{M}}\right)^{\mathrm{T}}(\boldsymbol{M}-\boldsymbol{M}_{\mathrm{y}})} \tag{8.1.19}$$

$$\mathrm{d}\boldsymbol{M}_{\mathrm{c}}=\frac{[(\boldsymbol{M}_{\mathrm{u}}-\boldsymbol{I})\boldsymbol{M}-(\boldsymbol{M}_{\mathrm{u}}\boldsymbol{M}_{\mathrm{c}}-\boldsymbol{M}_{\mathrm{y}})]\dfrac{\partial F_{\mathrm{c}}}{\partial \boldsymbol{M}}\mathrm{d}\boldsymbol{M}}{\left(\dfrac{\partial F_{\mathrm{c}}}{\partial \boldsymbol{M}}\right)^{\mathrm{T}}(\boldsymbol{M}-\boldsymbol{M}_{\mathrm{y}})[(\boldsymbol{M}_{\mathrm{u}}-\boldsymbol{I})\boldsymbol{M}-(\boldsymbol{M}_{\mathrm{u}}\boldsymbol{M}_{\mathrm{c}}-\boldsymbol{M}_{\mathrm{y}})]} \tag{8.1.20}$$

$$\frac{\partial F_{\mathrm{c}}}{\partial \boldsymbol{M}}=\begin{Bmatrix}\dfrac{\partial F_{\mathrm{c}}}{\partial m_x}\\ \dfrac{\partial F_{\mathrm{c}}}{\partial m_y}\end{Bmatrix};\ \frac{\partial F_{\mathrm{y}}}{\partial \boldsymbol{M}}=\begin{Bmatrix}\dfrac{\partial F_{\mathrm{y}}}{\partial m_x}\\ \dfrac{\partial F_{\mathrm{y}}}{\partial m_y}\end{Bmatrix}$$

式中 $\mathrm{d}\boldsymbol{M}$——弯矩增量向量，$\mathrm{d}\boldsymbol{M}=\begin{Bmatrix}\mathrm{d}m_x\\ \mathrm{d}m_y\end{Bmatrix}$；

$\mathrm{d}\boldsymbol{M}_{\mathrm{c}}$——开裂加载曲面中心移动增量向量，$\mathrm{d}\boldsymbol{M}_{\mathrm{c}}=\begin{Bmatrix}\mathrm{d}m_x^{\mathrm{c}}\\ \mathrm{d}m_y^{\mathrm{c}}\end{Bmatrix}$；

$\mathrm{d}\boldsymbol{M}_{\mathrm{y}}$——屈服加载曲面中心移动增量向量，$\mathrm{d}\boldsymbol{M}_{\mathrm{y}}=\begin{Bmatrix}\mathrm{d}m_x^{\mathrm{y}}\\ \mathrm{d}m_y^{\mathrm{y}}\end{Bmatrix}$；

$\boldsymbol{M}_{\mathrm{u}}$——对角矩阵，$\boldsymbol{M}_{\mathrm{u}}=\mathrm{diag}\left[\dfrac{m_{0x}^{\mathrm{y}}}{m_{0x}^{\mathrm{c}}},\ \dfrac{m_{0y}^{\mathrm{y}}}{m_{0y}^{\mathrm{c}}}\right]$。

3. 塑性流动法则

假定塑性流动沿加载曲面上加载点处的法向方向，而塑性变形增量为加载点所在的各加载曲面塑性变形增量之和，因此，可以得到：

$$\mathrm{d}\boldsymbol{u}=\mathrm{d}\boldsymbol{u}_{\mathrm{e}}+\mathrm{d}\boldsymbol{u}_{\mathrm{c}}+\mathrm{d}\boldsymbol{u}_{\mathrm{y}} \tag{8.1.21}$$

$$\mathrm{d}\boldsymbol{u}_{\mathrm{c}}=\frac{\left(\dfrac{\partial F_{\mathrm{c}}}{\partial \boldsymbol{M}}\right)\left(\dfrac{\partial F_{\mathrm{c}}}{\partial \boldsymbol{M}}\right)^{\mathrm{T}}}{\left(\dfrac{\partial F_{\mathrm{c}}}{\partial \boldsymbol{M}}\right)^{\mathrm{T}}\boldsymbol{K}_{\mathrm{c}}\left(\dfrac{\partial F_{\mathrm{c}}}{\partial \boldsymbol{M}}\right)}\mathrm{d}\boldsymbol{M};\mathrm{d}\boldsymbol{u}_{\mathrm{y}}=\frac{\left(\dfrac{\partial F_{\mathrm{y}}}{\partial \boldsymbol{M}}\right)\left(\dfrac{\partial F_{\mathrm{y}}}{\partial \boldsymbol{M}}\right)^{\mathrm{T}}}{\left(\dfrac{\partial F_{\mathrm{y}}}{\partial \boldsymbol{M}}\right)^{\mathrm{T}}\boldsymbol{K}_{\mathrm{y}}\left(\dfrac{\partial F_{\mathrm{y}}}{\partial \boldsymbol{M}}\right)}\mathrm{d}\boldsymbol{M} \tag{8.1.22}$$

$$\boldsymbol{K}_{\mathrm{c}}=\begin{bmatrix}\dfrac{\partial m_x}{\partial u_{\mathrm{c}x}} & \dfrac{\partial m_x}{\partial u_{\mathrm{c}y}}\\ \dfrac{\partial m_y}{\partial u_{\mathrm{c}x}} & \dfrac{\partial m_y}{\partial u_{\mathrm{c}y}}\end{bmatrix};\boldsymbol{K}_{\mathrm{y}}=\begin{bmatrix}\dfrac{\partial m_x}{\partial u_{\mathrm{y}x}} & \dfrac{\partial m_x}{\partial u_{\mathrm{y}y}}\\ \dfrac{\partial m_y}{\partial u_{\mathrm{y}x}} & \dfrac{\partial m_y}{\partial u_{\mathrm{y}y}}\end{bmatrix} \tag{8.1.23}$$

式中 $\mathrm{d}\boldsymbol{u}$——截面总变形增量；

$\mathrm{d}\boldsymbol{u}_{\mathrm{e}}$——截面弹性变形增量向量；

$\mathrm{d}\boldsymbol{u}_{\mathrm{c}}$、$\mathrm{d}\boldsymbol{u}_{\mathrm{y}}$——分别为开裂面和屈服面塑性变形增量向量；

$\boldsymbol{K}_{\mathrm{c}}$、$\boldsymbol{K}_{\mathrm{y}}$——分别为截面开裂塑性刚度矩阵和截面屈服塑性刚度矩阵。

可以看出，塑性刚度矩阵中对角线元素不为零，这反映了双轴弯矩存在的相互作用与影响。

4. 本构关系

将式(8.1.22)代入式(8.1.21)，可将截面本构关系表示为：

1)弹性状态

$$\mathrm{d}\boldsymbol{u}=\boldsymbol{K}_{\mathrm{e}}^{-1}\mathrm{d}\boldsymbol{M} \tag{8.1.24}$$

2)开裂状态

$$\mathrm{d}\boldsymbol{u}=\left[\boldsymbol{K}_{\mathrm{e}}^{-1}+\frac{\left(\frac{\partial F_{\mathrm{c}}}{\partial \boldsymbol{M}}\right)\left(\frac{\partial F_{\mathrm{c}}}{\partial \boldsymbol{M}}\right)^{\mathrm{T}}}{\left(\frac{\partial F_{\mathrm{c}}}{\partial \boldsymbol{M}}\right)^{\mathrm{T}}\boldsymbol{K}_{\mathrm{c}}\left(\frac{\partial F_{\mathrm{c}}}{\partial \boldsymbol{M}}\right)}\right]\mathrm{d}\boldsymbol{M} \tag{8.1.25}$$

3)屈服状态

$$\mathrm{d}\boldsymbol{u}=\left[\boldsymbol{K}_{\mathrm{e}}^{-1}+\frac{\left(\frac{\partial F_{\mathrm{c}}}{\partial \boldsymbol{M}}\right)\left(\frac{\partial F_{\mathrm{c}}}{\partial \boldsymbol{M}}\right)^{\mathrm{T}}}{\left(\frac{\partial F_{\mathrm{c}}}{\partial \boldsymbol{M}}\right)^{\mathrm{T}}\boldsymbol{K}_{\mathrm{c}}\left(\frac{\partial F_{\mathrm{c}}}{\partial \boldsymbol{M}}\right)}+\frac{\left(\frac{\partial F_{\mathrm{y}}}{\partial \boldsymbol{M}}\right)\left(\frac{\partial F_{\mathrm{y}}}{\partial \boldsymbol{M}}\right)^{\mathrm{T}}}{\left(\frac{\partial F_{\mathrm{y}}}{\partial \boldsymbol{M}}\right)^{\mathrm{T}}\boldsymbol{K}_{\mathrm{y}}\left(\frac{\partial F_{\mathrm{y}}}{\partial \boldsymbol{M}}\right)}\right]\mathrm{d}\boldsymbol{M} \tag{8.1.26}$$

考虑到$\boldsymbol{K}_{\mathrm{c}}$和$\boldsymbol{K}_{\mathrm{y}}$中非对角线元素确定的困难，目前实用中通常取非对角线元素为零。

5. *加载和卸载的判断准则*

加载点由开裂曲面或屈服曲面进入弹性区域称为卸载。加载点沿同一开裂曲面或同一屈服曲面移动而材料无塑性变形与强化产生，也不进入弹性区域，称为中性变载。加载点沿不同开裂曲面移动而材料继续产生塑性变形称为加载。

根据 Drucker 塑性公设，可以得到加载和卸载的判断准则：

$$\left(\frac{\partial F_i}{\partial \boldsymbol{M}}\right)^{\mathrm{T}}\boldsymbol{K}_{\mathrm{e}}\mathrm{d}\boldsymbol{u}\begin{cases}>0 & \text{加载}\\=0 & \text{中性变载}(i=c,y)\\<0 & \text{卸载}\end{cases} \tag{8.1.27}$$

§8.2 结构的振动模型

8.2.1 层模型

层模型以一个楼层为基本单元，用每层的刚度(层刚度)表示结构的刚度。层模型假定建筑各层楼板在其自身平面内刚度无穷大，因此可将整个结构合并为一根竖杆，并将全部建筑质量就近分别集中于各楼层楼盖处作为一个质点，考虑两个方向的水平振动，从而形成“串联多质点系”振动模型，如图 8.2.1(a)所示。对质量与刚度明显不对称、不均匀的结构，应考虑双向水平振动和楼盖扭转的影响，此时采用“串联刚片系”振动模型考虑转动惯量 I 对振动的影响，如图 8.2.1(b)所示。层模型一般把位移参考点设在每层的质心，其本构关系是层总体位移与层总体内力之间的关系，可以采用静力弹塑性分析法确定结构层刚度及其恢复力模型，此时一般应考虑各类杆件的弯曲、剪切和轴向变形。层模型的优点是简单、计算量较小；缺点是模型比较粗糙，不能描述结构各构件的弹塑性变形过程，不能完全满足结构抗震设计的要求。

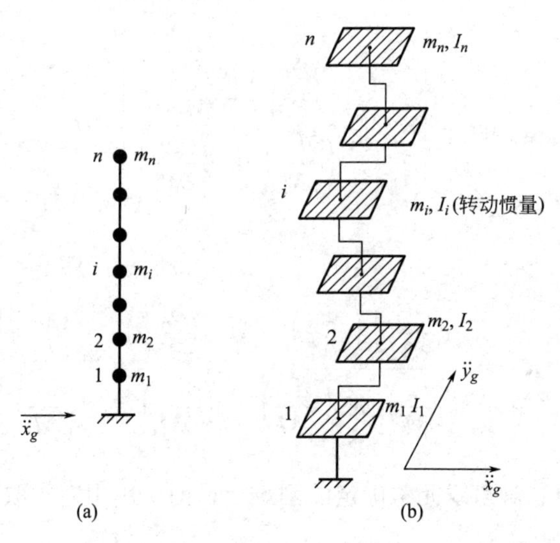

图 8.2.1　层模型

(a)串联多质点系；(b)串联刚片系

8.2.2　杆系模型

杆系模型将钢筋混凝土梁、柱等杆件视为基本计算单元，将结构质量集中于各质点，如图 8.2.2 所示。杆系模型采用杆件恢复力模型用以表征地震动作用下杆单元刚度随内力的变化关系。根据建立单元刚度矩阵时是否考虑杆单元刚度沿杆长的变化，杆系模型可以分为集中刚度模型和分布刚度模型。集中刚度模型将杆件的非线性变形集中于杆端一点处来建立单元刚度矩阵，不考虑弹塑性阶段杆单元刚度沿杆长的变化；分布刚度模型则考虑弹塑性阶段单元刚度沿杆长的变化，按变刚度杆建立弹塑性阶段单元的刚度矩阵。本节重点介绍集中刚度模型。

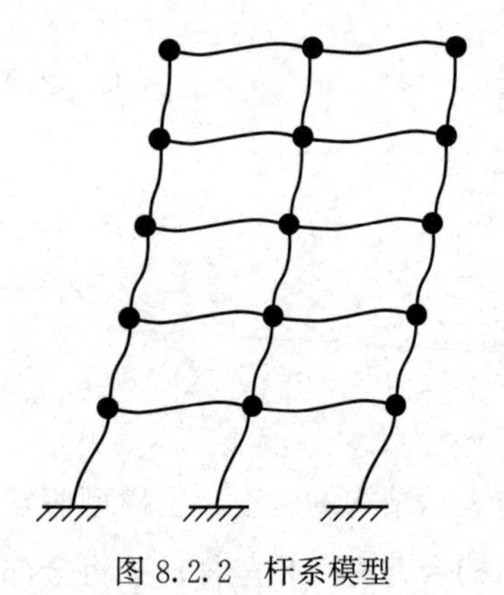

图 8.2.2　杆系模型

集中刚度模型假设非弹性变形集中在杆的两端，即所谓杆端出现塑性铰，塑性铰的几何长度取为零。杆端弯矩与杆端转角关系若以增量形式表示，则杆单元的非线性刚度方程为：

$$\begin{Bmatrix} \Delta M_i \\ \Delta M_j \end{Bmatrix} = \begin{bmatrix} k_{\mathrm{a}} & k_{\mathrm{b}} \\ k_{\mathrm{b}} & k_{\mathrm{c}} \end{bmatrix} \begin{Bmatrix} \Delta\theta_i \\ \Delta\theta_j \end{Bmatrix} \tag{8.2.1}$$

集中刚度模型分为单分量、双分量、三分量(图 8.2.3)和多弹簧模型四类。不同的模型，单元刚度矩阵中的刚度系数表达式亦不同。

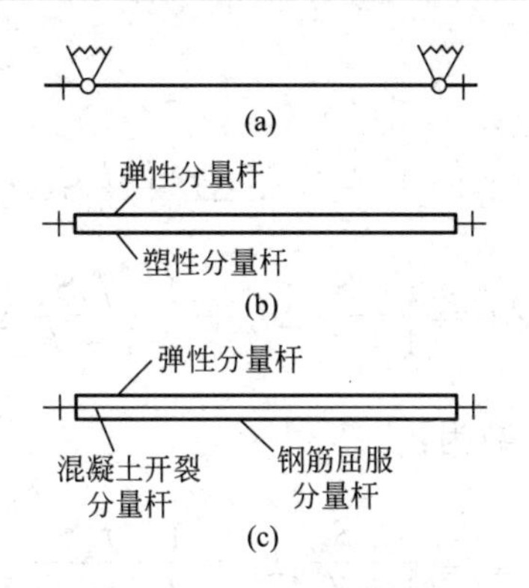

图 8.2.3 弹塑性杆件的计算模型

(a)单分量；(b)双分量；(c)三分量

8.2.2.1 单分量模型

吉伯森采用图 8.2.3(a)所示图形代表单分量模型的工作状态。杆元在弹性范围内服从线弹性规则，仍用一根弹性杆表示原杆件特性；杆件超出弹性范围后，在杆端出现塑性铰，并在杆两端各设置一个等效弹簧用以反映杆端的弹塑性变形特性。

杆端部转角变形情况如图 8.2.4 所示。杆端转角 θ_i 为弹性转角 θ_i'和塑性转角 a_i 之和。设杆转动刚度为常数，即 $S=4EI/l$，则端弯矩与转角的关系采用增量形式表示为：

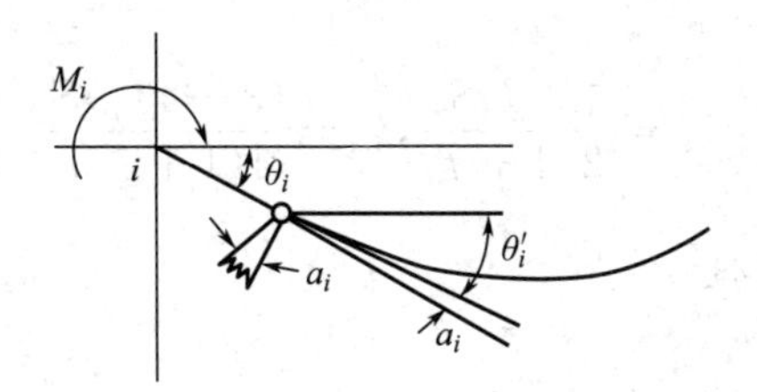

图 8.2.4 单分量模型杆端部的弹性转角和塑性转角

$$\Delta M_i = S\left(\Delta\theta'_i + \frac{1}{2}\Delta\theta'_j\right) \tag{8.2.2}$$

$$\Delta\theta'_i = \Delta\theta_i - \Delta a_i \tag{8.2.3}$$

杆件 i 端为线性时，$\Delta a_i=0$；i 端为非线性时，$\Delta a_i\neq 0$，并假定 $\Delta M_i=f_iS\Delta a_i$，$f_i$ 为塑性转角系数。杆件 j 端的线性或非线性条件相同。单分量模型中 f_i 和 f_j 是互相独立的，各自可由不同的恢复力模型和参数确定。

当杆端截面恢复力模型采用双线型模型时，杆可有以下 4 种状态：i 端和 j 端均为线性；i 端非线性，j 端线性；i 端线性，j 端非线性；i 端和 j 端均为非线性。每种状态都可求出相应的杆的单元刚度系数。

1. i 端非线性，j 端线性

$$\Delta M_i = S\left(\Delta\theta_i' + \frac{1}{2}\Delta\theta_j'\right) = S(\Delta\theta_i - \Delta a_i) + \frac{1}{2}S\Delta\theta_j = S\left(\Delta\theta_i - \frac{\Delta M_i}{f_iS}\right) + \frac{1}{2}S\Delta\theta_j$$

经整理，可得：

$$\begin{cases}\Delta M_i\left(1+\dfrac{1}{f_i}\right)=S\Delta\theta_i+\dfrac{1}{2}S\Delta\theta_j\\ \Delta M_i=\dfrac{f_iS}{1+f_i}\Delta\theta_i+\dfrac{1}{2}\dfrac{f_iS}{1+f_i}\Delta\theta_j\end{cases}\tag{8.2.4}$$

与式(8.2.1)对比，单元刚度系数为：

$$k_a=\frac{f_iS}{1+f_i},k_b=\frac{1}{2}\frac{f_iS}{1+f_i}\tag{8.2.5}$$

类似地：

$$\Delta M_j=S\left(\frac{1}{2}\Delta\theta_i'+\Delta\theta_j'\right)=\frac{1}{2}S(\Delta\theta_i-\Delta a_i)+S\Delta\theta_j=\frac{1}{2}S\left(\Delta\theta_i-\frac{\Delta M_i}{f_iS}\right)+S\Delta\theta_j$$

将式(8.2.4)代入上式，可得：

$$\Delta M_j=\frac{f_iS}{2(1+f_i)}\Delta\theta_i+\frac{(3+4f_i)S}{4(1+f_i)}\Delta\theta_j$$

故单元刚度系数为：

$$k_b=\frac{1}{2}\frac{f_iS}{1+f_i},k_c=\frac{(3+4f_i)S}{4(1+f_i)}\tag{8.2.6}$$

2. i 端和 j 端均为非线性

$$\Delta M_i=S\left(\Delta\theta_i'+\frac{1}{2}\Delta\theta_j'\right)=S\left(\Delta\theta_i-\Delta a_i+\frac{1}{2}\Delta\theta_j-\frac{1}{2}\Delta a_j\right)$$

$$=S\left(\Delta\theta_i-\frac{\Delta M_i}{f_iS}+\frac{1}{2}\Delta\theta_j-\frac{1}{2}\frac{\Delta M_j}{f_jS}\right)$$

$$\Delta M_i=\frac{f_i}{1+f_i}\left(S\Delta\theta_i+\frac{1}{2}S\Delta\theta_j-\frac{\Delta M_j}{2f_j}\right)$$

$$\Delta M_i+\frac{f_i}{2f_j(1+f_i)}\Delta M_j=\frac{f_iS}{1+f_i}\left(\Delta\theta_i+\frac{1}{2}\Delta\theta_j\right)\tag{8.2.7}$$

类似地：

$$\Delta M_j=S\left(\frac{1}{2}\Delta\theta_i'+\Delta\theta_j'\right)=S\left(\frac{1}{2}\Delta\theta_i-\frac{1}{2}\Delta a_i+\Delta\theta_j-\Delta a_j\right)$$

$$=S\left(\frac{1}{2}\Delta\theta_i-\frac{1}{2}\frac{\Delta M_i}{f_iS}+\Delta\theta_j-\frac{\Delta M_j}{f_jS}\right)$$

$$\Delta M_j=\frac{f_j}{1+f_j}\left(\frac{1}{2}S\Delta\theta_i+S\Delta\theta_j-\frac{\Delta M_i}{2f_i}\right)$$

$$\frac{f_j}{2f_i(1+f_j)}\Delta M_i+\Delta M_j=\frac{f_jS}{1+f_j}\left(\frac{1}{2}\Delta\theta_i+\Delta\theta_j\right) \tag{8.2.8}$$

联立式(8.2.7)和式(8.2.8)，可得：

$$\Delta M_i=\frac{f_i\left(1+\frac{4}{3}f_j\right)S}{D}\Delta\theta_i+\frac{\frac{2}{3}f_if_jS}{D}\Delta\theta_j$$

$$\Delta M_j=\frac{\frac{2}{3}f_if_jS}{D}\Delta\theta_i+\frac{f_j\left(1+\frac{4}{3}f_i\right)S}{D}\Delta\theta_j$$

式中，$D=1+\frac{4}{3}(f_i+f_j+f_if_j)$。

与式(8.2.1)对比，单元刚度系数为：

$$k_{\mathrm{a}}=\frac{f_i\left(1+\frac{4}{3}f_j\right)S}{D},k_{\mathrm{b}}=\frac{\frac{2}{3}f_if_jS}{D},k_{\mathrm{c}}=\frac{f_j\left(1+\frac{4}{3}f_i\right)S}{D} \tag{8.2.9}$$

8.2.2.2 双分量模型

克拉夫采用图 8.2.3(b)所示两根平行的杆代表双分量模型的工作状态，其中一根分杆是弹性杆，另一根分杆是塑性杆。弹性杆表示杆件的弹性变形性质，在任何情况下都保持刚度 ps，如图 8.2.5 所示。ps 是原整体杆的端截面双线型模型的第二刚度，p 以百分数表示，s 为原整体杆弹性阶段的刚度。其端弯矩增量与转角增量的关系为：

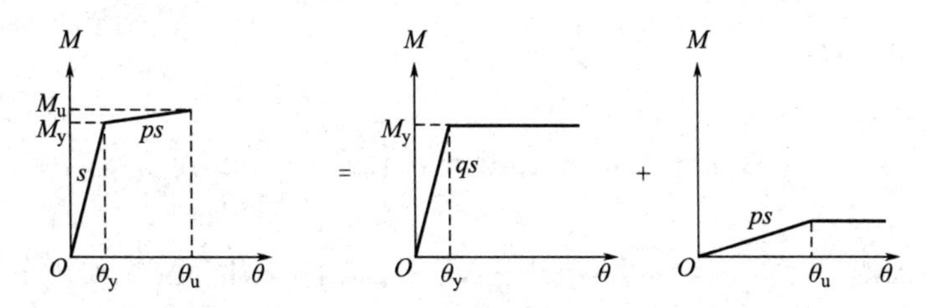

图 8.2.5 克拉夫的双分量模型

$$\Delta m_i^{\mathrm{e}}=ps\left(\Delta\theta_i+\frac{1}{2}\Delta\theta_j\right) \tag{8.2.10}$$

塑性杆表示杆件屈服时的塑性变形性质，其端弯矩增量与弹性转角增量的关系为：

$$\Delta m_i^{\mathrm{p}}=qs\left(\Delta\theta'_i+\frac{1}{2}\Delta\theta'_j\right),q=1-p \tag{8.2.11}$$

$$\Delta\theta'_i=\Delta\theta_i-\Delta a_i \tag{8.2.12}$$

原整体杆的端弯矩增量为：

$$\Delta M_i=\Delta m_i^{\mathrm{e}}+\Delta m_i^{\mathrm{p}} \tag{8.2.13}$$

计算规则是：当原整体杆 i 端为线性时，$\Delta a_i=0$。当整体杆 i 端弯矩超过屈服弯矩后，"塑性"分量杆的 i 端成为理想铰，即 $\Delta m_i^{\mathrm{p}}=0$，整体杆的总的端弯矩增量等于弹性分量杆的端弯矩增量。j 端的处理方法相同。

当双分量模型杆端截面采用双线型恢复力模型时，杆同样有4种状态，每种状态都可求出相应的杆的单元刚度系数。

1. i 端和 j 端均为线性

$$\Delta M_i=\Delta m_i^{\mathrm{e}}+\Delta m_i^{\mathrm{p}}=ps\left(\Delta\theta_i+\frac{1}{2}\Delta\theta_j\right)+qs\left(\Delta\theta'_i+\frac{1}{2}\Delta\theta'_j\right)=s\left(\Delta\theta_i+\frac{1}{2}\Delta\theta_j\right)$$

与式(8.2.1)对比，单元刚度系数为：

$$k_{\mathrm{a}}=s,k_{\mathrm{b}}=\frac{1}{2}s \tag{8.2.14}$$

类似地：

$$\Delta M_j=\Delta m_j^{\mathrm{e}}+\Delta m_j^{\mathrm{p}}=ps\left(\frac{1}{2}\Delta\theta_i+\Delta\theta_j\right)+qs\left(\frac{1}{2}\Delta\theta'_i+\Delta\theta'_j\right)=s\left(\frac{1}{2}\Delta\theta_i+\Delta\theta_j\right)$$

与式(8.2.1)对比,单元刚度系数为：

$$k_{\mathrm{b}}=\frac{1}{2}s,k_{\mathrm{c}}=s \tag{8.2.15}$$

2. i 端非线性，j 端线性

此时 $\Delta m_i^{\mathrm{p}}=0$，故：

$$\Delta M_i=\Delta m_i^{\mathrm{e}}+\Delta m_i^{\mathrm{p}}=ps\left(\Delta\theta_i+\frac{1}{2}\Delta\theta_j\right)$$

$$\begin{aligned}\Delta M_j&=\Delta m_j^{\mathrm{e}}+\Delta m_j^{\mathrm{p}}=ps\left(\frac{1}{2}\Delta\theta_i+\Delta\theta_j\right)+qs\left(\frac{1}{2}\Delta\theta'_i+\Delta\theta'_j\right)\\&=ps\left(\frac{1}{2}\Delta\theta_i+\Delta\theta_j\right)+qs\left(\frac{1}{2}\Delta\theta_i-\frac{1}{2}\Delta a_i+\Delta\theta_j\right)\end{aligned}$$

因：

$$\Delta m_i^{\mathrm{p}}=0，\Delta m_i^{\mathrm{p}}=qs\left(\Delta\theta'_i+\frac{1}{2}\Delta\theta'_j\right)=qs\left(\Delta\theta_i-\Delta a_i+\frac{1}{2}\Delta\theta_j\right)=0$$

故：

$$\Delta a_i=\Delta\theta_i+\frac{1}{2}\Delta\theta_j$$

将此关系代入上式，得：

$$\Delta M_j = ps\left(\frac{1}{2}\Delta\theta_i + \Delta\theta_j\right) + qs\left(\frac{1}{2}\Delta\theta_i - \frac{1}{2}\Delta\theta_i - \frac{1}{4}\Delta\theta_j + \Delta\theta_j\right)$$

$$= \frac{1}{2}ps\Delta\theta_i + \left(1 - \frac{q}{4}\right)s\Delta\theta_j$$

与式(8.2.1)对比，单元刚度系数为：

$$k_{\mathrm{a}} = ps, k_{\mathrm{b}} = \frac{1}{2}ps, k_{\mathrm{c}} = \left(1 - \frac{q}{4}\right)s \tag{8.2.16}$$

3. i 端和 j 端均为非线性

此时 $\Delta m_i^{\mathrm{p}} = \Delta m_j^{\mathrm{p}} = 0$：

$$\Delta M_i = \Delta m_i^{\mathrm{e}} + \Delta m_i^{\mathrm{p}} = ps\left(\Delta\theta_i + \frac{1}{2}\Delta\theta_j\right)$$

$$\Delta M_j = \Delta m_j^{\mathrm{e}} + \Delta m_j^{\mathrm{p}} = ps\left(\frac{1}{2}\Delta\theta_i + \Delta\theta_j\right)$$

与式(8.2.1)对比，单元刚度系数为：

$$k_{\mathrm{a}} = ps, k_{\mathrm{b}} = \frac{1}{2}ps, k_{\mathrm{c}} = ps \tag{8.2.17}$$

8.2.2.3　三分量模型

青山博之采用图 8.2.3(c)所示 3 根不同性质的分杆代表三分量模型的工作状态。其中一根分杆是弹性分量杆，代表杆件的弹性变形性质；另两根分杆是弹塑性分杆，其中一根分杆为混凝土开裂分杆，代表混凝土的开裂性质，另一根分杆为钢筋屈服分量杆，代表钢筋的屈服。

8.2.2.4　多弹簧模型

多弹簧模型如图 8.2.6 和图 8.2.7 所示，沿杆件两端截面设置若干轴向弹簧用以模拟杆件的弹塑性性能，而杆件中部则保持线弹性。因此，多弹簧模型包含一个杆件单元和杆端两个多弹簧单元，多弹簧单元的长度视为零长度。杆端的多弹簧单元由一组轴向非线性弹簧组成，对于钢筋混凝土构件，各弹簧表征了钢筋材料或混凝土材料的刚度，每一根钢筋可用一个钢弹簧表示，混凝土部分则适当分割，用一组混凝土弹簧表示。多弹簧单元将每个弹簧定义为轴向力和轴向变形之间的关系，并假定所有的弹簧变形后仍保持平截面，以此来建立多弹簧单元的转动变形、轴向变形和每个弹簧变形的关系。多弹簧模型以其滞回特性的集合来反映整个构件的非线性性能。多弹簧模型可模拟地震动作用下双向弯曲柱的弯曲性质并考虑变轴力的情况，可用于空间杆系分析。

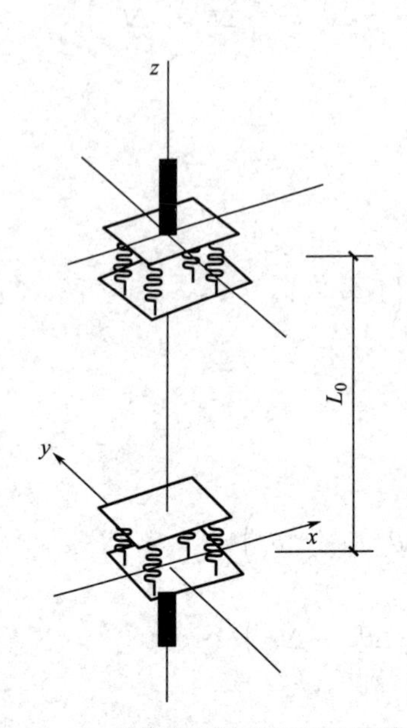

图 8.2.6　多弹簧杆件单元的计算模型

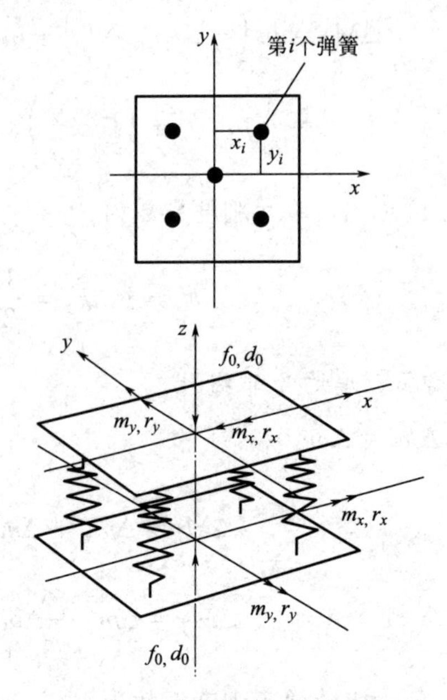

图 8.2.7　多弹簧单元的力与变形

§8.3　弹塑性时程分析的一般过程

8.3.1　结构动力方程

结构在多维地震动输入时的动力全量方程为：

$$\boldsymbol{M}\ddot{\boldsymbol{U}}+\boldsymbol{C}\dot{\boldsymbol{U}}+\boldsymbol{K}\boldsymbol{U}=-\boldsymbol{M}\ddot{\boldsymbol{U}}_g \tag{8.3.1}$$

结构弹塑性时程分析时的动力方程与之类似，但一般采用非线性增量方程形式表示：

$$\boldsymbol{M}\Delta\ddot{\boldsymbol{U}}+\boldsymbol{C}\Delta\dot{\boldsymbol{U}}+\overline{\boldsymbol{K}}\Delta\boldsymbol{U}=-\boldsymbol{M}\Delta\ddot{\boldsymbol{U}}_g \tag{8.3.2}$$

式中，矩阵 $\overline{\boldsymbol{K}}$ 为增量刚度矩阵，随结构变形状态不同而改变。根据式(8.3.2)并利用动力分析的逐步积分法，可以求解结构弹塑性地震反应。

需要指出，在结构弹塑性变形阶段，结构变形可能进入恢复力的下降段，即出现负刚度。在负刚度条件下各数值积分方法的稳定性与正刚度条件有所不同。针对这一情况，各国学者提出了不少算法，以克服下降段的不稳定现象。代表性的算法有逐步搜索法、虚加刚性弹簧法、位移控制法、强制迭代法等。

8.3.2　恢复力模型的拐点处理

钢筋混凝土结构或构件的退化双线型模型或退化三线型模型均存在转折点，转折点前后结构或构件的刚度将发生改变，使得转折点前后两段直线的斜率亦将不同，通常称此类转折点为恢复力模型的拐点。如果采用逐步积分法求解结构的弹塑性地震反应，则要求在积分时间步长内结构或构件的刚度为常数。因此，当拐点处于时间步长内时(图 8.3.1)，需要处理同一时间步长内结构或构件刚度发生变化的情况，成为恢复力模型的拐点处理问题。

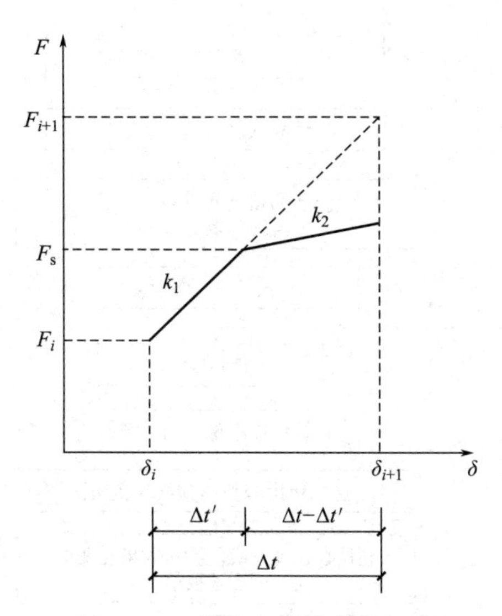

图 8.3.1 恢复力模型中的拐点

目前最常用的方法是以拐点为分界点，改变时间步长以保证在每一时间步长内结构或构件刚度无突变。基本思想是以拐点为界，将包含拐点的时间步长一分为二，形成两个小步长，前段时间步长 $\Delta t'$采用刚度 k_1 进行计算，后段时间步长 $\Delta t-\Delta t'$采用刚度 k_2 进行计算，如图 8.3.1 所示。以下以平顶退化三线型模型为例，说明 $\Delta t'$的确定方法。

钢筋混凝土结构或构件的平顶退化三线型模型的拐点可分为两类：一类是由弹性进入弹塑性或由弹塑性进入塑性的拐点；另一类是由塑性或弹塑性进入卸载的拐点。对于第一类拐点，由第 i 步进入第 $i+1$ 步时，速度符号保持不变。根据图 8.3.1 所示的几何关系，第一类拐点的 $\Delta t'$由下式计算：

$$\Delta t'=\frac{F_s-F_i}{F_{i+1}-F_i}\Delta t \tag{8.3.3}$$

式中 F_s——拐点恢复力；

F_i、F_{i+1}——分别表示计算所得的第 i 步和第 $i+1$ 步的恢复力；其中，F_{i+1} 按时间步长 Δt 采用刚度 k_1 进行计算。

对于第二类拐点，由第 i 步进入第 $i+1$ 步时，速度符号改变，方向由正变负或由负变正。由于拐点前后速度变号可推知拐点速度必为零。因此，在时间步长 Δt 内结构的地震反应变化较小，故此类拐点一般不作处理。如需处理，则利用速度的线性插值公式即可确定。

8.3.3　一般分析过程

结构弹塑性时程分析的基本过程如图 8.3.2 所示，主要包括数值积分、结构反应叠加、刚度矩阵修正与迭代计算等基本组成部分。

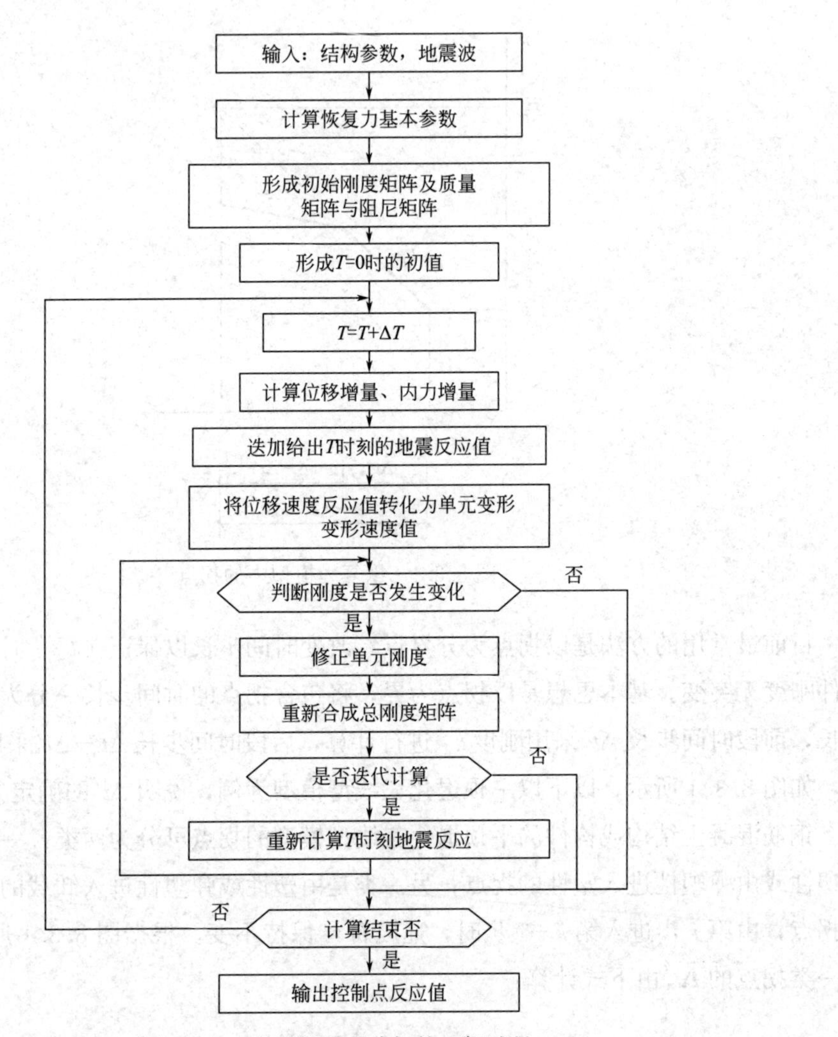

图 8.3.2　弹塑性时程分析的一般过程

第9章　静力弹塑性分析法

§9.1　基于性态的抗震设计思想

9.1.1　概述

目前，世界各国的传统抗震设计理论大多采用多级设计的思想，例如“小震不坏、中震可修、大震不倒”。依此设计思想设计的结构在遇到破坏性地震时，允许出现一定的破坏，但主体结构不能倒塌，确保生命安全。这种抗震设计理论没有考虑到保证中小震时房屋结构，特别是非结构构件的不破坏，没有考虑到减少地震破坏造成的经济损失和对社会的影响。因此，这种设计理论的实质是以生命安全为单一设防目标的抗震设计理论。

近年来，多次震害实例表明：按传统的抗震设计思想所设计和建造的建筑结构，虽然可以做到大震时主体结构不倒塌，保证生命安全，但不能保证中小地震时房屋结构，特别是非结构构件的不破坏，从而导致这些结构在地震作用下所造成的经济损失越来越严重。这说明以单一的、基于生命安全的性态水准进行设计和建造的房屋显然不能满足社会和公众的需求，抗震设计应既经济又可靠地保证建筑结构的功能在地震作用下不致丧失乃至不受影响。因此，传统抗震设计理论迫切需要改进。

基于上述认识，在20世纪80年代末、90年代初期美国科学家和工程师提出了基于结构性态的抗震设计(performance-based seismic design)理论的新概念，这是工程抗震发展史上的一个重要里程碑。近年来，世界各国的地震工程研究者广泛开展了对基于结构性态的地震工程理论的研究和讨论。

基于性态的抗震设计理论的基本思想是以结构抗震性态分析为基础的设计方法，根据每一级设防水准，将结构的抗震性态划分成不同等级，设计者可根据业主的要求，采用合理的抗震性态指标和合适的结构抗震措施进行设计，要保证结构在未来地震作用下可能遭受的破坏程度可以被业主所接受。目前普遍的观点认为，基于性态的抗震设计理论主要包括以下内容：确定地震设防水准，划分结构的性态水平，选择合适的性态目标，确定抗震设计的性态准则，研究抗震性态的分析方法，研究基于性态的抗震设计方法，制定基于性态的抗震设计规范。它们构成了基于性态的抗震设计理论的基本框架。

9.1.2　地震设防水准

美国加州结构工程师的Vision2000委员会指出，基于性态的抗震设计理论要求控制结构在未来可能发生的地震作用下的抗震性能。因此，确定地震设防水准，即未来可能施加于结构的地震作用大小，直接关系到结构的抗震性能评估。设防水准的确定往往是以设防目标作为依据的，目前国内外很多国家采用多级设防的设防目标，因而其设防水准也都是多级的。合理的设防水准，应该考虑到一个地区的设防总投入，未来设计基准期内期望的总损失和由社会经济条件决定的设防目标来优化确定，即需要由地震工程专家和管理决策人员综合考虑各种专业因素、社会因素后才能确定。Vision2000 委员会根据不同重现期确定了不同等级的地震动参数，其建议的设防地震等级如表 9.1.1 所示。

设防地震等级的划分 **表 9.1.1**

设防地震等级	重现期	超越概率
常遇地震	43 年	30 年内 50%
偶遇地震	72 年	50 年内 50%
罕遇地震	475 年	50 年内 10%
非常地震	970 年	100 年内 10%

9.1.3 结构抗震性态水准和目标

结构抗震性态水准是指结构在给定的地震设防水准下预期破坏的最大限度。通常用结构破坏程度、结构功能性和人员安全性描述结构和非结构构件的破坏及由破坏引起的后果。具体而言，对于不同等级的抗震性态，应根据结构类型、整体结构、竖向和侧向承载构件、结构变形、设备与装修和修复使用等方面加以定义，并表达为量化指标。表 9.1.2 给出了结构抗震性态等级的一种定义与划分方法。

结构抗震性态等级 **表 9.1.2**

破坏程度	性能等级	破坏状态与结构性能最低限描述
基本完好	使用功能完好	无破坏，功能完好，所有设施与服务系统的使用都不受影响，居住安全
轻微破坏	使用功能连续	结构破坏轻微，非重要设施稍做修理可继续使用，使用功能受扰，影响居住安全的结构破坏得到控制，基本使用功能连续，非重要功能受到一定影响
中等破坏	保证人身安全	使用功能严重削弱，非结构部分与内部设施有中等破坏，结构虽受破坏但结构保持稳定。无影响安全的重大破坏，人员可疏散，震后短期内不宜居住，尽管破坏可修复，但经济损失可观
严重破坏	近于倒塌	功能丧失，结构与非结构部分破坏严重，但结构竖向承载系统免于倒塌，危及人身生命安全，不宜居住，在技术上与经济上修复都不可行
完全破坏	倒塌	功能全部丧失，主体结构倒塌，多有伤亡事故

结构抗震性态目标是指在给定的地震设防水准下期望结构达到的结构抗震性态等级。选择合适的性态目标是基于性态的抗震设计理论的核心内容。性态抗震设计应当能够既有效地减轻工程的地震破坏、经济损失和人员伤亡，又能合理地使用有限的资金，保障结构在地震作用下的使用功能，因而确定设计性态目标也就是如何根据功能要求、使用情况以

及设防地震水准等来确定相应的最低性态目标。在基于性态的抗震设计理论中，抗震规范一般给出结构抗震设防的最低性态目标，业主可根据自己的实际需要和投资能力选择不同的性态目标，从而采用较高的设防标准将各种损失控制在可接受的范围之内。

Vision2000 委员会建议将结构抗震性态目标分为三个等级：基本设防目标、重要设防目标和特别设防目标。基本设防目标是一般建筑设防的最低标准；重要设防目标是医院、公共消防、学校和通信等重要建筑设防的最低标准；特别设防目标是含核材料等特别危险物质的特别重要建筑的最低设防标准。地震设防水准和结构抗震性态目标之间的关系称为抗震性态目标矩阵，如图 9.1.1 所示。

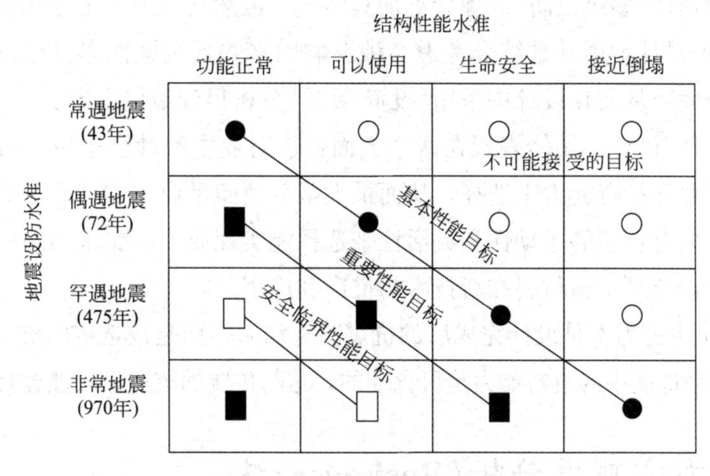

图 9.1.1 抗震性态目标矩阵

结构抗震性态评估应从结构的安全性、可用性和完整性三个项目予以衡量，评估项目及其对所评估结构的基本要求如表 9.1.3 所示。

性能评估项目及其对评估结构的基本要求 **表 9.1.3**

基本性能		安全性人身安全	可用性功能居住	完整性财产安全
极限状态		终极极限	使用极限	损伤极限
评价对象	主体结构	发生的破坏不致危及生命	变形、振动 不影响正常使用	设定损失范围
	建筑水电 机械、非机械	建筑非结构、结构的脱落和飞散及水电、机械的倒塌。严重破坏、脱落和移动不致危及生命	变形、振动 不影响正常使用	设定损失范围
	设备、内部物品	倒塌、脱落和移动不致危及生命	变形、振动 不影响正常使用	设定损失范围
	地基	不出现直接危及生命安全的大规模坍塌、滑坡和变形	变形及承载力的降低 不影响正常通行和使用	设定承载力和变形的范围

9.1.4 基于性态的抗震设计方法

抗震设计方法是基于性态的抗震设计理论的主要内容之一，对基于性态的抗震设计理念的实现具有重要意义。基于性态的抗震设计方法目前主要包括按延性系数设计的方法、能力谱方法和基于力、基于位移或基于能量的设计方法。较典型的方法有能力谱法和等效位移系数法，将在本章9.3节予以介绍。

基于性态的抗震设计理论改变了现有的设计理念和方式，具有如下主要特点：

(1)由传统的以生命安全为单一设防目标转为综合考虑生命安全与财产损失两方面的具体要求，从而使得“多级设防”的理念更加具体化。虽然它在形式上还采用“小震、中震、大震”来描述，但设计地震动是综合考虑各种影响因素并且抗震性态目标包括人身安全和财产损失两个方面，从而在设计中采用“投资-效益”分析得到最优方案。

(2)强调“个性”设计，具体表现在两个方面：①对业主和社会来说，结构的抗震设防目标可按实际需要和投资能力来选择，从而最大限度地满足业主和社会的需求；②对设计者来说，他们可以有更多的主动性和灵活性来选择能实现业主所要求功能目标的设计方法和相应结构措施，有利于新材料和新技术的推广和应用。

(3)结构的抗震能力不是设计完成后的抗震验算结果，而是按选定的抗震性态目标进行设计，结构在未来地震中的抗震能力是可预期的，这与传统的抗震设计理念有很大区别。

§9.2 静力弹塑性分析(Pushover)法

静力弹塑性(Pushover)分析方法最早是由Freeman等人于1975年提出的，该法不仅考虑了构件的弹塑性性能，而且计算简便，成为实现基于性态的抗震设计思想的重要方法，是目前国内外研究热点，日本、欧洲和我国等建筑抗震设计规范中均引入该法。

Pushover分析是一种简化的结构弹塑性分析方法，其主要用途是检验结构的性能是否满足不同强度地震下的性态目标，具体用途有：①结构行为分析；②判断结构的抗震承载能力；③确定结构的目标位移；④建立结构整体位移与构件局部变形间的关系；⑤弹塑性时程分析。Pushover分析法的基本原理是，在结构上施加竖向荷载作用并保持不变，同时沿结构的侧向施加某种分布形式的水平荷载或位移，随着水平荷载或位移的逐级增加，按顺序计算结构由弹性状态进入弹塑性状态的反应，并记录在每级加载下开裂、屈服、塑性铰形成以及各种结构构件的破坏行为，以此来发现结构薄弱环节及可能的破坏机制等，并根据不同性态水准的抗震需求(如目标位移)对结构抗震性能进行评估。同弹塑性时程分析法相比，Pushover分析法的主要优点是花费很少的时间和费用就能达到性态分析和设计所要求的精度，因此在基于性态的抗震设计理论中得到了广泛的推广和应用。Pushover分析中涉及的难点主要有：确定结构的计算模型，确定结构水平力的分布方式，如何考虑能力曲线中下降段的负刚度的问题以及如何考虑高阶振型的影响等。需要指出，对Pushover

分析结果的应用不像对动力弹塑性分析那样直接，单纯的 Pushover 分析并不能得到结构的地震反应，通常需要将其与地震反应谱相结合，以确定在一定地面运动作用下结构的能力谱曲线、建立地震需求谱曲线、确定目标位移(即性能要求)，从而来评估结构的抗震性能。

9.2.1 基本假定

Pushover 分析方法没有特别严密的理论基础，其基本假定主要有：

(1)实际结构(一般为多自由度体系)的地震反应与该结构的等效单自由度体系的反应是相关的，这表明结构的地震反应仅由结构的第一振型控制。

(2)在每一加载步内，结构沿高度的变形由形状向量 $\boldsymbol{\varphi}$ 表示，在整个地震作用过程中，不管结构的变形大小，形状向量 $\boldsymbol{\varphi}$ 保持不变。

上述两个假定在结构屈服后都只能近似描述结构的反应，并不完全符合实际，同时也应注意到，对于高阶振型在地震反应中占的比例较大的结构，采用上述假定进行 Pushover 分析得到的结构反应(如层间剪力、层间位移角等)与动力时程分析所得结构差别较大。但已有的研究表明，对于质量和刚度沿高度分布较均匀、地震反应以第一振型为主的结构，Pushover 方法分析的结果与动力时程分析结果有很好的近似。

9.2.2 水平加载模式

逐级施加的水平侧向力沿结构高度的分布模式称为水平加载模式。地震过程中，结构层惯性力的分布随地震动强度的不同以及结构进入非线性程度的不同而改变。显然，合理的水平加载模式应与结构在地震作用下的层惯性力的分布一致，同时又应该使所求得的位移大体上能反映地震作用下结构的位移状况。也就是说，所选用的加载模式要尽可能真实地反映结构承受的地震作用：当结构处于弹性反应阶段时，地震作用下结构的惯性力分布主要受地震频谱特性和结构动力特性的影响；而当结构进入弹塑性反应阶段，地震惯性力的分布还将随着弹塑性变形程度和地震的时间过程而发生变化。因此，选择合适的水平加载模式是得到合理的 Pushover 分析结果的前提。

迄今为止，研究者们已提出了若干种不同的水平加载模式，根据是否考虑地震过程中层惯性力的重分布可分为固定模式和自适应模式。固定模式是指在整个加载过程中，侧向力分布保持不变，不考虑地震过程中层惯性力的改变；自适应模式是指在整个加载过程中，随结构动力特性的改变而不断地调整侧向力分布。

1. 均布加载模式

水平侧向力沿结构高度分布与楼层质量成正比的加载方式称为均布加载模式。均布加载模式不考虑地震过程中层惯性力的重分布，属固定模式。此模式适宜于刚度与质量沿高度分布较均匀、薄弱层为底层的结构。此时，其数学表达式为：

$$P_j = \frac{V_\mathrm{b}}{n} \tag{9.2.1}$$

式中　P_j——第 j 层水平荷载；

V_b——结构底部剪力；

n——结构总层数。

图 9.2.1 为均布加载模式的示意图。

2. 倒三角分布水平加载模式

水平侧向力沿高度分布与层质量与高度成正比（即底部剪力法模式）的加载方式称为倒三角分布水平加载模式，如图 9.2.2 所示。其数学表达式为：

$$P_j = \frac{W_j h_j}{\sum_{i=1}^{n} W_i h_i} V_b \tag{9.2.2}$$

式中　W_i——结构第 i 层重力荷载代表值；

h_i——结构第 i 层楼面距离地面的高度。

倒三角形分布水平加载模式不考虑地震过程中惯性力的重分布，也属固定模式，它适宜于高度不大于 40m，以剪切变形为主且质量、刚度沿高度分布较均匀且梁出塑性铰的结构。

3. 抛物线分布水平加载模式

水平侧向力沿结构高度呈抛物线分布的加载模式称为抛物线分布水平加载模式，如图 9.2.3 所示。其数学表达式为：

$$P_j = \frac{W_j h_j^k}{\sum_{i=1}^{n} W_i h_i^k} V_b \tag{9.2.3}$$

$$k = \begin{cases} 1.0 & T \leqslant 0.5 \\ 1.0 + \dfrac{T - 0.5}{2.5 - 0.5} & 0.5 < T < 2.5 \\ 2.0 & T \geqslant 2.5 \end{cases} \tag{9.2.4}$$

式中　T——结构基本周期。

抛物线分布水平加载模式可较好地反映结构在地震作用下的高振型影响，它也不考虑地震过程中层惯性力的重分布，也属固定模式。

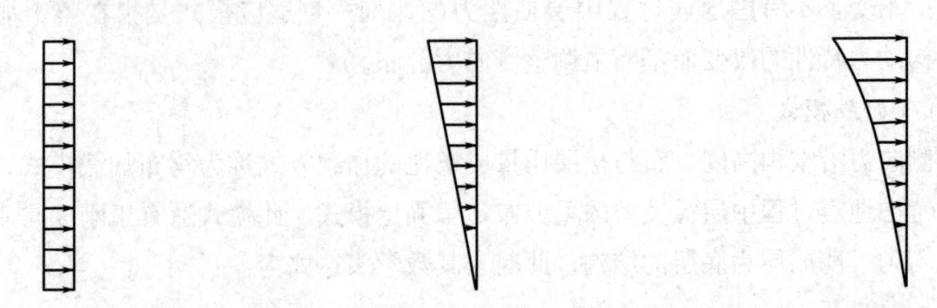

图 9.2.1　均布加载　　图 9.2.2　倒三角形分布水平加载　　图 9.2.3　抛物线分布水平加载

4. 随振型而变的水平加载模式

基于结构瞬时振型采用振型分解反应谱法平方和开平方(SRSS)决定水平侧向力分布的加载方式称为随振型而变的水平加载模式。其基本思想是利用前一步加载获得的结构周期与振型，采用SRSS确定结构的各楼层层间剪力，再由各层层间剪力反算出各层水平荷载作为下一步的水平荷载。其数学表达式为：

$$P_i = Q_i - Q_{i-1} \tag{9.2.5}$$

$$Q_i = \sqrt{\sum_{j=1}^{N} Q_{ij}} \tag{9.2.6a}$$

$$Q_{ij} = \sum_{m=i}^{n} F_{mj} \tag{9.2.6b}$$

$$F_{ij} = \alpha_j \gamma_j X_{ij} W_i \tag{9.2.6c}$$

式中 Q_i——由SRSS得出的第i层层剪力；

Q_{ij}、F_{ij}——分别为第j振型第i层的层剪力与水平荷载；

γ_j——前一步加载的振型参与系数；

N——考虑的振型数；

α_j——前一步加载的第j振型周期对应的地震影响系数；

X_{ij}——前一步加载第j振型第i质点的水平相对位移。

随振型而变的水平加载模式属于自适应模式，它可考虑地震过程中结构层惯性力分布的改变情况，故比其余三种模式更为合理，但其计算工作量也比前三种大为增加。许多研究表明，采用均布加载模式时，计算的结构屈服承载力最大；采用倒三角形分布水平加载模式时结构屈服承载力最小；采用其他分布形式的结果基本在两者之间。产生这些差别的主要原因是由高阶振型的影响造成的。在工程实践中，可根据工程的具体情况与要求选择适当的水平加载模式。

9.2.3 Pushover 分析的一般步骤

在建立结构的分析模型并确定了合适的水平加载模式之后，便可以对结构进行Pushover分析，其基本步骤如下：

(1)建立结构和构件的弹塑性模型，其中包括所有对结构质量、刚度和承载力影响不可忽略的构件以及所有对满足抗震设防水准影响不可忽略的构件。在对结构施加水平荷载之前，应先在结构上施加竖向荷载。

(2)对结构施加某种沿竖向分布形式的水平荷载，在结构的每个主要受力方向至少采用两种不同分布方式的水平荷载进行分析。

(3)水平荷载增量的大小应使最薄弱的构件达到屈服变形(构件刚度发生显著变化)为标准，并将屈服后的构件刚度加以修正，修正后的结构继续承受不断增加的水平荷载或水平位移。构件屈服后的变形行为可按下述方法修改：①将弯曲受力构件达到受弯承载力的部位加上塑性铰，例如梁、柱构件的端部以及剪力墙的底部；②将达到受剪屈服承载力的剪力墙单元的受剪刚度去掉；③当轴向受力构件屈曲之后且屈曲后轴向刚度迅速下降时，将该构件去掉；④若构件刚度降低后仍可进一步承受荷载，则将构件的刚度矩阵作相应的修改。

(4)重复上述步骤，使得越来越多的构件屈服。在每一步加载过程中，计算所有构件的内力以及弹性和弹塑性变形等。

(5)将每一步得到的构件内力和变形累加起来，得到结构构件在每一步时的总内力和变形结果。

(6)当结构成为机构(可变体系)或位移超过限值时，停止施加水平荷载。

通过上述静力弹塑性 Pushover 分析可以得到结构的基底剪力或层间剪力和不同控制点处位移的关系曲线，用来反映结构的弹塑性性能。所谓结构的能力曲线，是指结构的基底剪力-顶层位移关系曲线或层间剪力-层间位移关系曲线，它从总体上来反映结构抵抗水平荷载的能力。图 9.2.4 表示了底部总剪力与顶点侧向位移的关系。可以看出，在侧向力作用下，结构变形经历了几个阶段：弹性变形阶段 OA、稳定的弹塑性变形阶段 ABC、失稳直至倒塌阶段 CDE。如果结构具有较大的变形能力和较大的承载力，则在曲线 B 点仍在上升阶段，即允许弹塑性变形尚未达到 C 点，仍可以获得足够的曲线阶段供研究分析结构的抗震能力之用。需要指出，在实际静力弹塑性 Pushover 分析中，在接近 C 点以及进入 CDE 阶段时，如果分析软件的功能不足，往往因为积分不收敛而得不到曲线的全过程。图 9.2.4 的荷载-位移曲线可以进一步简化为双线型或三线型骨架曲线，一般可以通过以下方法得到：①在荷载-位移曲线的基础上，由规范或经验估计一个最大基底剪力，取 60%处的割线刚度作为有效刚度；②取与真实曲线相同的屈服刚度，并利用屈服前与屈服后能量损耗相等的原则来确定初始弹性刚度。

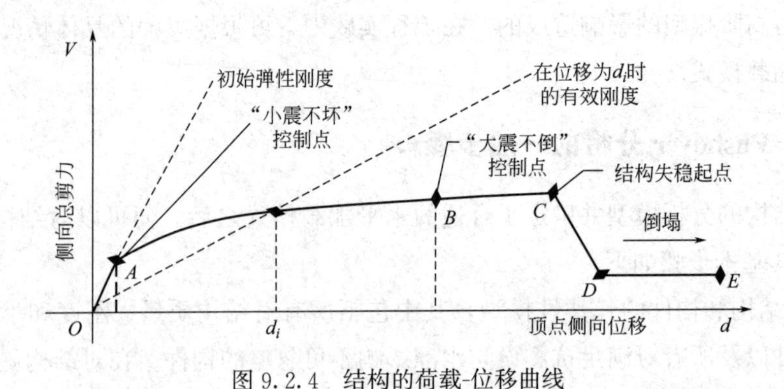

图 9.2.4　结构的荷载-位移曲线

§9.3　基于 Pushover 分析的结构抗震分析

9.3.1　结构的能力谱

通过 Pushover 分析得到结构的能力曲线后，还不能立即从图上确定某一点的位移为代表该结构抗震性能的“目标位移”，更不能将其与规范规定的容许变形值来比较以确定结构的抗震能否达到要求。为了评估结构的抗震性能，Freeman 于 1975 年提出了能力谱方法，后经发展被美国 ATC-40 等推荐使用。能力谱方法的实质是将结构的能力谱曲线和地震需求谱曲线叠加起来进行评估。本节首先介绍如何将结构的能力曲线(荷载-位移曲线)转换为结构的能力谱曲线(承载力-位移谱)。

根据 Pushover 分析方法的两个基本假定，必须将原结构多自由度体系等效为单自由度体系。将结构转化为与其等效的单自由度体系的公式并不唯一，但等效原则大多相同，即通过结构多自由度体系的动力方程进行等效。结构在地面运动下的动力微分方程为：

$$\boldsymbol{M}\ddot{\boldsymbol{x}}+\boldsymbol{C}\dot{\boldsymbol{x}}+\boldsymbol{Q}=-\boldsymbol{M}\boldsymbol{I}\ddot{x}_g \tag{9.3.1}$$

式中 $\boldsymbol{M}$、$\boldsymbol{C}$、$\boldsymbol{Q}$——分别为结构的质量矩阵、阻尼矩阵和恢复力矩阵；

$\ddot{x}_g$——地面运动加速度。

假定结构相对位移向量 $\boldsymbol{x}$ 可以由结构顶点位移 x_{t} 和形状向量 $\boldsymbol{\varphi}$ 表示，即：

$$\boldsymbol{x}=\boldsymbol{\varphi}x_{\mathrm{t}} \tag{9.3.2}$$

则式(9.3.1)可写为：

$$\boldsymbol{M}\boldsymbol{\varphi}\ddot{x}_{\mathrm{t}}+\boldsymbol{C}\boldsymbol{\varphi}\dot{x}_{\mathrm{t}}+\boldsymbol{Q}=-\boldsymbol{M}\boldsymbol{I}\ddot{x}_g \tag{9.3.3}$$

定义等效单自由度体系的参考位移 x^{r} 为：

$$x^{\mathrm{r}}=\frac{\boldsymbol{\varphi}^{\mathrm{T}}\boldsymbol{M}\boldsymbol{\varphi}}{\boldsymbol{\varphi}^{\mathrm{T}}\boldsymbol{M}\boldsymbol{I}}x_{\mathrm{t}} \tag{9.3.4}$$

用$\boldsymbol{\varphi}^{\mathrm{T}}$ 前乘式(9.3.3)，并用式(9.3.4)替换 x_{t}，则将多自由度体系的动力方程式(9.3.1)转化为等效单自由度体系的动力方程：

$$M^{\mathrm{r}}\ddot{x}^{\mathrm{r}}+C^{\mathrm{r}}\dot{x}^{\mathrm{r}}+Q^{\mathrm{r}}=-M^{\mathrm{r}}\ddot{x}_g \tag{9.3.5}$$

式中 M^{r}、C^{r}、Q^{r}——分别为单自由度体系的等效质量、阻尼和恢复力。

$$M^{\mathrm{r}}=\boldsymbol{\varphi}^{\mathrm{T}}\boldsymbol{M}\boldsymbol{I} \tag{9.3.6}$$

$$Q^{\mathrm{r}}=\boldsymbol{\varphi}^{\mathrm{T}}\boldsymbol{Q} \tag{9.3.7}$$

$$C^{\mathrm{r}}=\boldsymbol{\varphi}^{\mathrm{T}}\boldsymbol{C}\boldsymbol{\varphi}\frac{\boldsymbol{\varphi}^{\mathrm{T}}\boldsymbol{M}\boldsymbol{I}}{\boldsymbol{\varphi}^{\mathrm{T}}\boldsymbol{M}\boldsymbol{\varphi}} \tag{9.3.8}$$

假设形状向量已知，等效单自由度体系的力-位移关系可以由多自由度体系的非线性静力分析得到。如前所述，通过对多自由度体系进行 Pushover 分析可以得到底部剪力-顶点位移关系曲线，即结构的能力曲线，通常都是曲线的形式。为了便于简化计算，通常将它们拟合成二折线模型。FEMA273 建议根据以下原则来进行二折线模型的拟合：①在所关心的范围内，原来曲线与横轴包围的面积和双折线与横轴包围的面积相等；②二折线模型弹性阶段与原来曲线的交点所对应的"强度"等于"屈服强度"的60%。由上述等效原则，设多自由度体系屈服点处的基底剪力 V_y 和顶点位移 $x_{t,y}$，则根据下式可以得到等效单自由度体系屈服点处的等效基底剪力和位移：

$$Q_y^r = \boldsymbol{\varphi}^T \boldsymbol{Q}_y \tag{9.3.9}$$

$$x_y^r = \frac{\boldsymbol{\varphi}^T \boldsymbol{M\varphi}}{\boldsymbol{\varphi}^T \boldsymbol{MI}} x_{t,y} \tag{9.3.10}$$

式中 $\boldsymbol{Q}_y$——原结构屈服点处结构楼层力分布向量，基底剪力 $V_y = \boldsymbol{I}^T \boldsymbol{Q}_y$。

这样，等效单自由度体系的初始周期计算如下：

$$T_{eq} = 2\pi\sqrt{\frac{M^r}{K^r}} \tag{9.3.11}$$

式中 K^r——等效单自由度体系的第一刚度。

$$K^r = \frac{Q_y^r}{x_y^r} \tag{9.3.12}$$

在建立了等效单自由度体系的能力曲线后，便可以进一步将其转换成能力谱。图9.3.1(a)为等效单自由度体系的基底剪力 V_b-顶点位移 u_t 曲线。通常为了简化计算，将能力曲线进一步理想化为双折线形，折点对应的剪力和位移就是等效单自由度体系的屈服剪力和屈服位移。上述曲线可以转换成谱加速度-谱位移曲线，即能力谱曲线，如图9.3.1(b)所示，转换公式为：

$$S_a = \frac{V_b}{M_1}, S_d = \frac{u_t}{\Gamma_1 \varphi_{n,1}} \tag{9.3.13}$$

$$\Gamma_1 = \frac{\sum_{i=1}^{n} m_i \varphi_{i,1}}{\sum_{i=1}^{n} m_i \varphi_{i,1}^2}, M_1 = \frac{\left(\sum_{i=1}^{n} m_i \varphi_{i,1}\right)^2}{\sum_{i=1}^{n} m_i \varphi_{i,1}^2} \tag{9.3.14}$$

式中 V_b、u_t——分别为基底剪力和结构顶点位移；

M_1、Γ_1——分别为结构第一振型的模态质量和振型参与系数；

$\varphi_{n,1}$——第一振型中顶点的相对位移；

m_i——第 i 层质点的质量；

$\varphi_{i,1}$——第一振型中第 i 层质点的相对位移。

结构的能力谱理论上表示的是结构在往复地震作用下滞回反应的骨架曲线，由于结构在弹塑性状态时的变形受屈服后的塑性机构和振型等因素的影响，因此，能力谱总是与一定的塑性铰分布下的非线性变形模式相对应。设计时常用一系列等效弹性体系(如刚度用割线刚度、非线性滞回耗能用等效黏滞阻尼比表示)来反映结构在相应位移下的动态特征。

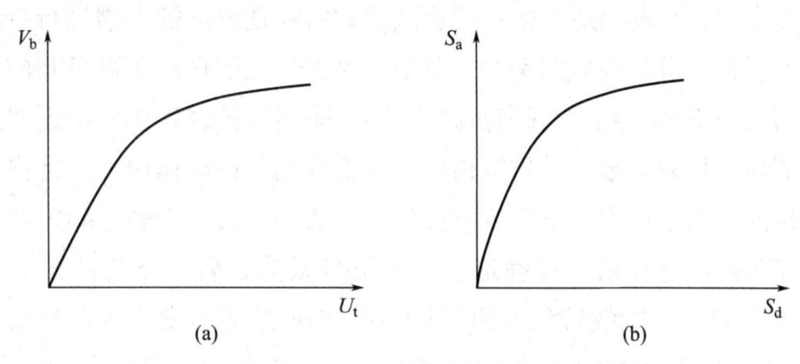

图 9.3.1 Pushover 曲线和能力谱之间的转换

(a)Pushover 曲线；(b)能力谱

9.3.2 结构的地震需求谱

通过求得结构的等效单自由度体系的能力谱后，要评估结构的抗震性能，还必须将其与结构的地震需求谱相结合并进行比较，以确定在不同水准地震作用下结构的性能状态。结构的地震需求谱是指某一地震动对地面上的结构引起的最大加速度反应和最大位移反应的关系曲线，即以位移反应谱 S_d 为横坐标，加速度反应谱 S_a 为纵坐标建立的关系曲线，也称为 AD 形式的需求谱图。

结构的地震需求谱可以分为以下两种类型：①与等效黏滞阻尼比有关的弹性地震需求谱；②与结构位移延性系数有关的弹塑性地震需求谱。

弹性地震需求谱通常以《建筑抗震设计规范》GB 50011—2010(2016 年版)中的设计反应谱为依据，传统的设计反应谱是以加速度-周期为坐标形式定义的，为此只需将其转化为谱位移-谱加速度的形式就可以得到单自由度体系的弹性地震需求谱如图 9.3.2 所示，在此基础上进一步按照非线性体系等效线性化的方法，获得不同非线性阶段结构的等效黏滞阻尼比和等效自振周期，并按照等效黏滞阻尼比对弹性地震需求谱进行折减，就得到相应的结构弹性地震需求谱。ATC-40 和 FEMA273/274 在求得等效单自由度体系的简化双折线能力谱的基础上，确定等效单自由度体系的等效自振周期和等效黏滞阻尼比，然后做出对应于不同阻尼比的结构弹性地震需求谱。

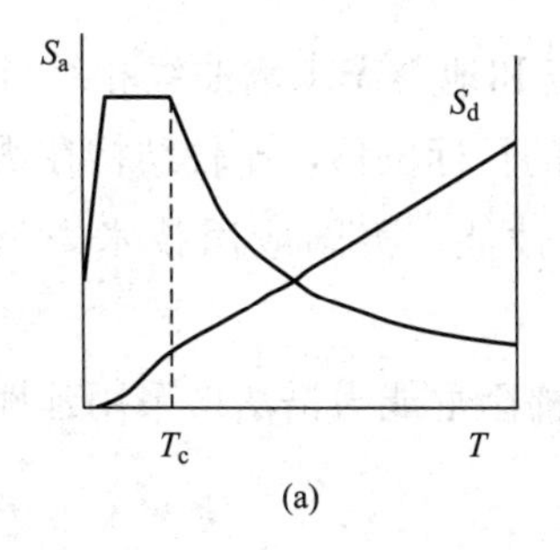

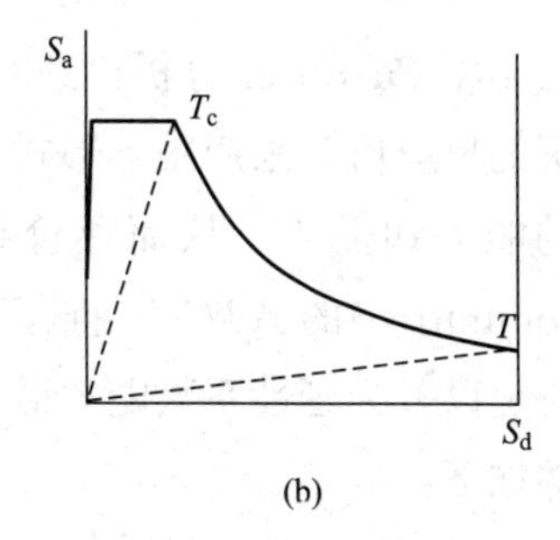

图 9.3.2 典型弹性加速度和位移反应谱

(a)传统形式；(b)AD 形式

弹塑性地震需求谱是利用适当的强度折减系数对弹性地震需求谱进行折减得到的。为了考虑结构的弹塑性，世界许多国家的规范采用对弹性地震作用予以折减的方法，其中一种方法就是引用力的折减系数(即强度折减系数)，采用等价线性化方法近似考虑结构的非线性特征。所谓强度折减系数，是指结构体系在给定地面运动作用下保持弹性要求的侧向屈服强度与在相同地面运动作用下保持位移延性系数小于或等于事先确定的目标位移延性系数时的侧向屈服强度之比值。在确定了强度折减系数之后，分别对 S_d、S_a 进行折减，则弹性的谱加速度-谱位移曲线转化为弹塑性的谱加速度-谱速度曲线，即结构的弹塑性地震需求谱曲线。强度折减系数受多种因素影响，不仅与震级、震源机制、地震波传播途径、地震动持时、场地条件、阻尼比、滞回模型、屈服后刚度、体系的初始自振周期等有关，而且各个影响参数并不完全相互独立，因而给确定强度折减系数带来了一定的困难。因此，目前弹塑性地震需求谱仍处于研究阶段，其种类繁多，使用不同的参数将得到不同的弹塑性地震需求谱。

9.3.3　目标位移与结构性能评估

确定目标位移是 Pushover 分析中关键的一步，在确定目标位移之后，将结构按选定的水平加载模式推至目标位移，就可以对结构的弹塑性特性进行评估。因此，目标位移是在设计地震动作用下结构整体可达到的最大期望位移(即结构的目标性能要求)，由于顶层位移能直接有效地度量结构的整体位移反应，且能与单自由度体系的质点位移相对应，因此通常将设计地震作用下的结构顶层质心处的位移定义为目标位移。

根据前述等效单自由度体系和原多自由度体系的关系，结构目标位移的计算可以转化为计算设计地震作用下的等效单自由度体系的位移需求。等效单自由度体系的位移需求计算，具体有两种基本方法：①如果设计地震是以反应谱的形式给出，等效单自由度体系的位移反应可以通过对弹性地震反应谱进行转换和修正求得，也可以直接通过弹塑性位移反应谱求得；②如果设计地震是以加速度时程记录的形式给出，则等效单自由度体系的位移反应可以直接对单自由度体系进行弹塑性动力时程分析求得。

本节介绍目标位移确定的两种常用方法：能力谱法和等效位移系数法。

9.3.3.1　能力谱法

能力谱法是将 Pushover 分析得到的结构能力谱和地震需求谱曲线相结合确定结构在一定地震动下的反应值，采用图形形式来确定结构的目标位移，比较结构在遭受不同水准地震作用下的能力和需求，从而评价结构的抗震性能。美国应用技术委员会(Applied Technique Committee)的 ATC-40 推荐采用该方法。

能力谱法可以分为延性系数能力谱法和等效黏滞阻尼能力谱法。采用延性系数能力谱法的分析步骤如下：

(1)按规范进行结构承载力设计。

(2)采用 Pushover 分析计算得到结构能力曲线，即基底剪力 V_b-顶点位移 u_t 曲线。

(3)建立能力谱曲线，用等效单自由度体系代替原结构，将 V_b-u_t 曲线转换为谱加速度 S_a-谱位移 S_d 曲线，即能力谱曲线。

(4)建立需求谱曲线，可将规范的加速度反应谱转换为 S_a-S_d 谱曲线，并按不同的延性系数折减成弹塑性 S_a-S_d 谱曲线。

(5)确定结构的等效延性系数，将能力谱曲线和需求谱曲线画在同一坐标系中，检验结构的抗震能力。若两曲线无交点，说明抗震能力不足；若两曲线相交，交点对应的位移即为等效单自由度体系的谱位移。将谱位移转成原结构的顶点位移，根据 V_b-u_t 曲线即可确定结构的塑性铰分布、杆端截面的曲率、总侧移及层间侧移等，然后修改设计方案或加固原结构。

采用等效黏滞阻尼能力谱法的分析步骤如下：

(1)对结构进行 Pushover 分析，得到结构的能力曲线。

(2)将结构等效为单自由度体系，获得单自由度体系的能力曲线，确定等效单自由度体系的周期和黏滞阻尼。

(3)将等效单自由度体系的能力曲线转换成谱加速度-谱位移曲线，即能力谱曲线。

(4)对弹性地震需求谱曲线按等效黏滞阻尼进行折减。

(5)将转换后的能力谱曲线和折减后的地震需求谱曲线叠加在同一坐标系中，两者若没有交点，则说明结构的抗震能力不足；两者若有交点，则该交点即为目标位移估计值。

9.3.3.2　等效位移系数法

美国联邦紧急救援署(FEMA)1997 年发表了文件《房屋抗震加固指南》及其说明手册(FEMA273/274)，其中列举的静力弹塑性分析方法就是等效位移系数法(NSP)。在等效位移系数法中，目标位移采用下列公式给出：

$$\delta_t = C_0 C_1 C_2 C_3 S_a \frac{T_e^2}{4\pi^2} g \tag{9.3.15}$$

式中　T_e——结构所考虑方向上的有效基本周期；

C_0——等效单自由度体系顶点位移(谱位移)与多自由度体系结构顶点位移之间的修正系数；

C_1——最大弹塑性位移与最大弹性位移之间的修正系数；

C_2——考虑刚度衰减以及强度退化对最大位移反应的修正系数；

C_3——考虑动力 P-Δ 效应的修正系数；

S_a——与等效单自由度体系的有效基本周期和阻尼比对应的加速度反应谱值。

下面分别介绍式(9.3.15)中相关系数的确定方法。

1. 有效基本周期 T_e

有效基本周期 T_e 按下式计算：

$$T_e = T\sqrt{\frac{K}{K_e}} \tag{9.3.16}$$

式中　T——原结构的弹性基本周期；

K、K_e——分别为结构弹性侧向刚度和结构有效侧向刚度。

如图9.3.3所示，将荷载-位移曲线采用双折线代替，初始刚度为K，在曲线上0.6倍屈服剪力处的割线刚度为有效刚度K_e。

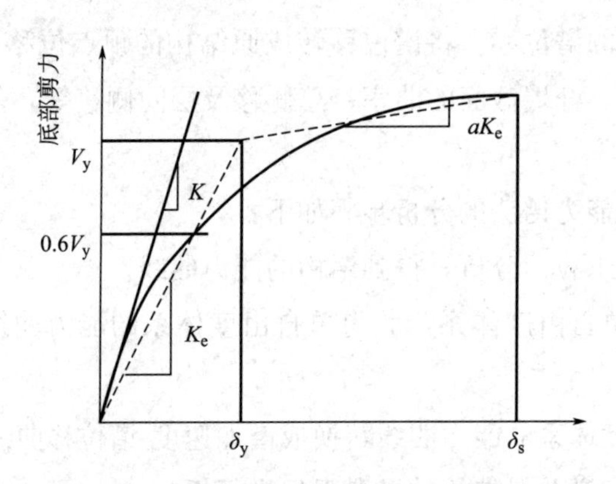

图9.3.3　荷载-位移曲线和有效刚度的计算

2. 系数C_0

系数C_0考虑多自由度体系的顶点位移和等效单自由度体系位移之间的差异，可以按下述方法之一计算得到：

(1)取控制点平面的弹性第一振型参与系数值：

$$C_0 = X_1\gamma_1 = \frac{X_{1n}\sum_{i=1}^{n} X_{1i}G_i}{\sum_{i=1}^{n} X_{1i}^2 G_i} \tag{9.3.17}$$

式中　G_i——第i楼层的重力荷载代表值；

X_{1i}、X_{1n}——分别为第一振型第i层和顶层平面的振型相对位移。

(2)采用实际结构沿高度方向的变形曲线，求控制点平面的振型参与系数值。

(3)根据表9.3.1取值(其余情况按线性内插法取值)。

系数C_0的取值　　**表9.3.1**

层数	C_0取值
1	1.0
2	1.2
3	1.3
5	1.4
10+	1.5

3. 系数 C_1

系数 C_1 为最大非线性位移期望值与线性位移之间的修正系数，按下式取值：

$$C_1=\begin{cases}1.0 & T_e \geqslant T_g \\ \dfrac{1.0+(R-1)T_g/T_e}{R} & T_e < T_g\end{cases} \tag{9.3.18}$$

$$R=\frac{S_a}{V_y/G}\cdot\frac{1}{C_0} \tag{9.3.19}$$

式中 T_g——场地特征周期；

R——弹性结构的计算内力与计算的屈服承载力的比值；

V_y——通过 Pushover 分析得到的结构底部屈服剪力；

G——重力荷载代表值。

4. 系数 C_2

系数 C_2 为反映滞回环形状对最大位移反应影响的调整系数，如表 9.3.2 所示，其中考虑了两种因素：一是地震作用的大小(分三个水平，超越概率分别为 50 年 50%、50 年 10%和 50 年 2%)；另一是结构或构件的承载力和刚度退化的程度。

调整系数 C_2 的取值 **表 9.3.2**

地震作用水平	周期 $T=0.1$(s)		周期 $T\geqslant T_g$(s)	
	结构类型 1	结构类型 2	结构类型 1	结构类型 2
不坏	1.0	1.0	1.0	1.0
可修	1.3	1.0	1.1	1.0
不倒	1.5	1.0	1.2	1.0

注：1. 结构类型 1：在设计地震下，结构中任何楼层 30%以上的楼层剪力由可能产生承载力或刚度退化的抗侧力结构或构件承担，这些结构和构件包括普通框架、中心支撑框架、受拉支撑框架、非配筋砌体墙、受剪破坏为主的墙或柱、由以上构件组合的结构类型；

2. 结构类型 2：上述以外的各类框架。

5. 系数 C_3

系数 C_3 为动力 P-Δ 效应放大系数，对屈服后具有正刚度的结构，$C_3=1$；屈服后具有负刚度的结构，按下式计算：

$$C_3=1.0+\frac{|\alpha|(R-1)^{\frac{3}{2}}}{T_e}\leqslant 1+\frac{5(\theta-1)}{T} \tag{9.3.20}$$

式中 α——屈服后刚度与有效刚度之比；

T——弹性结构基本周期；

θ——稳定系数。

$$\theta=\frac{\sum G_i\Delta u_i}{V_i h_i} \tag{9.3.21}$$

式中　$\sum G_i$ ——第 i 层以上的重力荷载代表值；

Δu_i——第 i 楼层质心处的弹性和塑性层间位移；

V_i——第 i 层地震剪力设计值；

h_i——第 i 层层间高度。

在确定了不同水准的目标位移后，便可在相应的目标位移条件下，从层间位移、结构破坏机制、塑性铰的分布等方面展开对结构的整体性能及其抗震能力的评估。

参考文献

[1]中华人民共和国国家质量监督检验检疫总局，中国国家标准化管理委员会．中国地震动参数区划图：GB 18306—2015[S]. 北京：中国标准出版社，2015.

[2]中华人民共和国国家市场监督管理总局，中国国家标准化管理委员会．中国地震烈度表：GB/T 17742—2020[S]. 北京：中国标准出版社，2020.

[3]中华人民共和国住房和城乡建设部．建筑与市政工程抗震通用规范：GB 55002—2021[S]. 北京：中国建筑工业出版社，2021.

[4]中华人民共和国住房和城乡建设部．建筑抗震设计规范(2016 年版)：GB 50011—2010[S]. 北京：中国建筑工业出版社，2016.

[5]中华人民共和国住房和城乡建设部．建筑工程抗震设防分类标准：GB 50223—2008[S]. 北京：中国建筑工业出版社，2008.

[6]中华人民共和国住房和城乡建设部．建筑地基基础设计规范：GB 50007—2011[S]. 北京：中国建筑工业出版社，2011.

[7]中华人民共和国住房和城乡建设部．混凝土结构设计规范：GB 50010—2010(2015 年版)[S]. 北京：中国建筑工业出版社，2016.

[8]中华人民共和国住房和城乡建设部．高层建筑混凝土结构技术规程：JGJ 3—2010[S]. 北京：中国建筑工业出版社，2011.

[9]中华人民共和国住房和城乡建设部．砌体结构设计规范：GB 50003—2010[S]. 北京：中国建筑工业出版社，2011.

[10]中华人民共和国住房和城乡建设部．钢结构设计标准：GB 50017—2017[S]. 北京：中国建筑工业出版社，2018.

[11]中国工程建设标准化协会．建筑工程抗震性态设计通则(试用)：CECS 160—2004[S]. 北京：中国计划出版社，2004.

[12]王社良．抗震结构设计[M]. 武汉：武汉理工大学出版社，2021.

[13]扶长生．抗震工程学：高层混凝土结构分析与设计[M]. 北京：科学出版社，2020.

[14]李杰．城市地震灾场控制理论研究：抗震韧性城市的早期探索[M]. 上海：同济大学出版社，2018.

[15]沈聚敏，周锡元，高小旺，等．抗震工程学[M]. 2 版．北京：中国建筑工业出版社，2015.

[16]柳国环，赵大海．地震差动与结构非线性输出：方法、程序开发及实践[M]. 北京：科学出版社，2016.

[17]李宏男，霍林生．建筑结构抗震分析与控制[M]. 北京：高等教育出版社，2022.

[18]李宏男，霍林生．混凝土结构多维地震动力效应[M]. 北京：科学出版社，2021.

[19]陆新征，蒋庆，缪志伟．建筑抗震弹塑性分析[M]. 2 版．北京：中国建筑工业出版社，2015.

[20]周锡武，朴福顺．建筑抗震与高层结构设计[M]. 北京大学出版社，2016.

[21]姚谦峰．工程结构抗震分析[M]. 北京：北京交通大学出版社，2012.

[22]李桂青．抗震结构计算理论和方法[M]. 北京：地震出版社，1985.

[23]杨第康．结构动力学[M]. 北京：人民交通出版社，1987.

[24]朱伯龙．结构抗震试验[M]. 北京：地震出版社，1989.

[25]魏琏，王广军．地震作用[M]. 北京：地震出版社，1991.
[26]李杰，李国强．地震工程学导论[M]. 北京：地震出版社，1992.
[27]刘大海，杨翠如，钟锡根．高层建筑抗震设计[M]. 北京：中国建筑工业出版社，1993.
[28]朱伯龙，张琨联．建筑结构抗震设计原理[M]. 上海：同济大学出版社，1994.
[29]吕西林，金国芳，吴晓涵．钢筋混凝土非线性有限元理论与应用[M]. 上海：同济大学出版社，1997.
[30]周明华．土木工程结构试验与检测[M]. 南京：东南大学出版社，2002.
[31]张新培．钢筋混凝土抗震结构非线性分析[M]. 北京：科学出版社，2003.
[32]过镇海，时旭东．钢筋混凝土原理和分析[M]. 北京：科学出版社，2003.
[33]王瑁成．有限单元法[M]. 北京：清华大学出版社，2003.
[34]江见鲸，陆新征，叶列平．混凝土结构有限元分析[M]. 北京：清华大学出版社，2005.
[35]包世华，张铜生．高层建筑结构设计和计算[M]. 北京：科学出版社，2005.
[36]包世华．结构动力学[M]. 武汉：武汉理工大学出版社，2005.
[37]胡聿贤．地震工程学[M]. 2 版．北京：地震出版社，2006.
[38]方鄂华．高层建筑钢筋混凝土结构概念设计[M]. 北京：机械工业出版社，2006.
[39]翟长海，谢礼立，李爽，等．强地震动特征与抗震设计谱[M]. 哈尔滨：哈尔滨工业大学出版社，2020.
[40]李爱群，丁幼亮．工程结构抗震分析[M]. 北京：高等教育出版社，2010.